科学出版社"十三五"普通高等教育本科规划教材

无线通信系统

张 炜 丁 宏 王世练 王 昊 编著

科学出版社

北 京

内 容 简 介

本书系统介绍了无线通信的基本原理和基本分析方法，以及应用最广泛的几种无线通信系统的基本原理、系统结构、工程设计。全书共七章，主要内容包括无线信道的特性、扩频通信技术、微波通信系统、卫星通信系统、短波通信系统和无线通信中的网络技术等。本书内容着重基础知识，讲述清晰扼要，配有丰富的图示、例题和习题。

本书适合作为高等院校通信工程、电子信息工程、信息工程和计算机等专业高年级本科生和研究生的教材，也可作为从事信息、通信及相关专业的工程技术人员的参考书。

图书在版编目（CIP）数据

无线通信系统 / 张炜等编著. —北京：科学出版社，2021.3
（科学出版社"十三五"普通高等教育本科规划教材）
ISBN 978-7-03-068327-4

Ⅰ.①无… Ⅱ.①张… Ⅲ.①无线通信-通信系统-高等学校-教材
Ⅳ.①TN92

中国版本图书馆 CIP 数据核字（2021）第 043839 号

责任编辑：潘斯斯 张丽花 / 责任校对：王 瑞
责任印制：赵 博 / 封面设计：迷底书装

科 学 出 版 社 出版
北京东黄城根北街 16 号
邮政编码：100717
http://www.sciencep.com

北京华宇信诺印刷有限公司印刷
科学出版社发行 各地新华书店经销
*
2021 年 3 月第 一 版 开本：787×1092 1/16
2024 年 12 月第四次印刷 印张：18 1/4
字数：432 000

定价：79.00 元
（如有印装质量问题，我社负责调换）

前　　言

　　无线通信是当今世界发展最快的工程领域之一，随着无线通信技术的飞速发展和人们需求的提升，无线通信系统的更新周期越来越短，通信工程及相关学科对人才培养的要求也不断提高。为适应发展需求，编者基于二十余年的无线通信相关课程教案，结合多年的教学与科研工作实践编写了本书。

　　本书的内容着眼未来长远发展，强化基本理论、基本知识和基本技能的论述，体现"由简入繁，逐步求精"以及"由个体发现规律，由规律指导个体"的学术思想。相对于无线通信前沿的研究成果，本书更侧重于无线通信的基本原理、无线通信的特性、具体的分析方法等基础性知识。本书面向已经掌握了通信原理、信号与系统、数字信号处理、电磁学基础等技术基础的学生和工程技术人员，提供较多的例题和课后习题，适合无线通信初学者或其他领域人员使用。

　　全书共 7 章。第 1 章介绍无线通信发展简史、无线通信的频段与传播方式，简略介绍无线通信的特点与关键技术等；第 2 章较为全面地讲述无线信道的特性，包括无线电波的传播效应与接收信号特点、大尺度路径损耗和阴影衰落的特点与五种模型分析方法、链路计算、小尺度多径衰落模型、多径信道参数、小尺度多径衰落类型、多径衰落信道的统计特性以及无线信道中数字调制的误码性能等；第 3 章讲述扩频通信技术，包括扩频通信原理、直接序列扩频与跳频扩频的基本原理、序列设计、抗干扰机理和码捕获与跟踪；第 4 章较全面地讨论微波通信系统的构成与设计，对微波发信设备、收信设备、中间站的转接方式、系统指标分配计算、波道配置、中频频率和调制方式的选择、监控系统与勤务电话、组网与应用等进行介绍；第 5 章讲述卫星通信基本概念、卫星网的组成、卫星和地球站的组成、多址方式、线路设计；第 6 章介绍短波通信基本概念、短波自适应选频技术、短波通信网与应用等内容；第 7 章讲述无线通信中的网络技术，简介无线组网结构、有中心无线网络中的多址接入技术、多信道共用与阻塞率、大区制设计、小区制(蜂窝系统)设计、无中心移动自组织网络原理与路由技术，以及两种典型的无线网络，即 LTE 与 WiMax 802.16e。

　　建议本书第 1～6 章为必修内容，学生可自学其他章节内容，并辅助以网络类课程、课程设计与实验，增加课外无线通信系统资料阅读以加强对实际系统的了解。本书第 1、2、6 章由张炜编写，第 4、5 章由丁宏编写，第 3 章由王世练编写，第 7 章由王昊、张炜编写。此外，本书的编写参考了国内外众多的文献，仅将主要参考文献附于书后，同时，对参考文献的作者表示深深的谢意。

由于编者水平有限，书中难免有疏漏之处，欢迎读者批评指正。

编　者

2020 年 10 月

于国防科技大学

目　　录

第 1 章 绪 论

无线通信就是利用无线电波在开放的空间传播以传递信息的通信方式。无线通信是当今通信领域内最为活跃的研究热点之一，特别是近二十年来，以蜂窝移动通信为代表的通信产业取得了突飞猛进的发展。中华人民共和国工业和信息化部公布的数据指出 2020 年我国移动用户数已达 15.94 亿。移动通信呈爆炸式增长，笔记本电脑、智能终端大量普及。无线通信已经渗透到社会生活的方方面面，极大地改变了人类社会的运行模式以及人们的日常生活方式。

1.1 无线通信发展简史

人类进行通信的历史已很悠久，早期主要通过语言、手势、金鼓、旌旗、烽火台以及驿站、文书等方法传递消息，例如，我国古代为了抵御外敌入侵而建设的烽火狼烟报警系统，用来指挥战斗的金鼓旌旗，还有信号弹、旗语等。现代电信号通信的出现使神话传说中的"顺风耳""千里眼"变成了现实，开启了人类通信的新时代。利用无线电波来传送信息(消息)的历史则只有一百多年。纵观无线通信的发展历史，主要可以划分为以下几个阶段。

1. 无线通信诞生前夜(1864—1895 年)

从 1837 年美国人莫尔斯发明有线电报以后，有线电通信得到了广泛应用，但在相当长的一段时间里，人们认为电只能沿导线传输，线路架设到哪里，信息也只能传到哪里，这就大大限制了信息的传播范围。直到 1865 年，麦克斯韦在英国皇家学院发表了著名论文《电磁场的动力学理论》，在这篇论文中，麦克斯韦严格推导出电磁波方程(麦克斯韦方程)，并得出电磁波的传播速度等于光速(3×10^8m/s)的重要结论，成为人类历史上预言电磁波存在的第一人。1887 年，德国物理学家赫兹用实验证实了电磁波的存在，证明了麦克斯韦预见的正确性。

1895 年，意大利的马可尼和俄国的波波夫分别独立研制出了无线电接收机，标志着无线通信成为可能。1895 年夏，马可尼对无线电装置的火花式发射机和金属粉末检波器进行了改进，在接收机和发射机上都加装了天线，成功地进行了无线电波传输信号的实验。1895 年 5 月 7 日，36 岁的波波夫在圣彼得堡召开的俄国物理化学协会的物理分会上，宣读了论文《金属屑同电振荡的关系》，并当众展示了他发明的无线电接收机。

2. 无线通信产生阶段(1896—1913 年)

从人们认识到可以利用无线电波进行通信，到真正实现实用的无线通信，意大利人马可尼功不可没。1896 年，马可尼成功地发明了无线电报，并获得专利。1897 年，马可尼在英格兰海峡完成了陆地和一艘拖船上莫尔斯电码无线通信实验，标志无线通信的开始。1899 年，他首次实现了英法间的无线通信。1901 年 12 月 12 日是具有历史意义的一天，马可尼决定用他的发报系统证明无线电波不受地球表面弯曲的影响,进行了横跨大西洋(从英格兰的康沃尔到加拿大纽芬兰之间)的无线电传输实验。这项发明的重要性在一次事故中戏剧性地显示出来,那是 1909 年"共和国号"汽船由于碰撞遭到毁坏而沉入海底,这时无线电信息起了作用,除 6 个人外,其余人员全部得救。同年,马可尼因其发明而获得诺贝尔奖。由于电磁波在空间传输过程中随传输距离的增加,信号强度急剧减弱,无线通信的距离有限,且通信的可靠性较差。1906 年,美国青年德·福雷斯特发明了具有放大能力的真空三极管,能在不失真的情况下放大微弱信号,从而可以把电磁波信号传送到更远的地方,使收音机和多种多样的无线设备成为现实,极大地促进了无线通信技术的发展。

3. 无线话音通信诞生及发展阶段(1914—1945 年)

话音通信是人类传递信息最方便、快捷的方式,无线通信诞生以后,科学家一直努力实现无线话音通信。早在 1906 年,美国发明家费辛敦就成功地进行了人类历史上第一次不用导线而用电磁波传送语言和音乐的试验,但声音作用于送话器所变换成的音频电信号十分微弱,不能有效地对需要发送出去的高频无线电波进行调制,影响了通话的距离和声音传输的质量。当电子管进入实用阶段后,人们才得以借助电子管对送话器输出的微弱音频电信号进行放大,然后对强高频无线电波进行调制,无线电话才真正具有生命力。1914 年,这一努力获得成功,实现了首次无线话音通信。此时,第一次世界大战爆发,刚刚登上通信舞台的无线电话就应用到作战指挥中,在前线首次出现了应用无线电话——话报机指挥部队的新场面。美国无线电工程师阿姆斯特朗分别于 1918 年和 1935 年发明了超外差式接收机和调频无线通信,提高了无线话音传输的质量。1924 年,贝尔(Bell)实验室宣布首次实现了双向话音无线移动通信。1928 年,美国底特律警察局率先使用装备能适应移动车辆震动影响的单向无线电收发信机——超外差 AM 接收机,载波频率约为 2MHz,标志着移动通信开始应用。

4. 无线通信全面普及快速发展阶段(1946—1998 年)

第二次世界大战加速了制造业及小型化技术的发展,特别是随着 1948 年晶体管的发明,半导体技术得到迅猛发展,出现了大规模集成电路和超大规模集成电路,并很快与通信技术结合,这些器件的应用使得通信设备的功耗体积不断下降,而功能却日益强大,同时降低了设备和维护费用,使得各种通信设备开始大量普及,并获得了广泛的应用。在此期间,各种类型的现代无线通信系统开始涌现。20 世纪 40 年代产生了传输频带较宽、性能较稳定的微波通信。1946 年,第一个公共移动电话系统在美国的 5 个城市建立,并首次实现了移动用户和公共电话网(PSTN)的互通。1958 年,SCORE 通信卫星的升空成功揭开了卫星通信的序幕。此外,随着对无线数据传输的需求日益增长,产生了无线局域网(Wi-Fi)、蓝牙(Blue Tooth)等无线通信系统,无线通信技术呈现出百花齐放、蓬勃发展的局面。其中,蜂窝移动通信无疑是这个阶段无线通信技术发展的最大亮点。1978 年,贝尔实验室研制成功模拟蜂窝移动通信系统(AMPS)。1979 年日本的 HAMTS、1980 年北欧的NMT 以及 1985 年英国的 TACS 等第一代模拟蜂窝通信系统相继投入实际运行。此后,以 1988 年欧洲开发的全球移动通信系统(GSM),以及 1993 年美国开发的以 IS-95 为代表的第二代窄带数字蜂窝通信系统迅速取代了第一代模拟蜂窝系统,并在全球得到了广泛应用。

蜂窝移动通信系统使得移动通信真正进入个人领域,标志着移动无线通信开始向大众普及。

5. 以新一代移动通信为代表的现代无线通信加速发展阶段(1999 年至今)

在互联网技术和通信技术的推动下,通信技术和电信产业向着数字化、大容量化、网络与多业务综合的方向发展,传统的电信网和数据网开始走向融合。近十几年来,移动通信和互联网成为当今世界发展最快、市场潜力最大的两大业务。随着数据通信与多媒体业务需求的发展,适应移动数据、移动计算及移动多媒体运作需要的第三代移动通信系统(3G)开始兴起,其全球标准化及相应融合工作与样机研制和现场试验工作快速推进。经多次融合努力,ITU 在 1999 年确定了 3G 标准,包括中国的 TD-SCDMA 方案在内的 5 类 RTT 技术标准共 6 种方案成为最终结果。就在人们期待 3G 所带来的优质服务的同时,第四代移动通信系统(4G)的研究也在实验室悄然进行。在 3G 还没有完全普及的时候,2013 年 4G 系统已开始实现商用,而在 2014 年世界移动通信大会上,聚光灯又打在 5G 上。2019 年,“5G 时代到来了”“2019 年是 5G 元年”等话题经常出现在新闻报道、网络评论中。5G 通信服务已在我们身边。如果说前四代移动通信主要解决了“人与人之间的连接”,那么 5G 就是为了解决“人与人、人与物、物与物之间的连接”,这也是万物互联的核心。这一历史上没有过的高速增长现象反映了随着时代与技术的进步,人类对移动性和信息的需求急剧上升,无线通信产业必将迎来新的飞跃,带动人类真正进入信息化社会和数字化经济生活时代。

在蜂窝移动通信系统飞速发展的同时,毫米波通信、大气激光通信、太赫兹通信等新型传输手段,无线传感器网络、移动自组织网络、认知协同网络等新型无线通信网络不断涌现,无线通信开始进入全面快速发展的阶段。回顾无线通信的发展历程,人类需求和技术进步是推动无线通信不断发展的永恒动力。

1.2　无线通信的频段与传播方式

无线通信是通过电磁波传递信息的,而电磁波的一个重要特征就是频率。在马可尼发明无线电报后的几年中,人们普遍认为只有无线电波频谱较低的部分适合无线通信且仅能用于有限的场合。直到 1938 年开罗会议,30MHz 以上的频率还都划分给了业余业务和实验无线电业务。第二次世界大战的紧急需要几乎一夜间就改变了这种观点,1943 年,美国军队制定了一个频率高达 300MHz 的划分规划。此后,随着技术的发展以及日益增长的市场需求,各个频段无线电频谱资源都得到了广泛的应用,将频谱资源进行划分并有序使用已是必然趋势。

目前,我们认为无线通信的频率范围为 30Hz～300GHz,具体的频段划分是由国际电信联盟(ITU)无线电行政大会确定的,是国际无线电规则的重要组成部分,表 1.1 列出了 ITU 颁布的无线电波频段划分。

对于常用的频段,人们又将其进行了更细致的划分,并在工程实践中更多采用如表 1.2 所示的频段划分及表示方法。

由表 1.1 可知,无线电波的频率分布范围很宽,从极低频一直到极高频,各个频段的无线电波在通信中都有重要的应用。一般来说,电波频率越高,其承载信息的潜在能力越强。

表 1.1　电磁波波段划分和常用传输介质

频段和波段名称	频率范围 和波长范围	传输介质	主要用途
极低频(ELF) 极长波	30～3000Hz 10～0.1km	有线线对 极长波无线电	潜艇通信、矿井通信
甚低频(TLF) 超长波	3～30kHz 100～10km	有线线对 超长波无线电	潜艇通信、远程无线电通信、远程导航
低频(LF) 长波	30～300kHz 10～1km	有线线对 长波无线电	中远距离通信、地下通信、矿井无线电导航
中频(MF) 中波	300～3000kHz 1000～100m	同轴电缆 中波无线电	调幅广播、导航、业余无线电
高频(HF) 短波	3～30MHz 100～10m	同轴电缆 短波无线电	调幅广播、移动通信、军事通信、远距离短波通信
甚高频(THF) 超短波	30～300MHz 10～1m	同轴电缆 超短波无线电	调幅广播、电视、移动通信、电离层散射通信
微波 特高频(UHF) 分米波	0.3～3GHz 100～10cm	波导 分米波无线电	微波接力、移动通信、空间遥测雷达、电视
超高频(SHF) 厘米波	3～30GHz 10～1cm	波导 厘米波无线电	雷达、微波接力、卫星和空间通信
极高频(EHF) 毫米波	30～300GHz 10～1mm	波导 毫米波无线电	雷达、微波接力、射电天文
紫外、可见光、红外	10^5～10^7GHz 3×10^{-1}～3×10^{-6}cm	光纤、激光空间传播	光通信

表 1.2　常用频段划分标准

频段名称	频率范围	波长范围
P	0.23～1GHz	130～30cm
L	1～2GHz	30～15cm
S	2～4GHz	15～7.5cm
C	4～8GHz	7.5～3.75cm
X	8～12.5GHz	3.75～2.4cm
Ku	12.5～18GHz	2.4～1.67cm
K	18～26.5GHz	1.67～1.13cm
Ka	26.5～40GHz	1.13～0.75cm

　　无线电波的传播方式是指无线电波从发射点到接收点的传播路径。在地球大气层以内电磁波的传播称为陆地波，它主要受到大气层和地球表面的影响。这些介质的电特性对不同频段的无线电波的传播有着不同的影响，即电波传播特性与所选频段有关。根据介质及不同介质分界面对电波传播产生的主要影响，可将无线电波的传播方式分为下列几种。

1. 地面波传播

地面波传播是中波以下（大约 2MHz）的较低
频段无线电波，由于其较强的绕射性能而呈现出
的沿地球表面传播的一种模式，如图 1.1 所示。地
面上有高低不平的山坡和房屋等各种障碍物，根
据波的衍射特性，当波长大于或相当于障碍物的
尺寸时，波才能明显地绕到障碍物的后面。地面

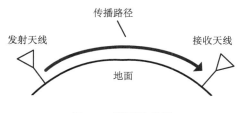

图 1.1　地面波传播

上的障碍物一般不太大，长波可以很好地绕过它们，中波和中短波也能较好地绕过，短波
和微波由于波长过短，绕过障碍物的本领就很差了。此外，由于地球是良导体，地球表面
会因地波的传播引起感应电流，因此地波在传播过程中有能量损失，频率越高损失的能量
越多。所以无论从衍射的角度看还是从能量损失的角度看，长波、中波和中短波沿地球表
面可以传播较远的距离，而微波则不能。

地面波传播的特点是信号比较稳定，基本上不受气象条件的影响。根据频段和发射功
率等条件的不同，地波传播距离可达数百、上千甚至上万千米，若提供足够大的功率，可
以在世界上任何两地之间进行长距离通信。其缺点是需要很大的发射功率，传输信号的频
率受限，而且地面损耗会随地面条件不同发生显著变化，造成信号较大的差异。

地面波传播中波和中短波用来进行无线电广播、远距离导航等。由于长波和超长波无
线电波沿地面传播的距离要远得多，同时有较好的绕射和穿透性能，可用于地下通信和对
潜通信。但是长波、超长波无线通信设备比较庞大，造价高，同时信息传递的能力很弱。
如超长波对潜通信系统可穿透 100m 深的海水，但其信息传送速率约为 0.01bit/s。所以长波、
超长波一般只用于构建应急通信系统。

2. 天波传播

天波传播是短波频段的无线电波利用空中电离层对电波反射的特性而呈现的一种远距
离传播模式（图 1.2）。短波频段的电磁波、地面波容易被吸收，且迅速衰落。然而，辐射出
去的能量可向上传输，信号可到达地球上方的电离层。电离层是地球大气层上部空气分子
由于受太阳紫外线及宇宙射线的辐射而电离，并且电离过程与复合过程达到动态平衡而形
成的等离子体，可对短波频段电波产生折射和反射。其他频段的电波要么被电离层吸收，
要么穿透出去。利用电离层反射，短波天波传播距离可达数百至数千千米。电离层最高可
反射 40MHz 的频率，最低可反射 1.5MHz 的频率。

电离层的高度和浓度一方面随地区、季节、时间、太阳黑子活动等自然因素的变化而
变化，另一方面受到核试验以及大功率雷达等人为因素影响而变化，这决定了天波传播很
不稳定。在天波传播过程中，路径损耗、时间延迟、大气噪声、多径效应、电离层衰落等
因素，都会造成信号的弱化和畸变，影响短波通信的效果。此外，实际电离层也不像上面
所叙述的那样由规则的、平滑的层组成，而是由块状的、云一般的、不规则的、电离的团
或者层组成。因此，电离层反射到地面的区域可能是不连续的。

天波传播的优点是损耗小，传播距离远，一次或数次反射可达近 10000km。缺点是信
道不稳定、信息传递能力较弱，但具有发射功率小、作用距离远、设备简单、机动灵活性

高等优点。目前,短波通信在授时、导航、通信、广播等方面都有广泛的用途。由于短波通信是不受网络枢纽和有源中继体制约的远程通信手段,在军事通信中的地位非常重要。

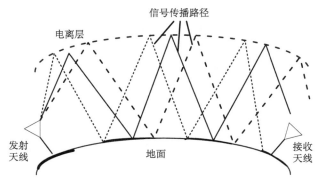

图 1.2 天波传播

3. 散射传播

散射传播是无线电波利用对流层或电离层中介质的不均匀性或流星通过大气时的电离余迹等对电波的散射作用来实现远距离传播的。这种传播方式主要用于超短波和微波远距离通信。散射传播可分为电离层散射、对流层散射、流星余迹散射三类。

1)电离层散射

电离层散射和上述电离层反射不同。电离层反射类似光的镜面反射,这时电离层对于电磁波可以近似看作镜面。而电离层散射则是由于电离层的不均匀性产生的乱散射电磁波现象。故接收点散射信号的强度比反射信号的强度要小得多。电离层散射现象发生在 30～60MHz 的电磁波上。

2)对流层散射

对流层散射则是由于对流层中的大气不均匀性产生的。对流层是从地面至十余千米间的大气层。在对流层中的大气存在强烈的上下对流现象,使大气中形成不均匀的湍流。电磁波由于对流层中的这种大气不均匀性可以产生散射现象,使电磁波散射到接收点。散射现象具有强的方向性,散射的能量主要集中于前方,故常称为"前向散射"。图 1.3 给出了对流层散射传播的示意图。

图 1.3 中,发射天线射束和接收天线射束相交于对流层上空,两波束相交的空间为有效散射区域。利用对流层散射进行通信的频率范围主要在 100～4000MHz;按照对流层的高度估算,可以达到的有效散射传播距离约为 600km。

对流层散射通信的优点包括:通信距离远,单跳距离为数百千米,多跳转接可达数千千米;不受核爆炸和太阳耀斑的影响,传输可靠度高,一般可达 99%～99.9%;通频带较宽,可达 10MHz 以上,能实现多路通信,可以传送电话、电报和数据等。散射通信的主要缺点是传输损耗大,且随着通信距离的增加而剧增。此外,散射信号有较深的衰落,其电平还受散射体内温度、湿度和气压等的影响,且有明显的季节和昼夜的变化。由于散射通信中电磁波传输损耗很大,到达接收端的信号很微弱,为了实现可靠的通信,一般要采用大功率发射机，高灵敏度接收机和高增益、窄波束的天线。为了克服或减小衰落的影响，常采用分集接收等技术。散射通信具有良好的抗干扰、低截获以及抗摧毁特性，在军事通信中得到了广泛应用，是建立战略、战役通信无线干线传输链路的重要手段。

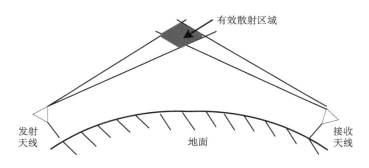

图 1.3　对流层散射传播

3）流星余迹散射

流星余迹散射则是由于流星经过大气层时产生很强的电离余迹使电磁波散射的现象。流星余迹的高度为 80～120km，余迹长度为 15～40km，如图 1.4 所示。

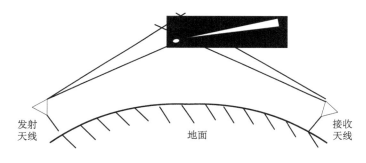

图 1.4　流星余迹散射传播

流星余迹散射的频率范围为 30～100MHz，传播距离可达 1000km 以上。一条流星余迹的存留时间在零点几秒到几分钟之间，但是空中随时都有大量的人们肉眼看不见的流星余迹存在，能够随时保证信号断续的传输。所以，流星余迹散射通信只能用低速存储、高速突发的断续方式传输数据。

4. 视距传播

视距传播是指在发射天线和接收天线间能相互"看见"的距离内，电波直接从发射端传播到接收端（有时包括地面反射波）的一种传播方式，又称为直接波或空间波传播。图 1.5 给出了视距传播中视线传播路径的示意图。

频率高于 30MHz 的电磁波将穿透电离层，不能被反射回来。此外，它沿地面绕射的能力也很弱。所以，它只能类似光波那样做视距传播。微波波段的无线电波就是以视距传播方式来进行传播，因为微波波段频率很高，波长很短，沿地面传播时衰减很大，投射到高空电离层时会穿过电离层而不能被反射回地面。视距传播时，为了能增大其在地面上的传播距离，最简单的办法就是提升天线的高度从而增大视线距离。当收发两端天线架设高度一定时，存在最大视距传播距离。由于视距传输的距离有限，为了达到远程通信的目的，可以采用无线电中继的办法实现，如图1.6所示。这样经过多次转发，也能实现远程通信。

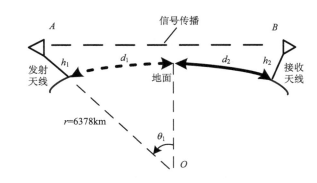

图 1.5　视距传播中视线传播路径的示意图

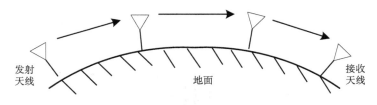

图 1.6　无线电中继

　　由于视距传输的距离和天线架设高度有关，故利用人造卫星作为转发站(或称基站)将会大大提高视距。不难想象，目前国际、国内远程通信广泛应用的卫星通信系统中，利用这样遥远的卫星作为转发站，将大大增加一次转发的距离，但这提高了对发射功率的要求且增大了信号传输的延迟时间。

　　视距传播大体上可分为三类情况。第一类是指地面上(如移动通信和微波接力通信等)的视距传播；第二类是指地面上与空中目标之间(如与飞机、通信卫星等)的视距传播；第三类是指空间通信系统之间(如飞机之间、宇宙飞行器之间，以及太空中人造卫星或宇宙飞船之间等)的视距传播。

　　第二次世界大战前，视距传播仅用于超短波以下频率。战时，地面微波中继通信得到发展，战后发展尤为迅速。目前，利用视距传播的微波中继通信和卫星通信系统已遍布世界各地，成为远距离大容量无线通信的主要方式。

　　不同频段的无线电波除承载信息的能力、传播模式不同外，通信系统的特性也有较大差异。电波频率越高，收发设备的天线波束可以做得越窄，方向性越强，辐射的功率越集中，功率利用率也越高。因此，在定点通信场合，使用较高频段的无线电波可大大节省功率；在机动性要求较高的场合则正好相反，应使用较低频段的电波进行通信(或者以降低功率利用率为代价，使用宽波束天线或全向天线通信)。电波频率越高，在同等尺度条件下，天线的收发效率越高。因此使用较高频段通信，可使通信天线尺寸显著减小，这就非常适合携带和机动使用。

　　目前，随着无线通信的迅速发展，适合无线通信所用的频谱资源日趋紧张。频谱资源已经成为一种重要的战略资源，必须合理分配，严格管理，才能保证有效利用。无线电频谱管理以及高效频谱利用技术已经成为无线通信研究领域的一项重要课题。

1.3　无线通信的特点与关键技术

无线通信与有线通信的基本原理和技术途径具有同一性，但无线信道的特殊性使得无线通信系统与有线通信系统在关键技术、系统构成等方面也有较大差别。

首先，无线信道的传输特性相比有线信道更为恶劣。无线电波信号在空间传递过程中，不仅能量会随距离的增加而快速衰减，复杂传播环境会造成无线电波能量的衰减更加严重。此外，传播环境中的地面、建筑物和其他物体会对无线电波形成反射、散射和绕射，从而导致信号通过多条路径到达接收机，造成多径效应。多径效应会导致信号的衰落，不仅会引起接收信号能量的加剧衰减，甚至会导致接收信号的波形发生失真，严重影响接收机的性能。如果发射机、接收机或周围的物体发生相对运动，多径反射和衰减的变化将使接收信号经历随机波动和频率偏移，进一步增加了无线通信接收机的复杂度。因此，无线信道的多径效应和时变特性限制了无线信道的传输性能。

其次，无线通信是在开放的空间辐射和接收电磁波进行通信的，一方面，受到自然界中各种干扰和噪声的影响相比有线通信更为严重；另一方面，一定区域范围内的无线通信信号也会相互干扰。为了克服无线通信信号之间的干扰，必须把可用的无线信道分成若干互不干扰的子信道，再分别分给各个用户。无线信道的开发特性增加了无线组网的复杂性并限制了无线通信系统的容量。

虽然相比有线通信，无线通信在传输质量、传输速率等方面存在着较大不足，但是无线通信具有不受连线束缚、组网迅速灵活等优点，特别是能够提供移动通信，使得无线通信技术始终受到广泛关注，成为研究最为活跃的通信技术领域。无线通信技术的发展历程就是不断寻求新的技术途径，以克服无线传输、组网等方面的不利因素，实现更佳的无线通信性能。

无线通信的关键技术涉及传输、组网等多个层次。随着无线通信的普及应用，无线频谱资源日趋紧张，无线通信技术已从最初的解决点对点可靠传输，发展到如何通过高效传输、灵活组网以实现频谱的最佳利用，并能在无线传播环境下实现对综合业务的有效支撑。

通信网是一个极其复杂的实体，为了减少通信网设计的复杂性，人们大都采用层次化结构来组织和设计通信网络。目前，大都采用基于计算机网发展起来的开放系统互连（OSI）参考模型，来描述通信网的相关技术和功能层次。OSI 参考模型是为实现开放系统互连，建立网络系统功能和概念，协调网络通信而建立的功能分层模型，由国际标准化组织（ISO）和国际电报电话咨询委员会（CCITT）联合制定。OSI 参考模型是一种异构系统互连的分层结构，提供了控制互联系统交互规则的标准骨架，从低到高分别是物理层、数据链路层、网络层、传输层、会话层、表示层和应用层。

传统的无线通信系统设计主要涉及 OSI 七层模型中的物理层、数据链路层和网络层的功能，无线通信网络中上述各层的功能和关键技术如下。

1. 物理层主要功能及关键技术

物理层的主要功能是利用物理传输介质为数据链路层提供物理连接，以便透明地传送比特流，这一层数据的单位称为比特（bit）。对于无线通信系统来说，其物理介质就是不同频率的电磁波，物理层的技术就是要克服电波传播过程中的各种不利因素，实现可靠、高效的信息传递。

无线通信中的物理层技术包括调制、编码以及天线技术等。考虑到无线传播环境的特殊性，无线通信对调制、编码等有着特殊的要求，如为提高无线通信系统的功率利用率和适应复杂的无线信道所发展的恒包络调制技术；为提高无线通信的可靠性，广泛采用的各种新型纠错编码技术，如 LDPC 码、Turbo 码以及将调制和编码联合优化的调制编码（TCM）技术等；为了满足多径传播环境下无线高速数据传输的需求，先后发展的直接扩频传输体制、正交频分复用（OFDM）技术以及多输入多输出（MIMO）天线技术等。此外，无线通信系统中还广泛采用了交织、均衡、分集等技术，以应对复杂无线传播环境对通信信号的影响，提高无线传输系统的性能。物理层技术是无线通信的核心技术，是构建各种无线通信系统的基础。

2. 数据链路层主要功能及关键技术

数据链路可以粗略地理解为数据通道。物理层要为终端设备间的数据通信提供传输介质及其连接。介质是长期的，连接是有生存期的。在连接生存期内，收发两端可以进行不等的一次或多次数据通信。每次通信都要经过建立通信联络和拆除通信联络两个过程。这种建立起来的数据收发关系就称为数据链路。在物理媒体上传输的数据难免受到各种不可靠因素的影响而产生差错，为了弥补物理层上的不足，为上层提供无差错的数据传输，就要能对数据进行检错和纠错。数据链路层的数据单位为帧（Frame），数据链路的建立、拆除，对数据的检错、纠错是数据链路层的基本任务。数据链路层包含逻辑链路（LLC）子层和介质访问控制（MAC）子层。其中，无线通信系统 MAC 子层的一个重要的功能是实现物理链路的共享传输，即多址接入技术。对于无线通信系统来说，多址技术对于提高频谱利用率非常关键。

无线通信中的数据链路层技术包括成帧、数据的纠检错、多址技术等。其中，数据链路层的纠错功能往往和物理层结合起来实现，如目前发展的自适应编码调制（ACM）技术、混合 ARQ 体制等技术可以更好地适应无线信道特性，在时变的信道环境下提供更可靠的链路层链接。无线通信系统中的多址技术可以分为固定分配多址技术和基于竞争机制的多址技术。一般来说，固定分配方式可以确保各种业务所需的带宽，提供较好的服务质量保证，广泛地用于支持电信业务的各种通信系统网络中。固定分配多址技术除传统的频分多址（FDMA）、时分多址（TDMA）以及码分多址（CDMA）外，现在结合多波束天线发展了空分多址（SDMA）技术，以及将上述多址技术组合实现的混合多址技术。基于竞争机制的多址接入技术是采用竞争的方式来共享无线传输信道，系统所支持的用户数目以及每个用户所占用的实际可用资源并不是固定的。此时，评价系统性能的指标主要是系统的吞吐率和信息传输的平均时延。典型的基于竞争机制的多址接入技术包括 ALOHA、载波侦听多址接入（CSMA）等方式。相比固定分配方式，基于竞争机制的多址方式一般在提供通信业务的服务质量保障方面存在不足，但其实现及资源分配更为灵活，因此也得到了广泛应用。此外，基于固定分配的多址方式一般也需要采用竞争机制来实现初始的信道接入。

3. 网络层主要功能及关键技术

网络层是在数据链路层提供的两个相邻端点之间的数据帧的传送功能上，进一步管理网络中的数据通信，将数据设法从源端经过若干个中间节点传送到目的端，从而向运输层提供最基本的端到端的数据传送服务。网络层的目的是实现两个端系统之间的数据透明传送，具体功能包括寻址和路由选择、连接的建立、保持和终止等。它提供的服务使传输层不需要了解网络中的数据传输和交换技术。简单说，网络层的功能就是"路径选择、路由及逻辑寻址"，并具有一定的拥塞控制和流量控制的能力。网络层的数据单位称为数据包（Packet）。互联网 TCP/IP 协议体系中的网络层功能由 IP 协议规定和实现，故又称 IP 层。无线通信，特别是移动通信系统中的网络层技术相比固定通信系统要复杂得多。目前，各类通信网的体制逐步趋于基于 IP 技术进行融合，现在发展的移动 IP 技术、IPv6 技术成为未来移动通信网络互联的基础。

针对不同的应用环境和通信业务，无线通信网络的拓扑结构、物理层技术、链路层技术以及网络层技术差异较大，从而形成了多种类型的无线通信系统，以满足日益丰富的无线通信需求。

目前，无线通信网络正朝着多元化、宽带化、综合化、智能化的方向演进，更高的传输速率、更灵活的组网能力以及综合业务支持能力成为当前无线通信网络发展的重点。

在新技术和市场需求的共同作用下，未来的无线通信网络将和有线通信网络更加紧密地融合。固定网络将形成一个高带宽、IP 化、具有强 QoS 保证的核心网络。围绕这一核心网络，各种接入手段将成为网络的触手，向各个应用领域延伸。蜂窝移动通信系统、宽带固定无线接入、无线局域网等都将成为核心网的延伸部分——接入网，从而形成集固定、无线手段于一体，各种接入方式综合发挥效用，各种业务形成全网络配置的一体化综合网络。

可以预计，随着无线通信技术的发展，个人化、宽带化、多样化将是未来无线通信系统的主要特点，无线通信技术结构的变革则主要体现在高效频谱的接入上，通过拓展新的工作频段、发展新的网络架构，促进无线通信系统频谱的增加、效率的提高以及容量的提升，以满足信息化社会发展对无线通信的需求。

第 2 章　无线信道的特性

无线通信系统的性能主要受到无线信道的制约。无线信道是一个开放式的传输系统，它带来通信便捷的同时，也易受干扰和环境噪声的影响。信号从发射机到接收机的无线传播过程中，复杂的地形地物(如山脉、建筑物、树木等)通常会对通信信号造成明显的损伤。这些损伤表现多样，有加性的，乘性的；时间上的，频率上的；快变化的，慢变化的等。同时，无线信道不像有线信道那样固定并可预见，它具有非常大的随机性，难以分析。因此，如何实现无线信道上的高质量通信，是一个非常具有挑战性的课题。本章主要介绍无线信道的特性，分析由于无线信道的特性所引起的接收信号的变化规律。

2.1　无线电波传播

2.1.1　无线电波的传播方式

在无线通信系统中，无线电波最基本的传播方式有如下四种。

(1)直射。直射是指发射机信号无阻挡地到达接收机。

(2)反射。反射发生在电波遇到比波长大得多的物体时，通常发生在地球表面、建筑物表面和墙壁表面。

(3)绕射。当接收机和发射机之间的无线路径被尖锐的边缘阻挡时将发生绕射。由阻挡表面产生的二次波散布于空间甚至阻挡体的背面。当发射机和接收机之间不存在视距路径时，围绕阻挡体也产生波的弯曲。在高频波段，绕射与反射一样，依赖于物体的形状，以及绕射点入射波的振幅、相位和极化情况。

(4)散射。当波穿行的介质中存在小于波长的物体并且单位体积内阻挡体的个数非常巨大时，将发生散射。散射发生于粗糙表面、小物体或其他不规则物体。在实际的通信系统中，粗糙墙面、树叶、街道标志和灯柱等会引发散射。

在无线电波的四种传播方式中，一般经直射波传播的信号最强。

电波传播的基本细节可通过求解带边界条件的麦克斯韦方程获得，其中边界条件表征了这些障碍物的物理特性。求解这样的麦克斯韦方程相关的计算非常复杂，而且计算中必要的参数往往难以得到，因而，人们采用了一些近似方法来描述信号的传播特性，避免求解复杂的麦克斯韦方程。

最常见的一种近似方法是射线跟踪法。射线跟踪法把波前近似为粒子，用一些简单的几何方程取代复杂的麦克斯韦方程，以此来近似直射、反射、绕射和散射对波前的影响。当接收机和最近的反射体的距离有数个波长，所有反射体的大小相对于波长都足够大并且相当平滑时，射线跟踪法的近似误差最小。但也还有许多传播环境不能由射线跟踪模型准确描述，此时通常的做法是以实际测量结果为基础，建立经验模型。

2.1.2   无线通信的四种效应

基于无线电波的四种基本传播方式，无线通信大体上表现出如下四种传播效应。

（1）远近效应。远近效应是指由于用户的随机移动性，发射机与接收机之间的距离也在随机变化。若发射机发射信号功率不变，那么到达接收机时信号的强弱将随着收发距离的变化而不同。离发射机近者，信号强；离发射机远者，信号弱。通信系统中的非线性将进一步加重信号强弱的不平衡性，甚至出现"以强压弱"的现象，严重时使弱者发生通信中断。

（2）阴影效应。阴影效应是指由于大型建筑物和其他物体的阻挡，在电波传播的接收区域中产生传播半盲区。阴影效应类似于太阳光受阻挡后产生的阴影，光的波长较短，阴影可见，电磁波波长较长，阴影不可见，但可以由仪器测量得到。

（3）多普勒效应。多普勒效应是指由于用户处于高速移动（如车载通信）中，接收信号频率随之发生的频移现象。移动引起的接收机信号频移称为多普勒频移，它与移动台的运动速度、运动方向及接收无线电波的入射角度有关。

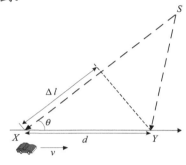

图 2.1   多普勒效应示意图

当移动台以恒定速率 v 在长度为 d，端点为 X 和 Y 的路径上运动时，收到来自远端源 S 发出的信号，如图 2.1 所示。无线电波从源 S 出发，移动台在 X 点与 Y 点接收信号时所经历的收发路径差近似为 $\Delta l = d\cos\theta = v\Delta t\cos\theta$。其中，$\Delta t$ 是移动台从 X 运动到 Y 所需的时间，θ 是 X 和 Y 与入射波的夹角。

假设发射源距离很远，可以近似认为 X、Y 处的 θ 是相同的。所以，由路程差造成的接收信号相位变化值为

$$\Delta\phi = \frac{2\pi\Delta l}{\lambda} = \frac{2\pi v\Delta t}{\lambda}\cos\theta \tag{2.1}$$

由此可得出频率变化值，即多普勒频移 f_d 为

$$f_d = \frac{1}{2\pi}\frac{\Delta\phi}{\Delta t} = \frac{v}{\lambda}\cos\theta \tag{2.2}$$

由式（2.2）可以看出，多普勒频移与波长、移动台运动速度、移动台运动方向和无线电波入射方向之间的夹角有关。若移动台朝向入射波方向运动，则多普勒频移为正（接收频率上升）；若移动台背向入射波方向运动，则多普勒频移为负（接收频率下降）。

（4）多径效应。多径效应是指由于信道中障碍物及反射物等的存在，构成了一个复杂的电波传播环境，导致信号幅度、相位及时间发生变化，这些因素使发射波到达接收机时形成在时间、空间上相互区别的多个无线电波。它们经过的路径不同，因而到达时的信号强度、信号相位、信号频率、信号方向都是不一样的，接收机所接收到的信号是上述各路径信号的矢量和，我们称这种自干扰现象为多径干扰或多径效应，如图 2.2 所示。

2.1.3   无线通信接收信号特点

无线通信信号通过无线信道传输后的信号特点可以分为三类，即大尺度路径损耗、阴影衰落和小尺度衰落。

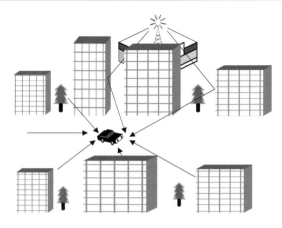

图 2.2　多径效应示意图

大尺度路径损耗(Path Loss)是由发射功率的辐射扩散及信道的传播特性造成的。在大尺度路径损耗模型中,一般认为对于相同的收发距离其路径损耗也相同。它反映出无线传播在宏观大范围(千米量级)的空间距离上的接收信号功率平均值的变化趋势,所以被称为大尺度传播模型。对大尺度传播模型的研究,传统上集中于给定范围内平均接收场强的预测和特定位置附近场强的变化。

阴影衰落(Shadowing)是指电波在传播路径上受到地物的阻挡产生阴影效应而带来的损耗。无线电波在发射机和接收机之间的障碍物间传播,吸收、反射、散射和绕射等方式导致信号功率衰减,严重时甚至会阻断信号。它反映了在中等范围内(数百波长量级)的接收信号功率局部平均值起伏变化的趋势。

小尺度多径衰落(Fading),简称衰落,是指同一传输信号沿两个或多个路径传播,以微小的时间差到达接收机,各径上相位的快速变化将造成剧烈的信号相互干涉现象。这种变化发生在短距离上(数十波长以下量级),所以称为小尺度衰落。小尺度衰落的原因是多径效应。接收信号为不同路径信号的合成,由于相位变化的随机性,其合成信号变化范围很大。例如,在小尺度衰落中,当接收机移动距离与波长相当时,其接收场强可以发生三或四个数量级(30 或 40dB)的变化。

信号通过无线信道后的传播失真是以上三种因素共同作用的结果。就信号的影响形式而言,主要表现为传播损耗、时间色散和频率色散。

1. 传播损耗

在无线通信传输系统中,传播损耗是指经过无线信道传输的信号功率随距离或时间发生变化。实际中发射机和接收机之间的传输信道是非常复杂的,传播损耗产生的原因是多样的,简而言之,传播损耗是大尺度路径损耗、阴影衰落和小尺度衰落综合作用的结果。

大尺度路径损耗指出了随着发射机和接收机之间距离的不断增加而引起电磁波强度的衰减,它反映了电磁波在空间传播所产生的损耗。在大尺度路径损耗模型中,一般认为对于相同的收发距离衰减值相同。

阴影衰落反映了发射机和接收机之间的障碍物通过吸收、反射、散射和绕射等方式衰减信号功率,它反映了由传播阻挡的阴影效应所产生的损耗。

小尺度衰落指出当移动台在极小范围内移动时，经过不同长度路径的电磁波相互作用，可能引起瞬时接收场强的快速波动，它反映了小范围接收电平的起伏变化趋势。

在三者的综合影响下，接收功率与发射接收之间距离（TR 距离）的关系示意图如图 2.3 所示。

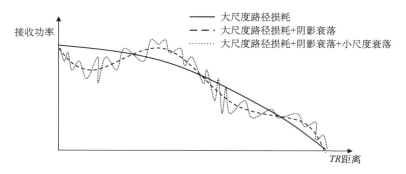

图 2.3　接收功率与 TR 距离的关系示意图

图 2.4 给出一个实际的室内无线通信系统的传播损耗情况。由图可见，随着距离的增大，接收功率的大趋势是缓慢下降，图中取局部均值画出的曲线能看出受阴影衰落的影响而带来的波动，随着接收机的移动，瞬时接收场强快速波动。

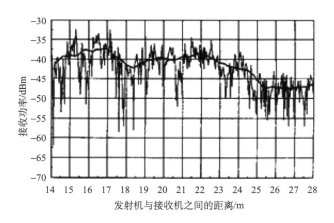

图 2.4　一个实际的室内无线通信系统的传播损耗

2. 时间色散

同一发射信号通过不同路径到达接收端，它们到达的时间和强度会有不同，这种现象称为时间色散。

当发射台发送一个脉冲信号时，收到的是多个脉冲的综合结果，如图 2.5 所示。不同路径传来的脉冲到达接收端时，相对于路径最短的脉冲（往往也是最强的）有着不同的时间差，这个差值称为多径时延。多个不同的多径时延构成了多径时延的扩展，并且随着环境、地形、地物的状况不同而不同，一般与频率无关。时间色散对数字移动通信有极其重要的影响。

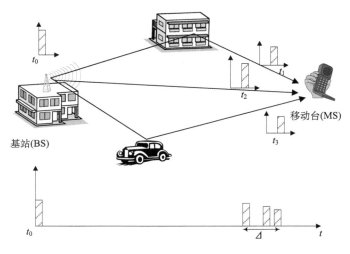

图 2.5　时间色散示意图

对连续符号传输而言,时间色散现象会导致接收信号发生混叠,引起符号间干扰(ISI)。ISI 是一种取决于信号的失真,ISI 的严重性随着时延扩展的宽度而增加,时域中的 ISI 失真同样可以在频域中检测到。

3. 频率色散

当发射机与接收机之间有相对运动时,收到的电波将发生频率的变化,此变化称为多普勒频移。当相对速度不高时,多普勒频移值不大,一般小于设备的频率稳定度,影响可以忽略,但对于高速移动的情况则不能忽略。事实上,由于无线信道通常引入包括零多普勒频移在内的属于某一变化范围内的连续多普勒频移,因此,在频域中信道对信号的影响是频谱的扩展,而不仅仅是频谱的简单搬移。

本章对无线信道的讨论主要针对以上信号特点进行,包括两部分内容:一是针对大尺度路径损耗与阴影衰落,以及无线通信系统中预测接收场强的通用模型方法;二是针对小尺度衰落,描述在无线环境中信号分析和多径建模方法。

2.2　大尺度路径损耗和阴影衰落

对大尺度路径损耗和阴影衰落的研究,集中于给定范围内平均接收功率的预测、特定位置附近场强的变化、预测平均接收功率、估计无线覆盖范围等问题,采用的方法是建立传播模型。由于信号传播环境非常复杂,实际应用的大多数传播模型是通过理论分析和实际测量相结合来获得。

理论分析方法是针对应用环境,找出主要的影响因素,建立模型,通过仿真或计算得出传播模型,如自由空间传播模型等。

实际测量方法是根据大量实验所得测量数据,绘出传播损耗的曲线或拟合成解析式,再抽象出传播模型。实验方法依赖于测试数据的曲线或解析式拟合,它的优点在于通过场强测试考虑了所有的传播因素,包括已知的和未知的。然而在一定频率和环境下获得的模型，在其他条件应用时是否正确，只能建立在新的测试数据的基础上。随着时间的迁移，实际测量方法也出现了一些经典的用于预测大尺度损耗的传播模型，我们会在后面论述。

2.2.1　自由空间传播模型

假设信号经过自由空间到达距离 d 处的接收机，信号沿直线传播，发射机和接收机之间没有任何障碍物，这样的信道称为视距（Line-of-Sight，LOS）信道，相应的接收信号称为 LOS 信号或直射信号。

无线电波在自由空间传播时，其单位面积中的能量会因为扩散而减少。这种减少，称为自由空间的传播损耗。自由空间传播模型用于预测接收机和发射机之间，是完全无阻挡的视距路径时的接收信号场强。卫星通信系统和微波视距无线链路是典型的自由空间传播。

自由空间中距发射机 d 处天线的接收功率由 Friis 公式给出：

$$P_r = P_t G_r G_t \left(\frac{\lambda}{4\pi d} \right)^2 \tag{2.3}$$

其中，P_t 为发射功率；P_r 为 TR 距离是 d 处的接收功率；G_t 为发射天线增益；G_r 为接收天线增益；d 为 TR 间距离，单位为 m；λ 为波长，单位为 m。

由式（2.3）的 Friis 公式可见接收功率与 TR 距离的平方成反比，与波长的平方成正比。因此，载波频率越高则接收功率越小。

无线通信中，接收功率常表示为 dBW 或 dBmW(dBm) 的形式，dBW 表示功率大于或小于 1W 的分贝数，dBm 表示功率大于或小于 1mW 的分贝数。Friis 公式采用 dB 的形式可写为

$$P_r(\text{dBm}) = P_t(\text{dBm}) + 10\lg G_r + 10\lg G_t + 20\lg \lambda - 20\lg(4\pi) - 20\lg d \tag{2.4}$$

无线通信中常用路径损耗表示信号衰减，定义为有效发射功率和接收功率之间的差值（不包括天线增益），单位为 dB。自由空间路径损耗（Free-space Path Loss）定义为自由空间模型下的路径损耗：

$$L_p(d) = -10\lg \left(\frac{\lambda}{4\pi d} \right)^2 \tag{2.5}$$

定义 f_c 为发射频率，代入式（2.5）变换为

$$L_p(d) = 20\lg f_c + 20\lg d - 147.56(\text{dB}) \tag{2.6}$$

显见，距离每增加一倍或发射频率每增加一倍，自由空间路径损耗就增加 6dB，如图 2.6 所示。

Friis 自由空间传播模型仅适用于天线远场区。天线的远场或 Fraunhofer 区定义为超过远场距离 d_f 的地区，与发射天线截面的最大线性尺寸和载波波长有关。Fraunhofer 距离为

$$d_f = \frac{2D^2}{\lambda} \tag{2.7}$$

其中，D 为天线的最大物理线性尺寸。此外，对于远场地区，d_f 必须满足：

$$d_f \gg D \quad 和 \quad d_f \gg \lambda \tag{2.8}$$

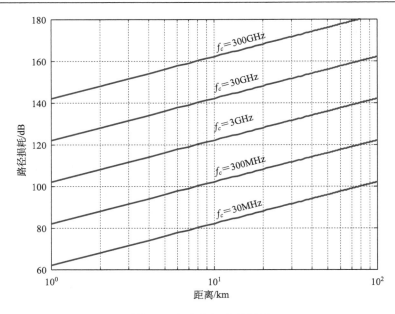

图 2.6 自由空间路径损耗

实际中，大尺度传播模型常使用近地距离 d_0（$d_0 \geqslant d_f$）作为接收功率的参考点。当 $d > d_0$ 时，距离 d 处的接收功率 $P_r(d)$ 与 d_0 处的 $P_r(d_0)$ 相关。$P_r(d_0)$ 可由式(2.3)预测或由测量的平均值得到。因而，如图 2.7 所示，使用式(2.3)，当距离大于 d_0 时，自由空间中的接收功率为

$$P_r(d) = P_r(d_0)\left(\frac{d_0}{d}\right)^2, \quad d \geqslant d_0 \geqslant d_f \tag{2.9}$$

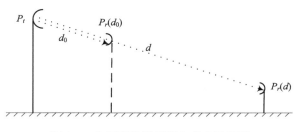

图 2.7 大尺度传播模型参考点示意图

例 2.1 发射机和接收机均为单位增益天线，发射机的功率为 50W，载频为 900MHz。问发射功率换算成 dBm 是多少？求自由空间中距离天线 100m 和 10km 处的接收功率为多少 dBm？

解 单位换算有

$$P_{t(\text{dBm})} = 10\lg\left(\frac{P_{t(\text{mW})}}{1\,\text{mW}}\right) = 46.99\,\text{dBm}$$

应用自由空间传播模型，使用式(2.4)，距离天线 100m 处的接收功率为

$$P_r(100\text{m}) = P_t(\text{dBm}) + 10\lg G_r + 10\lg G_t + 20\lg \lambda - 20\lg(4\pi) - 20\lg d$$
$$= -24.5\ \text{dBm}$$

应用式(2.9)，计算距离天线 10km 处的接收功率，即 $d_0 = 100\text{m}$，$d = 10\text{km}$ 时有

$$P_r(10\text{km}) = P_r(100\text{m}) + 20\lg\left(\frac{100}{10000}\right)^2 = -64.5\ \text{dBm}$$

例 2.2　有一室内无线局域网，载波频率为 900MHz，覆盖区域半径为 10m，使用单位增益天线。在自由空间路径损耗模型下，若要求覆盖区域内所有终端的最小接收功率为 10μW，则发射功率应该是多大？若载波频率换为 5GHz，相应的发射功率又为多少？

解　依据自由空间传播模型，覆盖区域中边界上有最小接收功率，使用式(2.4)计算可得所需发射功率。

$$P_r(10\text{m}) = P_t(\text{dBm}) + 10\lg G_r + 10\lg G_t + 20\lg \lambda - 20\lg(4\pi) - 20\lg d$$

代入参数：

$$P_t(\text{dBm}) = 10\lg\left(10\times10^{-3}\right) - 20\lg\left(3\times10^8 / 900\times10^6\right) + 20\lg(4\pi) + 20\lg(10)$$
$$= 31.5(\text{dBm})$$

载波频率换为 5GHz，代入参数：

$$P_t(\text{dBm}) = 10\lg\left(10\times10^{-3}\right) - 20\lg\left(3\times10^8 / 5\times10^9\right) + 20\lg(4\pi) + 20\lg(10)$$
$$= 46.4(\text{dBm})$$

一般当要传播的信号频率在 30MHz 以上时，信号不会被电离层反射，只能直线传播。地面通信的直线传播只能在一个有效范围内实现。这里有效的是指电波在大气层传输中发生折射，弯曲的量与弯曲的方向和大气条件有关，但大多数电波的弯曲程度与地球曲率相同，因此可以比直线光波传播得更远。

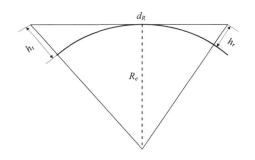

图 2.8　视距的极限传播距离

由于地球是球形，凸起的地表面会挡住视线。两个天线之间直线传播的最大距离称为视距（LOS）的极限传播距离，如图 2.8 所示。

考虑大气折射的影响，在标准大气折射情况下，等效地球半径 $R_e \approx 8500\text{km}$，可得视距的极限传播距离为

$$d_R = 4.12\left(\sqrt{h_r} + \sqrt{h_t}\right)\quad(\text{km}) \tag{2.10}$$

其中，h_t、h_r 分别是发射和接收电线高度，单位为 m；d_R 为视距的极限传播距离，单位为 km。

在传输和接收天线之间存在大气吸收损耗，水蒸气和氧气是产生这种衰减的主要因素。水蒸气的最大吸收峰在 23GHz 附近，氧气的最大吸收峰在 60GHz 附近，对于 12GHz 以下的频率，大气吸收衰减小于 0.015dB/km。雨和雾会引起无线电波的散射，从而导致衰减，这有可能是引起信号损耗的主要原因。在 10GHz 以下频段，雨雾衰减并不严重，一般只有几 dB；在 10GHz 以上频段，雨雾衰减极大增加，达到几 dB/km。下雨衰减是限制高频段

微波传播距离的主要因素。

2.2.2 地面反射模型

通常理论模型为了简化分析，对区域地形常作简单的假设予以理想化。当天线架高（相对于波长）的情况下，若地面是平面，则无线电波的主要传播方式为直射波和反射波，地面反射模型（又称双线模型、两径模型）就是这一情况的简化传播模型，如图 2.9 所示。地面反射模型中接收信号由两部分组成：经自由空间到达接收端的直射分量和经过地面反射到达接收端的反射分量。

如图 2.9 所示，直线传播距离为

$$d_1 = \sqrt{d^2 + (h_t - h_r)^2} \tag{2.11}$$

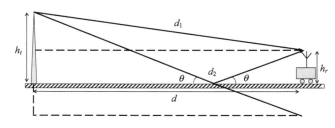

图 2.9　地面反射模型

反射路径传播距离为

$$d_2 = \sqrt{d^2 + (h_t + h_r)^2} \tag{2.12}$$

两条传播路径的距离差为

$$\Delta d = d_2 - d_1$$
$$= d\left[\sqrt{1 + \left(\frac{h_t + h_r}{d}\right)^2} - \sqrt{1 + \left(\frac{h_t - h_r}{d}\right)^2}\right] \tag{2.13}$$

当 TR 距离 d 远远大于 $h_t + h_r$ 时，一般取 $d \geqslant 10(h_t + h_r)$，应用泰勒级数近似式 $\sqrt{1 + x} \approx 1 + 1/2x$ $(x \ll 1)$，对式 (2.13) 进行化简，可得

$$\Delta d \approx \frac{2h_t h_r}{d} \tag{2.14}$$

载波信号的相位差与两条传播路径的距离差有关，可表示为

$$\Delta \varphi = \frac{2\pi \Delta d}{\lambda} \tag{2.15}$$

即有

$$\Delta \varphi \approx \frac{4\pi h_t h_r}{\lambda d} \tag{2.16}$$

地面反射系数由式 (2.17) 给出：

$$R = \frac{\sin\theta - Z}{\sin\theta + Z} \tag{2.17}$$

其中

$$Z = \begin{cases} \sqrt{\varepsilon_r - \cos^2\theta/\varepsilon_r}, & \text{垂直极化} \\ \sqrt{\varepsilon_r - \cos^2\theta}, & \text{水平极化} \end{cases} \tag{2.18}$$

其中，ε_r 是大地的介电常数，近似取 15。当 TR 距离 d 足够大时，$\theta \approx 0$，因而 $R \approx -1$，考虑到相位差，接收信号功率为

$$\begin{aligned} P_r(d) &= P_t G_t G_r \left(\frac{\lambda}{4\pi d}\right)^2 \left|1 - \exp(\mathrm{j}\Delta\varphi)\right|^2 \\ &\approx 4P_t G_t G_r \left(\frac{\lambda}{4\pi d}\right)^2 \sin^2\left(\frac{2\pi h_t h_r}{\lambda d}\right) \end{aligned} \tag{2.19}$$

相应的路径损耗为

$$L_p(d) \approx -10\lg\left[4\left(\frac{\lambda}{4\pi d}\right)^2 \sin^2\left(\frac{2\pi h_t h_r}{\lambda d}\right)\right](\mathrm{dB}), \quad d \geqslant 10(h_t + h_r) \tag{2.20}$$

由式 (2.20) 可见，路径损耗随着距离 d 的增大而增大，同时随着发射机与接收机之间距离的变化，路径损耗会出现波动。取 $(2\pi h_t h_r)/(\lambda d) = \pi/2$，定义此时的 d 为发射机和接收机间的临界距离，记为 d_c，有

$$d_c = \frac{4h_t h_r}{\lambda} \tag{2.21}$$

由式 (2.20) 可知，随着距离 d 的增大，路径损耗随之发生波动。当距离 $d \geqslant d_c$ 后，路径损耗随着距离的增大而单调增大，近似有

$$\sin\left(\frac{2\pi h_t h_r}{\lambda d}\right) \approx \frac{2\pi h_t h_r}{\lambda d} \tag{2.22}$$

则有路径损耗近似为

$$L_p(d) \approx -20\lg h_t - 20\lg h_r + 40\lg d(\mathrm{dB}), \quad d \geqslant d_c \tag{2.23}$$

接收功率近似为

$$P_r(d) \approx P_t G_t G_r \frac{h_t^2 h_r^2}{d^4}, \quad d \geqslant d_c \tag{2.24}$$

根据式 (2.24)，工程上一般认为地面反射模型中，大于临界距离时，路径损耗呈 4 次幂衰减，对于小于临界距离的范围，Goldsmith 指出路径损耗按 2 次幂衰减估值。图 2.10 给出了式 (2.20) 与式 (2.23) 指出的地面反射模型的路径损耗随距离变化的曲线。图中仿真参数为 $f_c = 900\mathrm{MHz}$，$h_t = 35\mathrm{m}$，$h_r = 3\mathrm{m}$，图示有效范围 $d \geqslant 380\mathrm{m}$，第一菲涅耳区临界距离 $d_c = 1260\mathrm{m}$。

式 (2.24) 称为地面传播方程，它反映出地面反射模型与自由空间传播模型的明显差异，主要表现在以下三个方面。

(1) 对于大于 d_c 的距离，由于地面传播方程中不再含有波长 λ，因此地面反射模型中较远距离时接收功率与频率无关。

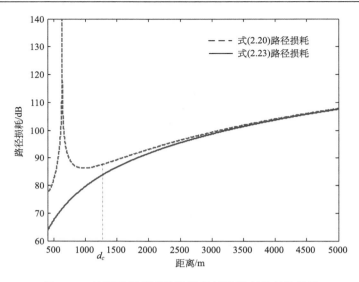

图 2.10　地面反射模型的路径损耗随距离的变化曲线

（2）对于大于 d_c 的距离，接收功率呈 4 次幂衰减，即每十倍距离，功率下降 40dB。这表明其接收功率衰减比自由空间传播（2 次幂衰减）要快得多。

（3）地面传播方程显示了发射天线和接收天线的高度对路径损耗的明显影响，天线越高，对传播越有利。

地面反射模型是应用射线跟踪法的一个简单且非常有用的模型，对于由直射波和强地面反射波为主导的无线信道的预测是很有效的。该模型在预测几千米范围（使用较高天线塔）时的大尺度信号强度是较为准确的，同时对于室内外视距内的微蜂窝环境的预测也是非常有用的。

例 2.3　应用双线模型分析一个郊区的蜂窝系统，载波频率 f_c=2GHz，单位增益天线。已知室外参数，h_t=10m，h_r=3m，求临界距离 d_c，以及此处的功率损耗。已知室内参数，h_t=3m，h_r=2m，求临界距离 d_c，以及此处的功率损耗。

解　由临界距离定义可得

室外：
$$d_c = \frac{4h_t h_r}{\lambda} = \frac{4\times10\times3}{3\times10^8 / 2\times10^9} = 800(\text{m})$$

室内：
$$d_c = \frac{4h_t h_r}{\lambda} = \frac{4\times3\times2}{3\times10^8 / 2\times10^9} = 160(\text{m})$$

采用路径损耗的近似公式，有

室外：　$L_p(d_c) \approx -20\lg 10 - 20\lg 3 + 40\lg 800 = 86.5(\text{dB})$

室内：　$L_p(d_c) \approx -20\lg 3 - 20\lg 2 + 40\lg 160 = 72.6(\text{dB})$

2.2.3　绕射模型

从前面的模型中，我们看到直射和反射对电磁波传播的显著影响，本节我们考虑另外一个影响电磁波地面传输的因素，即绕射问题。

在物理概念中，绕射指的是电磁波通过一个小缝隙时在裂缝远端发生扩散的现象，如图 2.11 所示。绕射原理常用惠更斯（Huygens）原理来解释，即波阵面的每一个点可视为进一步传播的一个点源，该点源在波阵面的所有方向上不是等辐射的，在波阵面的向前方向，辐射更强。惠更斯原理可从麦克斯韦方程得出。更为重要的是，这个原理可用来解释为什么电磁波能够在阴影区域

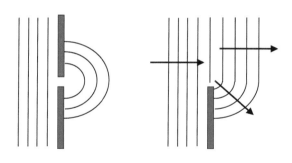

图 2.11　绕射示意图

进行通信。直接碰到障碍物的波阵面的一部分将会被阻塞(吸收或全反射)，而剩下的部分往往被弯曲并射向阴影区域。

为了建立绕射的几何特征，我们考虑自由空间中一个发射机 T 和一个接收机 R 的情况，如图 2.12 所示。在 TR 之间放置一个有无限宽度和高度的阻挡平面，平面垂直于直线 TOR，距离发射机 d_1，距离接收机 d_2。在平面上构造任意半径为 h 的圆，我们知道通过同一圆上任意点传播的距离 TQR 都相同，且所经过的路径比路径 TOR 要长。

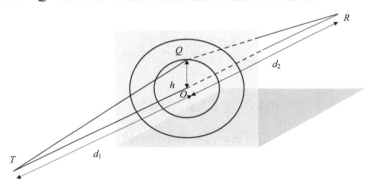

图 2.12　绕射几何特征示意图

根据图 2.12 所示，TOR 与 TQR 之间的路径差为

$$
\begin{aligned}
\Delta R &= |TQR| - |TOR| \\
&= \sqrt{d_1^2 + h^2} + \sqrt{d_2^2 + h^2} - (d_1 + d_2) \\
&= d_1\sqrt{1 + \left(\frac{h}{d_1}\right)^2} + d_2\sqrt{1 + \left(\frac{h}{d_2}\right)^2} - (d_1 + d_2)
\end{aligned}
\tag{2.25}
$$

假设 $h \ll d_1, d_2$，并利用近似 $\sqrt{1+x} \approx 1 + x/2\,(x \ll 1)$，式(2.25)可简化为

$$
\Delta R \approx \frac{h^2}{2}\left(\frac{d_1 + d_2}{d_1 d_2}\right)
\tag{2.26}
$$

在传播模型中，两条路径之间的相位差是我们所关注的重要参数，对应于式(2.26)路径差的相位差为

$$\Delta\varphi = \frac{2\pi\Delta R}{\lambda} = \pi h^2\left(\frac{d_1 + d_2}{\lambda d_1 d_2}\right) \tag{2.27}$$

定义菲涅耳-基尔霍夫绕射参数 υ：

$$\upsilon = h\sqrt{\frac{2(d_1 + d_2)}{\lambda d_1 d_2}} \tag{2.28}$$

则式(2.27)的相位差可改写为

$$\Delta\varphi = \frac{\pi}{2}\upsilon^2 \tag{2.29}$$

菲涅耳-基尔霍夫绕射参数是一个无量纲的量，它表示两条传播路径之间的相位差，这个参数常用来讨论如何表征一般情况下的绕射损耗。

有了以上的几何模型，我们来讨论绕射模型，核心是菲涅耳区的几何模型。如图 2.12 所示，构造一族假设的圆，这些圆中每个圆从 T 到 R 的附加路径差均为 $\Delta R = q\lambda/2$（q 是一个整数），这些圆定义了一族椭球体，旋转轴为 TR，圆的半径取决于沿 TR 轴的想象平面的位置，如图 2.13 所示。

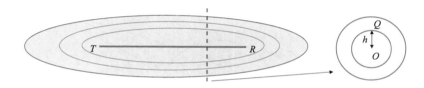

图 2.13　菲涅耳区几何模型示意图

假设我们沿 TR 的垂直方向切下去，得到很多同心圆，如图 2.13 所示，将 $\Delta R = q\lambda/2$ 代入式(2.26)可得这些同心圆的半径为

$$h = r_q = \sqrt{\frac{q\lambda d_1 d_2}{d_1 + d_2}} \tag{2.30}$$

此时，菲涅耳-基尔霍夫绕射参数为 $\upsilon_q = \sqrt{2q}$，依据式(2.26)的近似条件，当 $r_q \ll d_1, d_2$ 时，式(2.30)近似成立。式(2.30)表明，特定的菲涅耳-基尔霍夫绕射参数为 υ_q 定义了一个额外路径不变的圆。对于相同的路径差 $\Delta R = q\lambda/2$，即满足相同的 q 值时，不同的 d_1、d_2 值决定了一族不同截面上的同心圆，这些同心圆围成一个椭球。

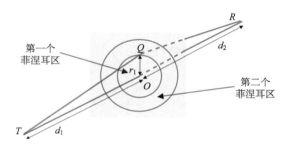

图 2.14　菲涅耳区椭球截面示意图

由第一个椭球（$q = 1$）围成的区域称为第一个菲涅耳区；介于第一和第二个椭球（$q = 2$）之间的区域称为第二个菲涅耳区，依次类推。第 q 个菲涅耳区同心半径即式(2.30)。图 2.14 显示了椭球截面的示意图。截面上同心圆半径依赖于 TR 之间的位置，位于 TR 正中间时有最大半径。这说明绕射不仅对频率敏感，而且对阻挡物在接收机和发射机之间的位置敏感。

　　无线通信系统中，传播路径上的障碍物对次级波的阻挡产生了绕射损耗，仅有一部分能量能绕过阻挡体。也就是说，障碍物使得一些菲涅耳区发出的次级波被阻挡，而接收到的能量是非阻挡菲涅耳区所贡献能量之和。

　　一般来说，当阻挡体不阻挡第一菲涅耳区时，绕射损失最小，阻挡影响可以忽略不计。作为一般原则，若保持第一菲涅耳区无阻挡，我们便认为达到了自由空间传播条件，可看成视距传输。

　　在已知服务区内，应用绕射模型估计由电波经过山或建筑物绕射引起的信号衰减是非常有用的。一般来说，精确估计绕射损耗是不可能的，实际预测为理论近似加上必要的经验修正。尽管计算复杂、不规则地形的绕射损耗是数学上的难题，但很多简单情况的绕射损耗模型已被解决。

　　当阻挡是由单个物体(如山脉、高大楼宇)引起时，通常把阻挡体看成绕射刃形边缘的情况来估计。这种情况下的绕射损耗可用针对刃形后面(称为半平面)场强的经典菲涅耳方法来估计。而作为起点，这些刃形绕射传播的有限例子较好地给出了绕射损耗的数量级，如图 2.11 所示。

　　考虑接收机 R 位于刃形后面的阴影区，如图 2.15 所示，R 点场强为刃形上所有二级惠更斯源的场强的矢量和。

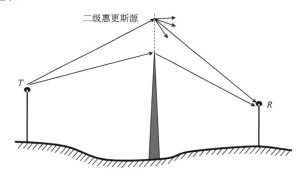

图 2.15　刃形绕射示意图

刃形绕射波场强 E_d 为

$$\frac{E_d}{E_0} = F(\upsilon) = \frac{1+j}{2}\int_{\upsilon}^{\infty}\exp[(-j\pi t^2)/2]\mathrm{d}t \tag{2.31}$$

其中，E_0 为没有地面和刃形的自由空间场强；$F(\upsilon)$ 为菲涅耳积分；υ 为菲涅耳-基尔霍夫绕射参数，上述积分可用数值方法求解。由刃形引起的绕射增益为 $G_d = 20\lg|F(\upsilon)|$。

　　式(2.31)的近似解由式(2.32)给出：

$$\begin{cases}
G_d = 0, & \upsilon \leqslant -1 \\
G_d = 20\lg(0.5 - 0.62\upsilon), & -1 \leqslant \upsilon \leqslant 0 \\
G_d = 20\lg(0.5\exp(-0.95\upsilon)), & 0 \leqslant \upsilon \leqslant 1 \\
G_d = 20\lg\left(0.4 - \sqrt{0.1184 - (0.38 - 0.1\upsilon)^2}\right), & 1 \leqslant \upsilon \leqslant 2.4 \\
G_d = 20\lg(0.225/\upsilon), & \upsilon > 2.4
\end{cases} \tag{2.32}$$

依据近似解，图 2.16 给出了刃形绕射损耗与菲涅耳-基尔霍夫绕射参数 υ 之间的函数关系曲线，纵轴为对比自由空间场强。可见，当刃形与视距路径持平时，绕射功率损耗为6dB；当刃形低于第一个菲涅耳区时，绕射损耗基本忽略不计；当刃形挡住第一个菲涅耳区或者超过它，场强将会稳定下降。

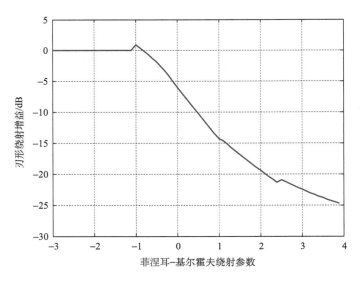

图 2.16　刃形绕射损耗与菲涅耳-基尔霍夫绕射参数 υ 之间的函数关系曲线

例 2.4　计算如图 2.17 所示的两种情况的绕射损耗。给定 $\lambda=1/3\mathrm{m}$，$d_1=1\mathrm{km}$，$d_2=2\mathrm{km}$，且有 $h=15\mathrm{m}$，$h=0\mathrm{m}$。对于每一种情况，求解阻挡体顶部所在的菲涅耳区。

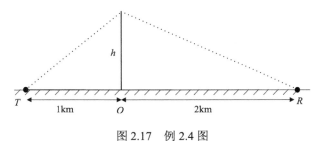

图 2.17　例 2.4 图

解　(1) $h=15\mathrm{m}$，菲涅耳-基尔霍夫绕射参数 υ 为

$$\upsilon=h\sqrt{\frac{2(d_1+d_2)}{\lambda d_1 d_2}}=15\times\sqrt{\frac{2\times(1000+2000)}{(1/3)\times 1000\times 2000}}=1.42$$

代入式 (2.32) 得到，绕射增益为 −16.39dB。由式 (2.30) 计算阻挡体所在位置的菲涅耳区半径为

$$r_1=\sqrt{\frac{\lambda d_1 d_2}{d_1+d_2}}=\sqrt{\frac{(1/3)\times 1000\times 2000}{1000+2000}}=14.9(\mathrm{m})$$

$$r_2=\sqrt{\frac{2\lambda d_1 d_2}{d_1+d_2}}=\sqrt{\frac{2\times(1/3)\times 1000\times 2000}{1000+2000}}=21.1(\mathrm{m})$$

显见，阻挡体顶部处于第二菲涅耳区，完全阻挡了第一菲涅耳区。

（2）$h=0\text{m}$，菲涅耳-基尔霍夫绕射参数 $\upsilon=0$，代入式（2.32）得到，绕射增益为–6dB。阻挡体顶部处于第一菲涅耳区中间。

例 2.5　某公司在一个城市中拥有两栋办公楼，该公司想在这两栋楼之间建一个 4GHz 的微波链路（图 2.18）。两栋楼高分别为 100m 和 50m，相距 3km，在视距内，两栋楼的正中间有一栋高 70m 的楼房。试问能否在两栋楼间实现视距传输？若不能，试给出一种能获得视距传输的工程解决方案。

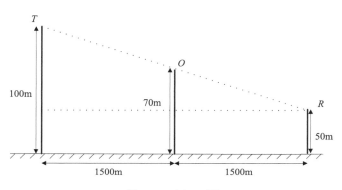

图 2.18　例 2.5 图

解　一般认为，当阻挡体不阻挡第一菲涅耳区时，认为能实现视距传输。由题意及几何知识可得如图 2.18 所示的数据。由于楼间距离值相对于楼高较大，我们近似以楼间距离代替 TOR 距离值。第一菲涅耳区半径有

$$r_1=\sqrt{\frac{\lambda d_1 d_2}{d_1+d_2}}=7.5\text{m}$$

显见，$r_1>75-70=5(\text{m})$，因此中间的楼房阻挡了第一菲涅耳区的一部分，信号能量损失较多，达不到视距传输的要求。

一种工程解决方案是在楼顶架高天线。分别将楼顶的发射天线和接收天线架高 5m，则有 O 点的高度随之达到 80m，$r_1<80-70=10(\text{m})$，中间的楼房不阻挡第一菲涅耳区，达到视距传输的要求。

2.2.4　路径损耗和阴影衰落的混合模型

信号传播的复杂性使我们很难用单一模型来精确反映各种传播环境下的路径损耗。对于比较严格的要求，我们可以采用复杂的解析模型或通过实测来建立精确模型。但如果只是为了对不同的系统设计进行一般性的分析，则可以不用复杂模型，用一个能反映信号传播主要特性的简单模型即可，对实际信道来说，这样做当然只是一种近似。

路径损耗和阴影衰落的混合模型就是这种简化路径损耗模型，模型中将实际路径损耗估计分为两部分：一个是代表均值变化的对数距离路径损耗，现场实验研究的经验证明，接收平均功率服从指数衰减的规律；二是代表局部变化的对数正态阴影。

1. 对数距离路径损耗模型

基于理论分析传播模型和测试数据指出，无论室内或室外信道，平均接收信号功率近似随距离呈对数衰减。对 TR 距离 d，平均路径损耗表示为

$$\overline{L}_P(d) \propto d^\kappa, \quad d \geqslant d_0 \tag{2.33}$$

或

$$\overline{L}_P(d) = \overline{L}_P(d_0) + 10\kappa \lg\left(\frac{d}{d_0}\right) \quad (\text{dB}), \quad d \geqslant d_0 \tag{2.34}$$

其中，κ 为路径损耗指数，表示路径损耗随距离增长的速率；d_0 为近地参考距离，由测试决定；d 为 TR 距离。式(2.34)中变量的上划线表示给定值 d 的所有可能路径损耗的综合平均。坐标为对数-对数时，路径损耗可表示为斜率是 10κdB/十倍程的直线。κ 值依赖于特定的传播环境。例如，在自由空间中路径损耗指数为2。

选择参考距离 d_0 是非常重要的，d_0 应永远在天线的远场区。在宏小区中，d_0 的典型值为 1km；在室外微小区中，d_0 的典型值为 100m；在室内微微小区中，d_0 的典型值为 1m。参考路径损耗 $\overline{L}_P(d_0)$ 通过测试给出，其值取决于载波频率、天线高度、天线增益以及其他一些因素。在没有测试结果的情况下，参考路径损耗也可由理论模型公式得到。表 2.1 列出了不同环境下的路径损耗指数的典型数值。

表 2.1　不同环境下的路径损耗指数的典型数值

环境	路径损耗指数
自由空间	2
市区蜂窝无线环境	2.7～3.5
存在阴影衰落的市区蜂窝无线环境	3～5
建筑物内的视距传播环境	1.6～1.8
建筑物阻挡	4～6

2. 对数正态阴影

当移动台在不平坦的地理环境中移动时，它经常会进入建筑物、小山或其他比发射信号波长大得多的障碍物后的传播阴影区，此时相应的接收信号电平就会产生衰减，这种现象是阴影效应。正是由于阴影效应的存在，在相同的 TR 距离时，不同位置的测试信号与对数距离路径损耗模型预测的平均结果有很大的差异。

对数正态分布是一种广泛采用的描述阴影效应的模型。设 $\varepsilon_{(\text{dB})}$ 为零均值高斯分布随机变量(单位为dB)，其标准方差为 σ_ε(单位为dB)，$\varepsilon_{(\text{dB})}$ 的概率密度函数为

$$f_{\varepsilon_{(\text{dB})}}(x) = \frac{1}{\sqrt{2\pi}\sigma_\varepsilon} \exp\left(-\frac{x^2}{2\sigma_\varepsilon^2}\right) \tag{2.35}$$

测试表明，对任意的 TR 距离 d 的路径损耗是对数距离路径损耗和对数正态阴影的叠

加，该混合模型可以同时反映出功率随距离的减小和阴影造成的路径损耗随机衰减。对任意 TR 距离 d，大尺度路径损耗表示为（单位为 dB）

$$L_p(d) = \overline{L}_p(d) + \varepsilon_{(\mathrm{dB})} = \overline{L}_p(d_0) + 10\kappa \lg\left(\frac{d}{d_0}\right) + \varepsilon_{(\mathrm{dB})}, \quad d \geqslant d_0 \tag{2.36}$$

相应地，对任意 TR 距离 d 处的接收功率为（单位为 dB）

$$P_r(d) = P_t - L_p(d) \tag{2.37}$$

近地参考距离 d_0、路径损耗指数 κ 和标准偏差 σ_ε 统计地描述了具有特定 TR 距离的路径损耗模型。该模型可用于无线系统设计和分析过程，对任意位置接收功率进行计算机仿真。

实际上，路径损耗指数 κ 和标准偏差 σ_ε 是根据测试数据，使用线性递归使路径损耗的测试值和估计值的均方差达到最小而计算得出的。

3. 中断率

路径损耗和阴影衰落对无线通信系统的设计有重要意义。无线通信系统一般有一个目标最小接收功率 $P_{\min}$，当实际接收功率低于该目标值时，系统性能就会急剧下降甚至中断。受阴影效应的影响，对于任意给定的发射机到接收机距离，接收功率是服从对数正态分布的随机值，存在接收功率低于目标值的可能性。

对于路径损耗和阴影衰落的混合模型，TR 距离 d 处的接收功率可变换为

$$P_r(d) = P_t - \overline{L}_p(d_0) - 10\kappa \lg\left(\frac{d}{d_0}\right) - \varepsilon_{(\mathrm{dB})} \tag{2.38}$$

其中，TR 距离 d 处的平均接收功率有

$$\overline{P}_r(d) = P_t - \overline{L}_p(d_0) - 10\kappa \lg\left(\frac{d}{d_0}\right) \tag{2.39}$$

式（2.38）可改写为

$$P_r(d) = \overline{P}_r(d) - \varepsilon_{(\mathrm{dB})} \tag{2.40}$$

由于 $P_r(d)$ 为正态分布的随机变量，接收信号功率超过某一特定值 γ 的概率，如图 2.19 所示，可由累积密度函数计算：

$$P[P_r(d) > \gamma] = Q\left[\frac{\gamma - \overline{P}_r(d)}{\sigma_\varepsilon}\right] \tag{2.41}$$

其中，Q 函数或误差函数（erf）可用于确定接收功率超出（或低于）特定值的概率，参见附录 A。定义路径损耗和阴影衰落造成的中断率为距离 d 处的接收功率 $P_r(d)$ 低于目标值 $P_{\min}$ 的概率，则有

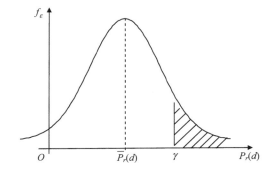

图 2.19　接收信号功率超过某一特定值 γ 的概率

$$P[P_r(d) \leqslant P_{\min}] = 1 - Q\left[\frac{P_{\min} - \overline{P}_r(d)}{\sigma_\varepsilon}\right] \tag{2.42}$$

4. 小区覆盖范围

小区覆盖范围定义为小区内接收功率超过最小规定值的位置所占的百分比。假设在一个半径为 R 的圆形小区中有一个基站，为了达到可接受的性能，小区中所有移动台的接收信噪比都必须要达到某个最小规定值。当噪声模型已经确定时，最小接收信噪比要求转换为最小接收功率要求。

设小区半径为 R，基站发射功率可通过小区边界上的平均接收功率 $\overline{P}_r(R)$ 来确定（此处的平均是对阴影衰落平均）。在基站发射功率固定的条件下，阴影效应将会使小区中某些位置的接收功率低于 $\overline{P}_r(R)$，另一些位置的接收功率高于 $\overline{P}_r(R)$。图 2.20 画出了在基站发射功率固定的条件下的等接收功率线。只考虑对数距离路径损耗模型时，对于相同的距离，等功率线是以基站为圆心的一个圆。加入阴影效应后，阴影衰落围绕平均值的随机变化使等功率线变得不规则且随机变化，即我们不可能做到让小区边界上的所有用户都有相同的接收功率或一定超过某一门限。因此，计算小区覆盖范围与边界处信号超过门限之间的关系是非常有意义的。

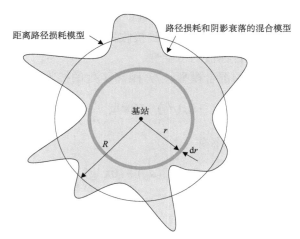

图 2.20 基站发射功率固定条件下的等接收功率线

对于一个半径为 R 的覆盖区，假设接收信号门限为 γ，我们想要计算有效服务区域的百分比 $U(\gamma)$（接收信号高于 γ 的区域百分比）。让 $d = r$ 表示距发射机的距离，如果 $P[P_r(r) > \gamma]$ 是在范围 $\mathrm{d}A$ 内随机接收信号在 $d = r$ 处超过门限 γ 的概率，则 $U(\gamma)$ 为

$$U(\gamma) = \frac{1}{\pi R^2} \int P[P_r(r) > \gamma] \mathrm{d}A = \frac{1}{\pi R^2} \int_0^{2\pi} \int_0^R P[P_r(r) > \gamma] r \mathrm{d}r \mathrm{d}\theta \tag{2.43}$$

应用式（2.41），有

$$P[P_r(r) > \gamma] = \frac{1}{2} - \frac{1}{2} \mathrm{erf}\left[\frac{\gamma - \overline{P}_r(r)}{\sigma_\varepsilon \sqrt{2}} \right] \tag{2.44}$$

距发射机的距离 r 处的平均路径损耗：

$$\overline{L}_p(r) = \overline{L}_p(d_0) + 10\kappa \lg \frac{r}{d_0} = \overline{L}_p(d_0) + 10\kappa \lg \frac{R}{d_0} + 10\kappa \lg \frac{r}{R} \tag{2.45}$$

代入式（2.44），有

$$P[P_r(r) > \gamma] = \frac{1}{2} - \frac{1}{2}\mathrm{erf}\left(\frac{\gamma - \left\{P_t - \left[\overline{L}_p(d_0) + 10\kappa\lg(R/d_0) + 10\kappa\lg(r/R)\right]\right\}}{\sigma_\varepsilon\sqrt{2}}\right) \quad (2.46)$$

如果设 $a = \dfrac{\gamma - P_t + \overline{L}p(d_0) + 10\kappa\lg(R/d_0)}{\sigma_\varepsilon\sqrt{2}} = \dfrac{\gamma - \overline{P}_r(R)}{\sigma_\varepsilon\sqrt{2}}$， $b = \dfrac{10\kappa\lg e}{\sigma_\varepsilon\sqrt{2}}$， 则

$$U(\gamma) = \frac{1}{2} - \frac{1}{R^2}\int_0^R \mathrm{erf}\left(a + b\ln\frac{r}{R}\right)r\mathrm{d}r \quad (2.47)$$

积分可得

$$U(\gamma) = \frac{1}{2}\left\{1 - \mathrm{erf}(a) + \exp\left(\frac{1-2ab}{b^2}\right)\left[1 - \mathrm{erf}\left(\frac{1-ab}{b}\right)\right]\right\} \quad (2.48)$$

若选择小区边界平均接收功率为门限，即 $\overline{P}_r(R) = \gamma$，则有 $a = 0$，式(2.48)可表示为

$$U(\gamma) = \frac{1}{2}\left\{1 + \exp\left(\frac{1}{b^2}\right)\left[1 - \mathrm{erf}\left(\frac{1}{b}\right)\right]\right\} \quad (2.49)$$

由式(2.48)可以得到图 2.21，图中一族曲线可以直观地反映出边界内覆盖区的百分比与边界处信号超过门限之间的关系。例如，若 $\kappa = 3$ 和 $\sigma_\varepsilon = 6\mathrm{dB}$，且边界 R 处有 55%的概率信号超出门限，则边界内信号超过门限的覆盖百分比约为 80%。

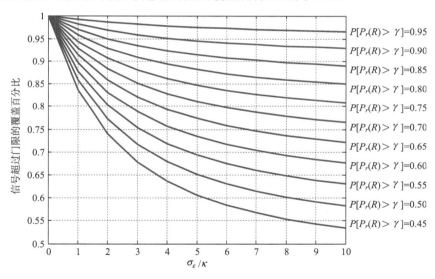

图 2.21 信号超过门限的覆盖百分比的一族曲线

例 2.6 距发射机 100m、200m、800m、1000m 处分别得到接收功率的测量值如表 2.2 所示，采用路径损耗和阴影衰落的混合模型，且设 d_0=100m。(1)求路径损耗指数；(2)计算方差；(3)运用结果预测 d=2km 处的接收信号功率；(4)预测 2km 处接收功率大于–110dBm 的概率；(5)预测半径为 2km 的小区内，接收功率大于–110dBm 的覆盖面积百分比。

解 距离 d 处的接收信号功率

表 2.2 接收功率的测量值

d/m	接收功率/dBm
100	–70
200	–80
800	–90
1000	–105

$$P_r(d) = P_t - L_p(d) = P_t - \overline{L}_p(d_0) - 10\kappa \lg\left(\frac{d}{d_0}\right) - \varepsilon_{(\mathrm{dB})}$$

将 d_0=100m，以及表 2.2 中 100m 的接收功率测量值代入上式，注意一般将参考点的接收功率视为定值，则有 $-70 = P_t - \overline{L}_p(d_0)$，因而距离 d 处的接收信号功率可写为

$$P_r(d) = -70 - 10\kappa \lg\left(\frac{d}{100}\right) - \varepsilon_{(\mathrm{dB})}$$

距离 d 处的平均接收信号功率：

$$\overline{P}_r(d) = -70 - 10\kappa \lg\left(\frac{d}{100}\right)$$

（1）对接收功率采用最小均方误差（MMSE）估计，以求出路径损耗指数。设 P_i 为 d_i 处的接收功率测量值，$\overline{P}_r(d_i)$ 为模型对接收功率的估计值，测量与估计值均方误差为

$$J(\kappa) = \frac{1}{M} \sum_{i=1}^{M} \left[P_i - \overline{P}_r(d_i) \right]^2$$

代入已知参数，有

$$J(\kappa) = \frac{1}{4}[(70-70)^2 + (70+10\kappa\lg 2 - 80)^2 + (70+10\kappa\lg 8 - 90)^2 + (70+10\kappa\lg 10 - 105)^2]$$

令 $\dfrac{\mathrm{d}J(\kappa)}{\mathrm{d}\kappa} = 0$，得到 $\kappa = 2.95$。

（2）由方差的定义，可得

$$\sigma_\varepsilon^2 = E\left[(\varepsilon - \overline{\varepsilon})^2 \right] = \frac{1}{M} \sum_{i=1}^{M} (\varepsilon_i)^2$$

将 $\kappa = 2.95$ 代入距离 d 处的接收信号功率表达式，对比测量值，可得四个 ε 样值 $\{0, -1.12, 6.64, -5.5\}$。计算方差为

$$\sigma_\varepsilon^2 = \frac{1}{4}\left(0^2 + 1.12^2 + 6.64^2 + 5.5^2 \right) = 18.9(\mathrm{dB}^2)$$

$$\sigma_\varepsilon = 4.35\mathrm{dB}$$

（3）$d = 2\mathrm{km}$ 处的接收信号功率为

$$P_r(2\mathrm{km}) = -70 - 10 \times 2.95 \times \lg\left(\frac{2000}{100}\right) - \varepsilon_{(\mathrm{dB})} = -108.4 - \varepsilon_{(\mathrm{dB})} \quad (\mathrm{dBm})$$

（4）2km 处接收功率大于 -110dBm 的概率为

$$P[P_r(2\mathrm{km}) > -110] = Q\left(\frac{-110+108.4}{4.35}\right) = 64.43\%$$

（5）可代入式（2.47）计算，或依据图 2.19，$P[P_r(2\mathrm{km}) > -110] = 64.43\%$ 的曲线接近 $P[P_r(R) > \gamma] = 0.65$ 曲线，$\sigma_\varepsilon/\kappa = 1.47$，在图上做曲线，覆盖面积百分比约为 88%。

2.2.5　经验路径传播模型

无线通信系统通常运行在复杂的传播环境中。无线电波经常在不规则地形地貌中传播，在估计路径损耗时，应考虑特定地区的地形地貌，同时也要考虑树木、建筑物和其他阻挡物的影响，这些传播环境难以用射线跟踪法精确建模。

多年来，人们针对不同的环境又提出了许多基于实测数据的经验模型，包括城市宏小区、城市微小区、开阔地域，还有针对室内环境的多种地域的模型。建立这些经验模型的方法是，先针对特定的环境按不同的距离和频率取得测量数据，再用这些数据建模，所建立的模型并不局限于取得数据的那个环境，而是要广泛用到其他类似的传播环境中。这样做虽然有准确性的问题，但许多无线系统都用这样的经验模型作为系统性能分析的基础。下面我们就几种应用广泛的经验路径传播模型进行介绍。

1. 奥村模型

1968 年提出的奥村(Okumura)模型是预测城区信号时使用最广泛的模型。奥村模型也称电波传播损耗的图表预测法，是根据奥村在东京地区进行大量实测的基础上提出来的。它是通过大量的传播实验，利用统计的办法找出各种地形地物条件下的传播损耗和距离、频率、天线高度间的关系，绘制出电波传播特性的计算图表，可以方便地对接收功率进行预测。

奥村模型应用环境：频率范围为 150~1920MHz(可扩展到 3GHz)，距离范围为 1~100km，基站天线高度范围为 30~1000m，移动台天线高度范围为 1~10m。

奥村提出了一系列在准平滑城区，基站有效天线高度(h_b)为 200m，移动天线高度(h_m)为 3m 的相对于自由空间的中值损耗($A_m(f,d)$)曲线。奥村模型的使用方法是：首先确定自由空间路径损耗，然后从曲线中读出 $A_m(f,d)$ 值，并加入代表地物类型的修正因子。模型可表示为

$$L_T = L_{fs} + A_m(f,d) - H_b(h_b,d) - H_m(h_m,f) - K_T \tag{2.50}$$

其中，L_{fs} 为自由空间路径损耗；$A_m(f,d)$ 为准平滑城区基本损耗中值；$H_b(h_b,d)$ 为基台天线高度因子；$H_m(h_m,f)$ 为移动台天线高度因子；K_T 为地形地物修正因子。

典型中等起伏地型上市区的基本中值 $A_m(f,d)$ 与频率、距离的关系曲线如图 2.22 所示，其中，基站天线高度为 200m，移动台天线高度为 3m。曲线上读出的是基本损耗中值大于自由空间传播损耗的数值。

当基站天线高度不是 200m 时，损耗中值的差异用基站天线高度增益因子来修正，如图 2.23(a)所示。当移动台天线高度不是 3m 时，损耗中值的差异用移动台天线高度增益因子来修正，如图 2.23(b)所示。为了提高模型的准确度，奥村模型还给出不同了地形地物修正因子。奥村模型所预测的路径损耗和用实测数据建模所得的路径损耗相比，误差的标准差为 10~14dB。

奥村模型为成熟的蜂窝和陆地移动无线系统路径损耗预测提供最简单和较精确的解决方案。因其实用性，奥村模型在日本已成为现代陆地移动无线系统规划的标准。这种模型的主要缺点是完全基于测试数据，不提供任何分析解释，对城区和郊区快速变化的反应较慢。

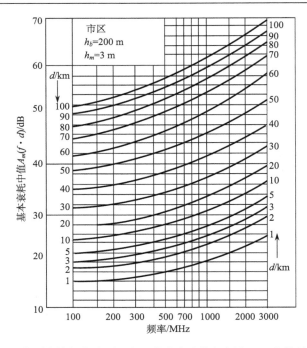

图 2.22　典型中等起伏地型上市区的基本中值与频率、距离的关系曲线

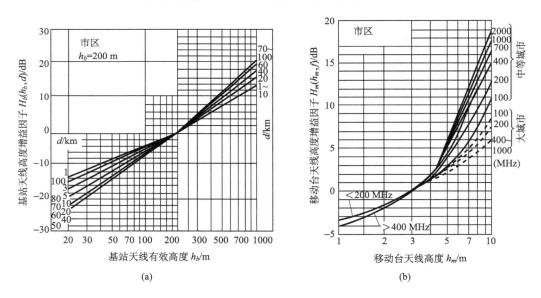

(a)　　　　　　　　　　　　　　(b)

图 2.23　当基站天线或移动台天线高度为标准值时，损耗中值的差异

2. 哈塔模型

哈塔(Hata)模型是 1990 年哈塔根据奥村模型所做的曲线拟合经验公式模型。它适用于室外宏蜂窝环境，路径损耗可以表示为如下几个参数的函数：载波频率(150～1000MHz)、基站天线高度(30～200m)、移动台天线高度(1～10m)，以及基站与移动台之间的距离(1～20km)。以 dB 为单位的路径损耗可以表示为

$$L_p(d) = \begin{cases} A + B \lg d, & \text{市区} \\ A + B \lg d - C, & \text{市郊} \\ A + B \lg d - D, & \text{开阔地区} \end{cases} \tag{2.51}$$

其中

$$\begin{aligned} A &= 69.55 + 26.16 \lg f_c - 13.82 \lg h_t - a(h_r) \\ B &= 44.9 - 6.55 \lg h_t \\ C &= 5.4 + 2\left[\lg(f_c/28)\right]^2 \\ D &= 40.94 + 4.78(\lg f_c)^2 - 18.33 \lg f_c \end{aligned} \tag{2.52}$$

式中，载波频率单位为 MHz，天线高度单位为 m，距离单位为 km；$a(h_r)$ 为移动台天线高度的校正因子，对于中小城市有

$$a(h_r) = (1.1 \lg f_c - 0.7) h_r - (1.56 \lg f_c - 0.8) \tag{2.53}$$

对于大城市而言：

$$a(h_r) = \begin{cases} 8.29\left[\lg(1.54 h_r)\right]^2 - 1.1, & f_c \leqslant 300\text{MHz} \\ 3.2\left[\lg(11.75 h_r)\right]^2 - 4.97, & f_c \geqslant 300\text{MHz} \end{cases} \tag{2.54}$$

尽管哈塔模型不像奥村模型那样有特定路径的修正因子，但上述几个公式还是非常有实用价值的。在距离超过 1km 的情况下，哈塔模型的预测结果与奥村模型非常接近。

欧洲科技合作组织（European Cooperation for Scientific and Technical Research，EURO-COST）将哈塔模型扩展到 2GHz，成为

$$L_p(d) = 46.3 + 33.9 \lg f_c - 13.82 \lg h_t - a(h_r) + (44.9 - 6.55 \lg h_t) \lg d + C_M \tag{2.55}$$

其中，$a(h_r)$ 的定义同哈塔模型，对于中等城市和郊区 C_M 取 0dB，对于大型城市取 3dB。这个模型被称为哈塔模型的 COST231 扩展，适用范围限定于：$1.5\text{GHz} < f_c < 2\text{GHz}$，$30\text{m} < h_t < 200\text{m}$，$1\text{m} < h_r < 10\text{m}$，$1\text{km} < d < 20\text{km}$。

3. 室内传播模型

随着 PCS 系统的采用，人们越来越关注室内无线电波传播情况。室内无线信道有两个方面不同于传统的移动无线信道：一是覆盖距离更小；二是环境的变动更大。室内无线传播同室外具有同样的机理，但是条件却很不同。例如，天线安装于桌面高度与安装在天花板的情况会有极为不同的接收信号。一般来说，室内信道分为视距（LOS）或阻挡（OBS）两种，并随着环境杂乱程度而变化。

室内传播因具体环境的不同有很大的差异，有许多因素对室内路径损耗有显著影响，包括墙壁和地板层的材质、室内布局，走廊、窗户、开阔区域、阻挡物的位置和材料、每个房间的大小和地板层数等。因此，很难建立出能准确计算特定室内环境中的路径损耗的通用模型。

室内路径损耗模型必须能够很好地反映来自地板层和隔墙的信号衰减。对大量不同特性的建筑物和大范围的信号频率进行的测量表明，信号第一次穿过地板时衰减最大，以后穿过时衰减量递减。隔墙损耗因材质和介电性质的不同而有很大差别。不同频率、不同隔

墙类型时损耗的测量数据的其中的一些例子见表 2.3。

表 2.3　典型隔墙损耗(频率为 900~1300MHz)

隔墙类型	隔墙损耗/dB	隔墙类型	隔墙损耗/dB
布料	1.4	混凝土墙	13.0
双层石膏墙板	3.4	铝墙板	20.4
绝缘箔型	3.9	全金属型	26.0

衰减因子模型是一种应用较广泛的室内传播模型，它将地板层损耗和隔墙损耗的经验数据加到对数距离路径损耗模型中。衰减因子模型为

$$\overline{L}_p(d) = \overline{L}_p(d_0) + 10n_{\text{SF}} \lg\left(\frac{d}{d_0}\right) + \sum_{i=1}^{N_f} \text{FAF}_i + \sum_{i=1}^{N_p} \text{PAF}_i \qquad (2.56)$$

其中，n_{SF} 为同层测试的路径损耗指数值；FAF_i、PAF_i 分别为信号所穿过第 i 个地板层或隔墙的衰减因子；N_f、N_p 分别为地板层数和隔墙数。

当发射机在建筑物外时，对于室内系统还有一个重要参数是建筑物穿透损耗。仅靠有限的经验很难确定精确的透射模型，测量表明，建筑物穿透损耗与频率、高度和建筑物材料有关，测试报告显示随高度的增加，建筑物内接收信号场强增加。对于 900MHz~2GHz 的频率范围，一层的建筑物穿透损耗的典型值为 8~20dB。穿透损耗随频率的增加略有下降。此外，每增高一层，穿透损耗下降 1.4dB。这是由于楼层越高时，建筑物密集程度降低，出现直射径的可能性增大。另外，建筑物材料、涂层、窗户的类型和数量等也对穿透损耗有重要的影响。

至此，本节讲述了多个路径损耗模型，运用这些模型可以对接收信号电平进行估计，使预测无线通信系统中的信噪比(SNR)成为可能，这对于系统容量设计、接收机设计、无线组网等具有重要作用。运用路径损耗模型进行链路预算设计是路径损耗模型的一个重要应用，如例 2.7~例 2.10。

例 2.7　载频为 1800MHz，发射机的发射功率为 15W，发射天线增益为 12dB。接收机的天线增益为 3dB，接收机灵敏度为–100dBm。求保证通信中断率小于 5%的 TR 最大距离。假定 $\kappa = 4$，$\sigma_\varepsilon = 8\text{dB}$，$d_0 = 1\text{km}$。

解　接收机灵敏度是接收机能够进行正常通信的最小接收功率，即保证通信的接收信号功率门限为–100dBm，则有 $\gamma = -100\text{dBm}$。

保证通信中断率小于 5%，即有

$$P[P_r(d_{\max}) > \gamma] = Q\left[\frac{\gamma - \overline{P}_r(d_{\max})}{\sigma_\varepsilon}\right] = 95\%$$

可得

$$\frac{\gamma - \overline{P}_r(d_{\max})}{\sigma_\varepsilon} = -1.645$$

$$\overline{P}_r(d_{\max}) = -100 + 1.645 \times 8 = -86.84(\text{dBm})$$

参考点处的接收功率依据自由空间传播模型，则有

$$P_r(d_0) = 10\lg(15 \times 1000) + 12 + 3 + 20\lg(3/18) - 20\lg(4\pi \times 1000)$$
$$= -40.78(\text{dBm})$$

因为

$$\overline{P}_r(d_{\max}) = P_r(d_0) - 10\kappa\lg\left(\frac{d_{\max}}{d_0}\right)$$

代入已知量，计算可得中断率小于 5%的 *TR* 最大距离 $d_{\max} = 14.13\text{km}$。

例 2.8 发射机与接收机条件同例 2.7，另附加条件：发射机与发射天线之间有较长电缆连接，电缆损耗约 7dB。求此时保证通信中断率小于 5%的 *TR* 最大距离。

解 电缆损耗属于链路损耗的一部分，加入自由空间传播模型，则有

$$P_r(d_0) = 10\lg P_t - 7 + 10\lg G_t + 10\lg G_r + 20\lg \lambda - 20\lg(4\pi d_0)$$
$$= -47.78\text{dBm}$$

代入

$$\overline{P}_r(d_{\max}) = P_r(d_0) - 10\kappa\lg\left(\frac{d_{\max}}{d_0}\right)$$

计算可得中断率小于 5%的 *TR* 最大距离：$d_{\max} = 9.47\text{km}$。

例 2.9 发射机与接收机条件同例 2.7，若已知发射天线高 10m，接收天线高 2m，且为开阔地形。求此时保证通信中断率小于 5%的 *TR* 最大距离。

解 开阔地形下，且估计远距离情况，宜采用双线模型。即运用双线模型估计平均功率，对数正态阴影为随机变量。由临界距离定义可得

$$d_c = \frac{4h_t h_r}{\lambda} = 480\text{m}$$

由题意知 $d_0 = 1\text{km} > d_c$，因而可采用简化模型：

$$\overline{P}_r(d_{\max}) = 10\lg P_t + 10\lg G_t + 10\lg G_r + 20\lg h_t + 20\lg h_r - 40\lg d_{\max}$$

由例 2.7 可知，保证通信中断率小于 5%，有 $\overline{P}_r(d_{\max}) = -86.84\text{dBm}$。代入已知参数，计算可得中断率小于 5%的 *TR* 最大距离：$d_{\max} = 17.38\text{km}$。

例 2.10 发射机与接收机条件同例 2.7，若发射机与发射天线之间的电缆损耗约 5dB，已知发射天线高 40m，接收天线高 2m，且为大型城市，应用哈塔模型的 COST231 扩展，求此时保证通信中断率小于 5%的 *TR* 最大距离。

解 运用哈塔模型的 COST231 扩展估计平均功率，对数正态阴影为随机变量。由链路传输损耗有

$$\overline{P}_r(d_{\max}) = 10\lg P_t - 5 + 10\lg G_t + 10\lg G_r - L_p d_{\max}$$

由例 2.7 可知，保证通信中断率小于 5%，有 $\overline{P}_r(d_{\max}) = -86.84\text{dBm}$。在上式中代入已知参数有 $L_p(d_{\max}) = 138.6\text{dB}$。

由哈塔模型，且载频大于 300MHz，对于大城市而言可得

$$a(h_r) = 3.2\left[\lg(11.75h_r)\right]^2 - 4.97 = 1.045$$

由哈塔模型的 COST231 扩展，对于大城市而言有

$$L_p(d_{\max}) = 46.3 + 33.9\lg f_c - 13.82\lg h_t - a(h_r) + (44.9 - 6.55\lg h_t)\lg d_{\max} + 3$$
$$= 136.46 + 34.41\lg d_{\max}$$

代入 $L_p(d_{\max})$ 值，计算可得中断率小于 5%的 TR 最大距离 $d_{\max} = 1.15\text{km}$。

2.3　小尺度多径衰落

无线信道的多径效应是导致小尺度衰落产生的原因。同一传输信号沿两个或多个路径传播，以微小的时间差到达接收机，各径上相位的快速变化将造成剧烈的信号相互干涉现象，从而使接收信号强度发生快速的变化，这种现象称为小尺度多径衰落，简称衰落。小尺度多径衰落对信号的影响是多方面的，下面我们用一个简化的两径传输的例子来说明衰落中接收信号强度变化问题。

在无线信道中传输一个频率为 f_c 的单音正弦信号的两条路径，如图 2.24 所示。

为简化分析，设视距路径的时延为零，非视距路径的时延为 τ，在无噪声的情况下，若两条路径的信号分量幅度分别为 α_1、α_2，则

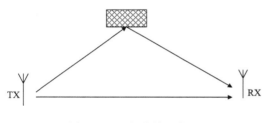

图 2.24　两径传输示意图

有接收信号可以表示为

$$r(t) = \alpha_1\cos(2\pi f_c t) + \alpha_2\cos[2\pi f_c(t-\tau)] \tag{2.57}$$

显见，接收信号幅度为 α_1、α_2、τ 的函数。随着发射机和接收机之间的相对移动，α_1、α_2、τ 不断变化，尤其两径之间的时延差 τ 的变化将导致两径信号之间的相位不断变化。极限情况下，若 $\tau = n/f_c$（n 为整数），则有接收到的两径信号相互增强到最大值 $\alpha_1 + \alpha_2$；若 $\tau = (2n-1)/2f_c$（n 为整数），则有接收到的两径信号相互抵消到最小值 $\alpha_1 - \alpha_2$。当两径信号相互抵消严重时，信号就经历了深度衰落，接收信号功率非常低，传输质量差。

小尺度衰落除了导致接收信号强度的剧烈变化外，还会为接收信号带来时间色散效应。如果发射一个单脉冲，那么通过多径信道后我们接收到的信号将是一个叠加的脉冲序列，接收序列中的每一个脉冲对应于直射分量由一个或一簇散射体造成的可分辨多径分量。多径信道的时延扩展将导致接收端信号明显失真。如果这种时延扩展的大小和信号带宽的倒数值相比很小，那么接收信号在时间上的展宽也比较小。然而，当它相对于信号带宽的倒数值较大时，接收信号的时域波形就会被明显扩宽，这有可能造成信号的严重失真。在本节后面我们将详细论述这一问题。

多径信道的另一个显著特征是其时变性。时变性来源于发射机或接收机的运动，这种运动使传送路径中形成多径传播的反射点的位置随时间变化。因此，如果我们在一个运动中的发射机上不断发射脉冲，就会看到，来自各径的脉冲的幅度、时延乃至各脉冲的多径数目都在不断变化。在不同的多径信号上，存在时变的多普勒频移所引起的随机频率调制。

对于小尺度衰落的研究，采用确定性模型不足以反映信道的真实特性，必须要采用统计方法来描述多径信道。在本节中，我们用随机时变冲激响应为多径信道建模，以统计方法来描述信道，并讨论其性质。

2.3.1　信道的传播模型

1. 信道冲激响应

首先，我们先回顾一下线性时不变系统(LTI)的冲激响应，如图 2.25 所示，若输入为狄拉克函数 $\delta(t)$，信道输出为冲激响应 $h(t)$。因为信道是时不变的，所以如果输入信号延迟 t_1，则输出信号相应地也延迟 t_1，即有输出 $h(t-t_1)$。

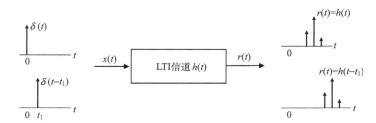

图 2.25　线性时不变系统(LTI)的冲激响应

多径传播信道是典型的线性时变(LTV)信道，如图 2.26 所示，$h_1(t)$ 和 $h_2(t)$ 分别表示信道对输入 $\delta(t)$ 和 $\delta(t-t_1)$ 的响应，由于信道传播环境在时间间隔 $[0,t_1]$ 内是不断变化的，所以信道输出 $h_2(t)$ 并不仅仅是 $h_1(t)$ 简单延迟 t_1 后的结果，即 $h_2(t) \neq h_1(t-t_1)$。

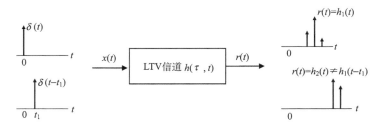

图 2.26　线性时变系统(LTV)的冲激响应

无线信道可建模为一个具有时变冲激响应特性的线性滤波器，其中的时变是由于发射机和接收机之间的相对运动所引起的。信道的滤波特性以任一时刻到达的多径波为基础，其幅度与时延影响信道滤波。冲激响应是信道的一个有用特性，可用于预测和比较不同无线通信系统的性能，以及某一特定无线信道条件下的传播带宽。无线信道的小尺度衰落与无线信道的冲激响应直接相关。

通信系统中接收与发射的信号均是实信号，但是为了简化分析，常把实的发射和接收信号表示成一个复信号的实部，即采用复数信道建模。

发射信号表示为

$$\tilde{x}(t) = \Re\left\{x(t)\mathrm{e}^{\mathrm{j}2\pi f_c t}\right\} \tag{2.58}$$

其中，$\tilde{x}(t)$ 为发射的调制信号；$\Re$ 表示实部；f_c 为载波频率；$x(t)$ 称为 $\tilde{x}(t)$ 的复包络（Complex Envelope）或等效基带信号（Equivalent Lowpass Signal），复包络得名于 $x(t)$ 的振幅，就是 $\tilde{x}(t)$ 的振幅。

设多径传播信道中有 N 条不同的传播路径，若考虑每条路径的多普勒频移，与第 n 条路径有关的特征可用一个三元组 $(\alpha_n(t), \tau_n(t), \phi_{Dn}(t))$ 表示，其中，$\alpha_n(t)$ 表示第 n 条路径在 t 时刻的幅度波动，$\tau_n(t)$ 表示第 n 条路径在 t 时刻的传播时延，$\phi_{Dn}(t)$ 表示第 n 条路径在 t 时刻的多普勒相移，$n = 1, 2, \cdots, N$。

发射信号经第 n 条路径到达接收端的信号 $\tilde{r}_n(t)$ 为

$$\tilde{r}_n(t) = \Re\left\{\alpha_n(t) x[t - \tau_n(t)] e^{j[2\pi f_c(t - \tau_n(t)) + \phi_{Dn}(t)]}\right\} \tag{2.59}$$

在无噪声和干扰的情况下，接收信号 $\tilde{r}(t)$ 为 N 条多径接收信号之和，即

$$\tilde{r}(t) = \sum_{n=1}^{N} \tilde{r}_n(t) = \Re\left\{\sum_{n=1}^{N} \alpha_n(t) x(t - \tau_n(t)) e^{j[2\pi f_c(t - \tau_n(t)) + \phi_{Dn}(t)]}\right\} \tag{2.60}$$

令

$$\phi_n(t) = 2\pi f_c \tau_n(t) - \phi_{Dn}(t) \tag{2.61}$$

接收信号简化为

$$\tilde{r}(t) = \Re\left\{\left[\sum_{n=1}^{N} \alpha_n(t) e^{-j\phi_n(t)} x(t - \tau_n(t))\right] e^{j2\pi f_c t}\right\} \tag{2.62}$$

接收信号表示为

$$\tilde{r}(t) = \Re\left\{r(t) e^{j2\pi f_c t}\right\} \tag{2.63}$$

其中，$r(t)$ 是接收信号的复包络，对比式（2.62）可得

$$r(t) = \sum_{n=1}^{N} \alpha_n(t) e^{-j\phi_n(t)} x(t - \tau_n(t)) \tag{2.64}$$

其中，$x(t)$ 和 $r(t)$ 分别为发射和接收信号的基带等效表示。由于 $\alpha_n(t)$ 取决于大尺度路径损耗和阴影衰落，而 $\phi_n(t)$ 取决于多径时延和多普勒频移，所以一般可假设这两个随机过程是相互独立的。

通信系统中的许多信号都是带通信号，其频率响应是以载波频率 f_c 为中心，覆盖一定带宽 B 的信号。在考虑信道冲激响应时，我们主要关心的也是以载波频率 f_c 为中心，覆盖一定带宽 B 的信道频率响应，因为只有这一部分才会影响接收信号，即带通信道。

由信号处理理论，我们知道接收信号 $\tilde{r}(t)$ 可表示为发射信号 $\tilde{x}(t)$ 与信道冲激响应的卷积，实际进行无线信道分析中，我们常采用基带等效信道冲激响应模型，即发射和接收信号均采用等效基带信号，如图 2.27 所示。

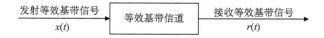

图 2.27　基带等效信道冲激响应模型

由信号处理理论我们知道，接收等效基带信号 $r(t)$ 为发射基带等效信号 $x(t)$ 与等效基

带信道冲激响应 $h(\tau,t)$ 的卷积:

$$r(t) = \int_{-\infty}^{\infty} h(\tau,t)x(t-\tau)\mathrm{d}\tau \tag{2.65}$$

由式 (2.64) 和式 (2.65),考虑输入信号为冲激脉冲,则在 $t-\tau$ 时刻发射的冲激脉冲在 t 时刻的等效基带冲激响应 $h(\tau,t)$ 为

$$h(\tau,t) = \sum_{n=1}^{N} \alpha_n(t)\mathrm{e}^{-\mathrm{j}\phi_n(t)}\delta(\tau - \tau_n(t)) \tag{2.66}$$

将式 (2.66) 代入式 (2.65) 可得式 (2.64) 以验证结论的正确性。注意时变信道的等效基带冲激响应 $h(\tau,t)$ 有两个时间参数,t 是接收端观察到脉冲响应的时刻,$t-\tau$ 是向信道发射冲激脉冲的时刻。

例 2.11　分析以下无线信道的基带冲激响应 (图 2.28)。设 $t=0$ 时测试出信道主要有两条路径:第一条路径的延迟 $\tau_0=0$,接收功率为 –70dBm,第二条路径的延迟 $\tau_1=1\mu s$,接收功率比前者低 3dB,载频为 900MHz,试分析 $h(\tau,t)$。

解　显见 $N=2$,$t=0$ 时的 $h(\tau,0)$ 如图 2.28 所示。

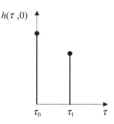

$$-70\,\mathrm{dBm} \Rightarrow 100\,\mathrm{pW}, \quad -73\,\mathrm{dBm} \Rightarrow 50\,\mathrm{pW}$$

可得

$$\alpha_0(0) = \sqrt{100\,\mathrm{pW}}, \quad \alpha_1(0) = \sqrt{50\,\mathrm{pW}}$$

设多普勒相移为 0,则有

$$\phi_0(0) = 0, \quad \phi_1(0) = 2\pi f_c\tau_1 = 1800\pi$$

即

图 2.28　例 2.11 图

$$h(\tau,0) = 10^{-5}\delta(\tau) + 7.07\times10^{-6}\delta(\tau - 1\times10^{-6})$$

例 2.12　分析以下无线信道的基带冲激响应 (图 2.29)。设时刻 $t=0$ 时测试出信道主要有两条路径:第一条路径的延迟 $\tau_0=0$,接收功率为 –70dBm,第二条路径的延迟 $\tau_1=1\mu s$,接收功率比前者低 3dB,载频为 900MHz。接收机以 $v=2\mathrm{m/s}$ 的速度发生移动,设第一条路径为相对移动,另一条路径为远离移动。若接收功率不变,且不考虑多普勒相移,试分析 $t=0.1\mathrm{s}$ 时的 $h(\tau,t)$。

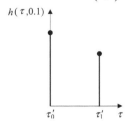

解　显而易见有 $N=2$,同例 2.11 可得

$$\alpha_0(0) = \sqrt{100\,\mathrm{pW}}, \quad \alpha_1(0) = \sqrt{50\,\mathrm{pW}}$$

经过 0.1s 后,延迟变化量为 $\Delta\tau = \dfrac{2\times0.1}{3\times10^8} = 0.667(\mathrm{ns})$。

第一条路径相对移动,延迟变小 $\Delta\tau$,另一条路径远离移动,延迟变大 $\Delta\tau$。设两条路径 $t=0.1\mathrm{s}$ 的延迟为 τ_0'、τ_1',且 τ_0' 归一化为 0,则有 $\tau_1'=1.00133\mu s$,如图 2.29 所示。

图 2.29　例 2.12 图

相位:

$$\phi_0(0.1) = 0$$

$$\phi_1(0.1) = 2\pi f_c\left(10^{-6} + 2 \times \frac{2 \times 0.1}{3 \times 10^8}\right) = 1802\pi + 0.4\pi$$

即

$$h(\tau, 0.1) = 10^{-5}\delta(\tau) + 7.07 \times 10^{-6} \times e^{-j0.4\pi}\delta(\tau - 1.00133 \times 10^{-6})$$

很多情况下时变冲激响应这样的信道模型往往显得过于复杂，此时可考虑使用离散时间近似。将冲激响应的多径时延 τ 离散化为一些相同的时延段，每段时延宽度均相等，即有

$$\tau_{i+1} - \tau_i = \Delta\tau, \quad i = 0,1,\cdots,L-1 \tag{2.67}$$

其中，τ_i 表示离散化的多径时延；τ_0 表示接收机收到的第一个多径信号。一般忽略发射与接收之间的传输时延，定义 $\tau_0 = 0$，$\tau_1 = \Delta\tau$，$\cdots$，$\tau_i = i\Delta\tau$，L 表示相等间隔的多径分量的最大数目。

离散模型中一些多径分量在同一时延段内，具有近似相同的时延 τ_i 时，它们合为一径。因而可见，这种量化为时延段的做法，其精度取决于信道模型的精度 $\Delta\tau$。模型中的频率间隔为 $2/\Delta\tau$，即这种离散化模型只能用于分析带宽小于 $2/\Delta\tau$ 的传输信号。等效基带冲激响应 $h(\tau,t)$ 可离散化为

$$h(\tau, t) = \sum_{i=0}^{L-1} \alpha_i(t) e^{-j\phi_i(t)} \delta[\tau - \tau_i(t)] \tag{2.68}$$

如图 2.30 所示为多径无线信道的时变离散冲激响应模型，当调制数据与信道冲激响应模型卷积时，离散模型在仿真中具有重要的作用。

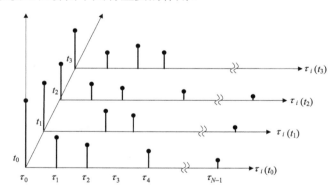

图 2.30　多径无线信道的时变离散冲激响应模型

2. 信道函数

无线信道建模为一个线性滤波器，其信道特性也可以通过傅里叶变换在频域中进行考察，即信道传输函数。定义信道的传输函数 $H(f,t)$ 是冲激响应 $h(\tau,t)$ 关于时延变量 τ 的傅里叶变换，表示为

$$\begin{cases} H(f,t) = F_\tau\left[h(\tau,t)\right] = \int_{-\infty}^{+\infty} h(\tau,t)e^{-j2\pi f\tau}\mathrm{d}\tau \\ h(\tau,t) = F_\tau^{-1}\left[H(f,t)\right] = \int_{-\infty}^{+\infty} H(f,t)e^{j2\pi f\tau}\mathrm{d}f \end{cases} \tag{2.69}$$

其中，时间变量 t 可认为是一个参数。传输函数 $H(f,t)$ 表示信道在频域中的特性，由于信道特性随时间 t 变化，因而传输函数 $H(f,t)$ 是时变的。

对于无线信道而言，相对运动或信号传输中的散射路径变化，导致了信道的时变特性。这种时变的信道，从时域上讲，信道的传输函数 $H(f,t)$ 和冲激响应 $h(\tau,t)$ 随时间变量 t 而变化。从频域上讲，时变信道的输出信号会含有输入信号中所没有的频率成分，包括零多普勒频移在内的属于某一变化范围内的连续多普勒频移。这种连续多普勒频移对发射信号的影响主要表现在频谱的扩展上，称多普勒扩展。下面我们简单推导一下这一结论。

假定多径时延与发射信号的符号间隔相比很小，多个多径时延值均近似为平均值。接收信号的基带等效表示 $r(t)$ 简化为

$$r(t) \approx \left[\sum_{n=1}^{N}\alpha_n(t)\mathrm{e}^{-\mathrm{j}\phi_n(t)}\right]x(t-\overline{\tau}) \triangleq z(t)x(t-\overline{\tau}) \tag{2.70}$$

式 (2.70) 两边做傅里叶变换，有

$$\begin{aligned}R(f) &= F\left[z(t)x(t-\overline{\tau})\right] = \frac{1}{2\pi}F\left[z(t)\right] * F\left[x(t-\overline{\tau})\right]\\ &= \frac{1}{2\pi}F\left[z(t)\right] * \left[X(f)\mathrm{e}^{-\mathrm{j}2\pi f\overline{\tau}}\right]\end{aligned} \tag{2.71}$$

显见，$z(t)$ 非常数且随时间而变化，那么其傅里叶变换 $F[z(t)]$ 在频域中存在一个有限且非零的脉冲宽度，因此，卷积后接收信号的频谱 $R(f)$ 的频带宽度比发射信号的频谱 $X(f)$ 的频带宽度更宽。无线信道引入新的频率成分，扩展了发射信号频谱，这种现象又称为频率色散。引入时延多普勒扩展函数 $H(\tau,\nu)$ 和多普勒扩展函数 $H(f,\nu)$ 来更好地描述信道的频率色散。

时延多普勒扩展函数 $H(\tau,\nu)$ 定义为信道冲激响应 $h(\tau,t)$ 关于时间变量 t 的傅里叶变换，表示为

$$\begin{cases}H(\tau,\nu) = F_t\left[h(\tau,t)\right] = \int_{-\infty}^{+\infty}h(\tau,t)\mathrm{e}^{-\mathrm{j}2\pi\nu t}\mathrm{d}t\\ h(\tau,t) = F_t^{-1}\left[H(\tau,\nu)\right] = \int_{-\infty}^{+\infty}H(\tau,\nu)\mathrm{e}^{\mathrm{j}2\pi\nu t}\mathrm{d}\nu\end{cases} \tag{2.72}$$

多普勒扩展函数 $H(f,\nu)$ 定义为信道传输函数 $H(f,t)$ 关于时间变量 t 的傅里叶变换，表示为

$$\begin{cases}H(f,\nu) = F_t\left[H(f,t)\right] = \int_{-\infty}^{+\infty}H(f,t)\mathrm{e}^{-\mathrm{j}2\pi\nu t}\mathrm{d}t\\ H(f,t) = F_t^{-1}\left[H(f,\nu)\right] = \int_{-\infty}^{+\infty}H(f,\nu)\mathrm{e}^{\mathrm{j}2\pi\nu t}\mathrm{d}\nu\end{cases} \tag{2.73}$$

其中，频率 f 可认为是一个参数，式 (2.73) 反映的是当输入信号频率为 f 时的多普勒频移 ν 相关的信道增益。

由于信道的时域表示与频域表示是等价的，因而 $h(\tau,t)$、$H(f,t)$、$H(\tau,\nu)$ 和 $H(f,\nu)$ 都可以用来描述发射与接收信号之间的关系。图 2.31 总结了四个信道函数之间的关系。

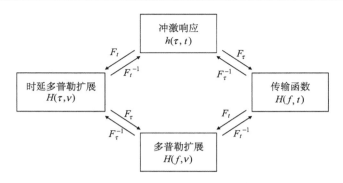

图 2.31　信道函数关系图

2.3.2　多径信道参数

1. 信道相关函数

一般来说，多径分量的幅度、相位、径数都是随机的，因而信道的冲激响应也是随机的，很难对其进行精确描述，这就需要采用统计的方法或结合测量的方法来进行研究。我们感兴趣的是相关函数与功率谱密度。为分析简便，我们假定信道为广义平稳非相关散射（WSSUS）信道，即满足以下两个条件：

（1）等效基带冲激响应 $h(\tau,t)$ 是广义平稳（WSS）随机过程。则信道冲激响应的自相关函数为

$$E\left[h^*(\tau_1,t_1)h(\tau_2,t_2)\right]=E\left[h^*(\tau_1,t)h(\tau_2,t+\Delta t)\right] \tag{2.74}$$

即信道响应的自相关函数只与时间差 $\Delta t=t_1-t_2$ 有关。

（2）在多径信道中一条路径的增益和相位差与另一条路径的增益和相位差无关。该特性称为非相关散射（US），即

$$E\left[h^*(\tau_1,t)h(\tau_2,t+\Delta t)\right]=E\left[h^*(\tau_1,t)h(\tau_2,t+\Delta t)\right]\delta(\tau_1-\tau_2) \tag{2.75}$$

显见，仅当 $\tau_1=\tau_2$ 时，自相关函数是非零的。

等效基带冲激响应 $h(\tau,t)$ 的自相关函数定义为

$$\phi_h(\tau_1,\tau_2,t,\Delta t)=E\left[h^*(\tau_1,t)h(\tau_2,t+\Delta t)\right] \tag{2.76}$$

由广义平稳信道的特性（1），在时刻 t 和 $t+\Delta t$ 的联合统计特性只与时间差 Δt 有关，与 t 无关，则有

$$\phi_h(\tau_1,\tau_2,\Delta t)=E\left[h^*(\tau_1,t)h(\tau_2,t+\Delta t)\right] \tag{2.77}$$

由条件（2），自相关函数可以等效地表示为

$$\phi_h(\tau_1,\tau_2,\Delta t)=\phi_h(\tau,\tau+\Delta\tau,\Delta t)\delta(\Delta\tau) \tag{2.78}$$

对于广义平稳非相关随机过程而言，其频域中的功率谱密度是时域中自相关函数的傅里叶变换，即

$$F_{\Delta\tau}\left[\phi_h(\tau,\tau+\Delta\tau,\Delta t)\delta(\Delta\tau)\right]=\phi_h(\tau,\Delta t) \tag{2.79}$$

由式 (2.79) 可知，$\phi_h(\tau, \Delta t)$ 表示信道输出的平均功率谱密度，显见，它是多径时延 τ 和观察间隔 Δt 的函数。

为了比较不同多径信道以及总结出一些比较通用的无线系统设计原则，下面我们将对一些多径信道的重要特征，以及一些量化的多径信道参数进行讨论。这些多径信道参数可分为两大类：时间色散参数和频率色散参数。下面我们分别加以论述，并由此得到不同的信道衰落类型。

2. 时间色散参数

1) 平均时延扩展 $\overline{\tau}$ 和均方根时延扩展 σ_τ

令式 (2.79) 中 $\Delta t = 0$ 得到时延功率谱 (Power Delay Profile) $\phi_h(\tau)$，即 $\phi_h(\tau) = \phi_h(\tau, 0)$，也称为功率延迟分布、多径强度谱、功率时延谱等。时延功率谱表示给定多径时延处的平均功率，可以测量得到。通过大量信道平均，时延功率谱随着多径时延近似呈指数下降。图 2.32 给出了一个近似的图示。

应用时延功率谱，我们可以得到描述多径信道时间色散的两个重要参数：平均时延扩展 $\overline{\tau}$ 和均方根时延扩展 σ_τ，定义式如下：

$$\overline{\tau} = \frac{\int_0^\infty \tau \phi_h(\tau) \mathrm{d}\tau}{\int_0^\infty \phi_h(\tau) \mathrm{d}\tau} \qquad (2.80)$$

$$\sigma_\tau = \sqrt{\frac{\int_0^\infty (\tau - \overline{\tau})^2 \phi_h(\tau) \mathrm{d}\tau}{\int_0^\infty \phi_h(\tau) \mathrm{d}\tau}} \qquad (2.81)$$

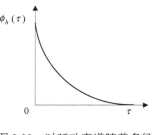

图 2.32　时延功率谱随着多径时延近似呈指数下降

可见 $\overline{\tau}$ 和 σ_τ 是 τ 在此分布下的均值和均方根值。它们都是把各径的时延按其功率进行了加权，因此弱功率路径对时延扩展的贡献比强功率路径小，低于背景噪声的路径不会对时延扩展产生明显的影响。表 2.4 给出了均方根时延扩展的一些典型值。

表 2.4　均方根时延扩展的典型值

环境	频率/MHz	均方根时延扩展	数据来源
城市	910	1300～3500ns	纽约
城市	892	10～25μs	旧金山
小城市	910	200～310ns	典型情况
小城市	910	1960～2100ns	极限情况
室内	850	270ns max	办公室建筑
室内	1900	70～94ns，1470ns max	三座旧金山建筑

实际中可以测量得到可分辨多径时延处的接收功率，式 (2.80) 和式 (2.81) 可离散化为

$$\overline{\tau} = \frac{\sum_k \tau_k \phi_h(\tau_k)}{\sum_k \phi_h(\tau_k)} \tag{2.82}$$

$$\sigma_\tau = \sqrt{\frac{\sum_k \tau_k^2 \phi_h(\tau_k)}{\sum_k \phi_h(\tau_k)} - \overline{\tau}^2} \tag{2.83}$$

如果超过某个时延值后，$\phi_h(\tau)$ 近似为零，则可用这个值来粗略反映信道的非零多径时延扩展范围，称为最大附加时延 $\tau_{\max}$，一般 $\tau_{\max}$ 的取值为均方根时延扩展的整数倍。当然，这里所说的非零是指高出一个规定门限值的情况，它将多径本底噪声与接收信号的功率分离开来。图 2.33 是一个实际的例子。

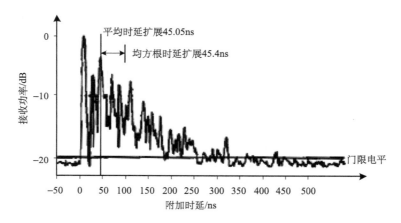

图 2.33　一杂货店内多径功率延迟分布的实例

2) 相干带宽 B_c

等效基带冲激响应 $h(\tau,t)$ 的傅里叶变换为传输函数 $H(f,t)$，$h(\tau,t)$ 是广义平稳随机过程，其傅里叶变换 $H(f,t)$ 亦是关于 t 的广义平稳随机过程，$H(f,t)$ 的自相关函数可以表示为

$$\phi_H(f_1, f_2, \Delta t) = E\left[H^*(f_1,t)H(f_2, t+\Delta t)\right] \tag{2.84}$$

令 $f_1 \triangleq f$，$f_2 \triangleq f + \Delta f$，考虑非相关散射特性，式 (2.84) 简化为

$$\phi_H(f, f+\Delta f, \Delta t) = E\left[H^*(f,t)H(f+\Delta f, t+\Delta t)\right]$$
$$= \int_{-\infty}^{+\infty} \phi_h(\tau, \Delta t)\mathrm{e}^{-\mathrm{j}2\pi\Delta f\tau}\mathrm{d}\tau \triangleq \phi_H(\Delta f, \Delta t) \tag{2.85}$$

令 $\Delta t = 0$，记 $\phi_H(\Delta f, 0) \triangleq \phi_H(\Delta f)$，式 (2.85) 简化得到

$$\phi_H(\Delta f) = E\left[H^*(f,t)H(f+\Delta f, t)\right] = \int_{-\infty}^{+\infty} \phi_h(\tau)\mathrm{e}^{-\mathrm{j}2\pi\Delta f\tau}\mathrm{d}\tau \tag{2.86}$$

由式 (2.86) 可见，$\phi_H(\Delta f)$ 是时延功率谱的傅里叶变换。由 $\phi_H(\Delta f)$ 的定义可知，它表示 t 时刻 $H(f,t)$ 关于频率的自相关函数。因此，若 $\phi_H(\Delta f)$ 趋近于 0，则有频率间隔 Δf 处的信道响应近似独立，或称频率间隔 Δf 处的两个频率分量相关性很小。

若存在某个带宽值 B_c，使得对于所有的 $\Delta f > B_c$，有 $\phi_H(\Delta f)$ 取值很小，则称 B_c 为信道的相干带宽。相干带宽是一定范围内的频率分量的统计测量值，换句话说，相干带宽是指一个特定频率范围，在该范围内（$\Delta f \leqslant B_c$），两个频率分量有较强的相关性，受信道的影响较相近；在该范围外（$\Delta f > B_c$），两个频率分量相关性很弱，受信道的影响大不相同。

图 2.34 画出了时延功率谱 $\phi_h(\tau)$ 和它的傅里叶变换 $\phi_H(\Delta f)$ 的近似图解。由傅里叶变换关系，我们知道 $B_c \propto 1/\sigma_\tau$，也就是说，均方根时延扩展越大，相干带宽越窄。

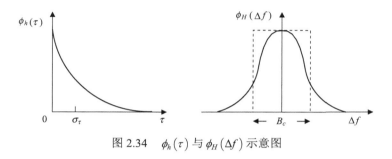

图 2.34　$\phi_h(\tau)$ 与 $\phi_H(\Delta f)$ 示意图

相干带宽 B_c 与均方根时延扩展 σ_τ 之间的精确关系是具体信道冲激响应及信号的函数。一般情况下取 $B_c = 1/k\sigma_\tau$，k 取决于 $\phi_H(\Delta f)$ 的形状以及具体怎么定义相干带宽。一般性估计有

$$B_c \approx \frac{1}{5\sigma_\tau} \tag{2.87}$$

例 2.13　分析以下无线信道的时间色散参数。设时刻 $t = 0$ 时测试出信道主要有两条路径，第一条路径的延迟 $\tau_0 = 0$，接收功率为-70dBm，第二条路径的延迟 $\tau_1 = 1\mu s$，接收功率比前者低 3dB。

解　由例 2.11 的结果，有

$$-70\text{ dBm} \Rightarrow 100\text{ pW}, \quad -73\text{ dBm} \Rightarrow 50\text{ pW}$$

即

$$h(\tau, 0) = 10^{-5}\delta(\tau) + 7.07 \times 10^{-6}\delta(\tau - 1 \times 10^{-6})$$

$$\bar{\tau} = \frac{\sum_k \tau_k \phi_h(\tau_k)}{\sum_k \phi_h(\tau_k)} = \frac{0 + 1 \times 10^{-6} \times 50 \times 10^{-12}}{150 \times 10^{-12}} = 0.33(\mu s)$$

$$\sigma_\tau = \sqrt{\frac{\sum_k \tau_k{}^2 \phi_h(\tau_k)}{\sum_k \phi_h(\tau_k)} - \bar{\tau}^2} = 0.47\mu s$$

采用式(2.87)估计相干带宽，则有

$$B_c \approx \frac{1}{5\sigma_\tau} = 426\text{kHz}$$

3. 频率色散参数

时延扩展和相干带宽是用于描述信道时间色散特性的两个参数。然而，它们并未提供描述信道时变特性的信息。这种时变特性或是由移动台与基站间的相对运动引起的，或是由信道路径中物体的运动引起的，其特性可由 $\phi_H(\Delta f, \Delta t)$ 的讨论得出。令 $\Delta f = 0$，记 $\phi_H(0, \Delta t) \triangleq \phi_H(\Delta t)$，式 (2.85) 简化得到

$$\phi_H(\Delta t) = E\left[H^*(f,t)H(f,t+\Delta t)\right] \tag{2.88}$$

由式 (2.88) 可见，$\phi_H(\Delta t)$ 表示信道传输函数 $H(f,t)$ 在频率为 f 时关于时间的自相关函数随着时间间隔 Δt 的变化情况。若 $\phi_H(\Delta t)$ 趋近于 0，则有时间间隔 Δt 处的信道响应近似独立，或称时间间隔 Δt 处的信道相关性很小。

定义信道相干时间 T_c 为这样一个时间间隔，此间隔内的 $\phi_H(\Delta t)$ 不为零，即时变信道在这个时间间隔内相关性强，经过时间 T_c 后近似不相关。相干时间是时变信道冲激响应维持不变的时间间隔的统计平均值。也就是说，相干时间就是指一段时间间隔，在此间隔内，两个到达信号有很强的相关性，或称受信道频率色散的影响相近；时间间隔大于相干时间的两个到达信号相关性很小，或称受信道频率色散的影响不同。

我们还可以从频域考虑这一问题，$\phi_H(\Delta t)$ 关于 Δt 的傅里叶变换为

$$\Phi_H(\gamma) = \int_{-\infty}^{+\infty} \phi_H(\Delta t) \mathrm{e}^{-\mathrm{j}2\pi\gamma\Delta t} \mathrm{d}\Delta t \tag{2.89}$$

定义：使 $\Phi_H(\gamma)$ 近似不为零的最大 γ 值称为多普勒扩展 B_d。多普勒扩展是移动无线信道的时变特性引起的频谱展宽程度的度量值，一般取

$$B_d = f_m \tag{2.90}$$

其中，f_m 是最大多普勒频移，$f_m = v/\lambda$。图 2.35 画出了 $\phi_H(\Delta t)$ 和它的傅里叶变换 $\Phi_H(\gamma)$ 的近似示意图。由傅里叶变换关系，我们知道 T_c 与 B_d 成反比，二者之间的具体关系与通信系统的解调方案有关，一般性估计有 $T_c \approx 1/B_d$。

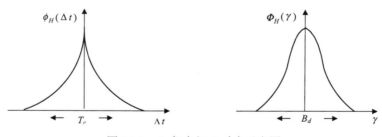

图 2.35　$\phi_H(\Delta t)$ 与 $\Phi_H(\gamma)$ 示意图

例 2.14　若发射信号的载波频率为 1850MHz，接收移动台的移动速率为 60km/h，计算最大多普勒频移与多普勒扩展。

解

波长：
$$\lambda = \frac{c}{f_c} = \frac{3 \times 10^8}{1850 \times 10^6} = 0.162 (\mathrm{m})$$

速度：$\qquad v = 60\ \text{km/h} \approx 16.67\ \text{m/s}$

最大多普勒频移：$\qquad f_m = \dfrac{v}{\lambda} = 103\text{Hz}$

多普勒扩展：$\qquad B_d = f_m = 103\text{Hz}$

2.3.3　小尺度衰落类型

无线信道的小尺度衰落特征可以分为两大类：一类是由于多径的时延扩展引起时间色散导致的信道衰落，另一类是由于多普勒扩展引起频率色散导致的信道衰落。当发射信号通过无线信道传播时，信号参数和信道时间色散与频率色散参数之间的关系决定了发射信号所经历的小尺度衰落类型。

1. 时间色散小尺度衰落类型

信号通过无线信道传输后，由时间色散引起的衰落变化取决于发送信号的参数与信道的时间色散参数之间的关系。具体地说，取决于均方根时延扩展 σ_τ 相对于信号带宽倒数 T_s 的大小。如图 2.36 所示，脉宽为 T_s 的脉冲信号经过多径信道发送，接收到的多径分量在时间上大致重叠在一起，这些重叠的信号相互干涉造成了脉冲的扩展，引入了码间干扰(ISI)。如果有 $T_s \gg \sigma_\tau$，那么这种重叠带来的脉冲扩展与脉宽相比很小，多径分量不可辨，码间干扰很小；而当 σ_τ 相对于 T_s 不可忽略时，多径分量可分辨，这些多径分量将对相邻脉冲造成干扰，形成较严重的码间干扰。

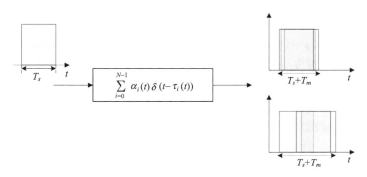

图 2.36　多径的分辨性

因此，我们依据多径效应对信号的影响将小尺度衰落分为两种时间色散类型：平坦衰落和频率选择性衰落。

1) 平坦衰落

如果信道均方根时延扩展相对于发送信号带宽的倒数(如信号符号周期)很小，那么多径信道引入的码间干扰(ISI)很小，这种信道称为平坦衰落信道。从频域上说，平坦衰落信道的相干带宽远大于发射信号的带宽，发射信号在信道带宽范围内有近似恒定增益及线性相位，则接收信号经历了平坦衰落过程。平坦衰落信道的特性示意图如图 2.37 所示。

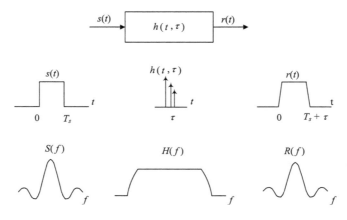

图 2.37　平坦衰落信道的特性示意图

平坦衰落信道又称窄带信道，发送信号的频谱特性经过多径信道后仍能保持近似不变。如果信道增益随时间变化，则接收端信号会发生幅度变化，同时其发送时的频谱特性仍保持近似不变。

在平坦衰落信道中，发送信号带宽的倒数远大于信道的多径时延扩展，信道冲激响应可近似认为是单一时延 τ 的函数，平坦衰落信道即幅度变化信道。典型的平坦衰落信道会引起深度衰落，可达 20～40dB。平坦衰落信道增益分布对设计无线链路非常重要，在后面我们还要详细论述。

通常平坦衰落信道的判定条件为 $T_s \gg \sigma_\tau$，近似估计时取 $T_s \geqslant 10\sigma_\tau$。

2) 频率选择性衰落

如果信道不能判定为平坦衰落信道，那么一般都称为频率选择性信道，即当信道的均方根时延扩展接近或超过发送信号带宽的倒数时，多径信道引入的码间干扰(ISI)明显，信道产生频率选择性衰落。从频域上说，发送信号带宽内信道不具有恒定增益和线性相位，不同频率分量经历了不同的响应，该信道特性会导致接收信号产生选择性衰落。频率选择性衰落信道的特性示意图如图 2.38 所示。

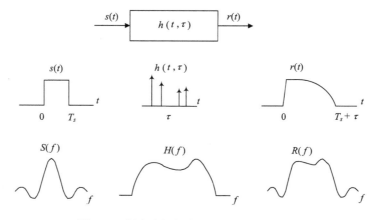

图 2.38　频率选择性衰落信道的特性示意图

频率选择性衰落信道也称为宽带信道，发送信号带宽与信道的相干带宽可比拟，由频域可看出，不同频率分量获得不同增益时，信道就会产生频率选择性衰落。

在频率选择性衰落信道中，信道冲激响应具有多个可辨的多径分量，信号分析中必须对每一个多径信号建模，可把信道视作一个线性滤波器。

通常频率选择性衰落信道的判定条件为 T_s 接近或小于 σ_τ，近似估计时我们取 $T_s < 10\sigma_\tau$。

例 2.15　针对例 2.13 所述信道，若发射信号采用二进制调制，分析其不需要均衡器的最大码速率？

解　由例 2.13 的结果有，$\overline{\tau} = 0.33\mu s$，$\sigma_\tau = 0.47\mu s$。平坦衰落信道中，由于码间干扰的影响很小，可忽略，因而不需要均衡器。平坦衰落信道的条件：

$$T_s \geqslant 10\sigma_\tau = 4.7\,\mu s$$

最大码速率：$R_b = \dfrac{1}{T_s} = 213\,\text{Kbit/s}$。

例 2.16　测量得到无线信道有四条路径，试估计信道的时间色散参数。已知 GSM 系统中信号带宽为 200kHz，是否需要均衡器？

(1) $\tau_0 = 0$，$P_r(\tau_0) = 0\,\text{dBm}$；

(2) $\tau_1 = 1\mu s$，$P_r(\tau_1) = -10\,\text{dBm}$；

(3) $\tau_2 = 2\mu s$，$P_r(\tau_2) = -20\,\text{dBm}$；

(4) $\tau_3 = 5\mu s$，$P_r(\tau_3) = -15\,\text{dBm}$。

解　由题意有 $0\text{dBm} \Rightarrow 1\text{mW}$，$-10\,\text{dBm} \Rightarrow 0.1\text{mW}$，$-20\,\text{dBm} \Rightarrow 0.01\text{mW}$，$-15\,\text{dBm} \Rightarrow 0.0316\text{mW}$。

平均时延扩展：
$$\overline{\tau} = \frac{\sum\limits_k \tau_k \phi_h(\tau_k)}{\sum\limits_k \phi_h(\tau_k)} = 0.24\mu s$$

均方根时延扩展：
$$\sigma_\tau = \sqrt{\frac{\sum\limits_k {\tau_k}^2 \phi_h(\tau_k)}{\sum\limits_k \phi_h(\tau_k)} - \overline{\tau}^2} = 0.87\mu s$$

GSM 系统中信号带宽为 200kHz，信号带宽倒数 $T_s = 5\mu s < 10\sigma_\tau = 8.7\mu s$，因此信道为频率选择性衰落信道，要加均衡器。

例 2.17　实测得到无线信道冲激响应如下式所示(其中 τ 的单位为 μs)，已知发送信号带宽为 5kHz，分析时间色散小尺度衰落类型。
$$h(\tau, 0) = 0.6\delta(\tau) + 0.3\delta(\tau - 0.2) + 0.1\delta(\tau - 0.4)$$

解

$$\overline{\tau} = \frac{0 + 0.3^2 \times 0.2 + 0.1^2 \times 0.4}{0.6^2 + 0.3^2 + 0.1^2} = 0.048(\mu s)$$

$$\sigma_\tau = \sqrt{\overline{\tau^2} - \left(\overline{\tau}\right)^2} = 0.095\,\mu s$$

信号带宽倒数 $T_s = 200\mu s > 10\sigma_\tau = 0.95\mu s$ ，因此信道为平坦衰落信道。

2. 频率色散小尺度衰落类型

无线信道引入新的频率成分，扩展了发射信号频谱，这种现象称为频率色散，主要反映的是信道变化的快慢程度。根据发送信号速率与信道变化快慢程度的比较，信道可分为慢衰落信道和快衰落信道。我们常用相干时间和多普勒扩展来描述小尺度信道的时变快慢特性。

1) 慢衰落

在慢衰落信道中，信道变化速率相对于发送信号速率要慢得多，多普勒扩展引起的频率色散不明显。慢衰落信道中，信道冲激响应在符号周期内变化很小，频域上信道的多普勒扩展比基带信号带宽小得多，信号失真很小。

在慢衰落信道中，信道冲激响应变化率比发送的基带信号变化率低得多，因此可假设在一个或若干个信号带宽倒数间隔内，信道均为静态信道。

就频率色散参数而言，慢衰落信道中，发送信号带宽的倒数远小于信道的相干时间，因此有信号经历慢衰落的条件是

$$T_s \ll T_c \tag{2.91}$$

$$B_s \gg B_d \tag{2.92}$$

其中， T_s 是发送信号带宽的倒数； B_s 是发送信号带宽。

2) 快衰落

在快衰落信道中，信道冲激响应在符号周期内变化明显，多普勒扩展引起的频率色散明显，频域上发送信号带宽的多普勒扩展明显，从而导致信号失真加剧。

就频率色散参数而言，快衰落信道中，信道的相干时间与发送信号的信号周期可比拟。实际上，快衰落仅发生在数据率非常低的情况下。

显然，移动台的速度(或信道路径中物体的速度)及基带信号发送速率，决定了信号是经历快衰落还是慢衰落。应该强调的是，快慢衰落涉及的是信道的时间变化率与发送信号时间变化率之间的关系，而不是传播路径损耗模型。

综上所述，当信号通过无线信道传播时，其衰落类型决定于发送信号特性及信道特性。信号参数(如带宽、符号间隔等)与信道参数(如均方根时延扩展、多普勒扩展)决定了不同的发送信号将经历不同类型的衰落。无线信道中的时间色散与频率色散可能产生四种衰落类型，图 2.39 示出了四种不同类型衰落的相互关系示意图。

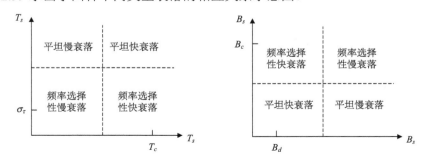

图 2.39　四种不同类型衰落的相互关系示意图

例 2.18　若移动台速率为 60km/h，载频为 900MHz，计算信道相干时间与多普勒扩展。基带码速率至少高于多少可以不考虑运动引起的失真？

解

波长：
$$\lambda = \frac{c}{f_c} = \frac{3 \times 10^8}{900 \times 10^6} = 0.33 (\text{m})$$

速度：
$$v = 60 \text{ km/h} = 16.67 \text{ m/s}$$

多普勒扩展：
$$B_d \approx \frac{v}{\lambda} = 50.5 \text{ Hz}$$

信道相干时间：
$$T_c \approx \frac{1}{B_d} = 0.0198 \text{ s}$$

不需要考虑运动失真即信道为慢衰落信道，发送信号带宽应远大于多普勒扩展，也就是说，基带码速率应远大于多普勒扩展：$R_b \gg 50.5\text{bit/s}$。

2.3.4　多径衰落信道的统计特性

多径传播对接收信号的影响取决于多径的时延扩展相对于信号带宽倒数的大小，本节我们着重讨论信号经过平坦衰落信道后的统计特性。

接收信号的基带等效表示 $r(t)$ 为

$$r(t) = \sum_{n=1}^{N} \alpha_n(t) x[t - \tau_n(t)] \mathrm{e}^{-\mathrm{j}\phi_n(t)} \tag{2.93}$$

就平坦衰落信道而言，多径时延扩展相对于信号带宽倒数很小，一般多径分量相对信号而言是不可分辨的，近似有 $x(t - \tau_n(t)) \approx x(t - \overline{\tau})$，接收信号表达式简化为

$$r(t) = \left\{ \sum_{n=1}^{N} \alpha_n(t) \mathrm{e}^{-\mathrm{j}\phi_n(t)} \right\} x(t - \overline{\tau}) \tag{2.94}$$

由式(2.94)可见，接收信号受信道的影响主要体现在括号中的复系数，定义 $z(t)$：

$$z(t) = \sum_{n=1}^{N} \alpha_n(t) \mathrm{e}^{-\mathrm{j}\phi_n(t)} = z_I(t) - \mathrm{j}z_Q(t) \tag{2.95}$$

则有接收信号表达式简化为

$$r(t) = z(t) x(t - \overline{\tau}) \tag{2.96}$$

对于 $z(t)$，对比式(2.95)，有同相分量和正交分量的表达式为

$$z_I(t) = \sum_{n=1}^{N} \alpha_n(t) \cos\phi_n(t) \tag{2.97}$$

$$z_Q(t) = \sum_{n=1}^{N} \alpha_n(t) \sin\phi_n(t) \tag{2.98}$$

其中，$\phi_n(t)$ 受多径时延、多普勒效应以及发送初始相位 ϕ_0 共同影响：

$$\phi_n(t) = 2\pi f_c \tau_n(t) - \phi_{Dn}(t) - \phi_0 \tag{2.99}$$

对于 $z(t)$ 还可以进一步分析其包络 $\alpha(t)$ 和相位 $\theta(t)$，即

$$\alpha(t) = \sqrt{z_I^2(t) + z_Q^2(t)} \tag{2.100}$$

$$\theta(t) = \arctan\left[z_Q(t)/z_I(t)\right] \tag{2.101}$$

多径信道对信号的影响是多径分量叠加的结果，这些多径分量之间的相互关系对接收信号的统计特性有直接的影响。

1. 包络和相位分布

1) 瑞利衰落

假设多径传播信道中没有直射路径，所有路径能量相对而言是近似的，且在我们关注的时间范围内变化足够慢。由于各条路径相互独立，我们假设各路径的 $\alpha_n(t)$ 是服从同一分布的随机变量，且彼此相互独立。接收机接收到的信号可能来自任何方向，我们假设各路径的相位 $\phi_n(t)$ 相互独立，且均匀分布在 $[-\pi, \pi]$ 上。当 N 足够大时，根据中心极限定理，独立同分布随机变量之和近似高斯分布，因此接收信号是一个高斯过程。

由于 $\alpha_n(t)$ 取决于大尺度路径损耗和阴影衰落，而 $\phi_n(t)$ 取决于多径时延和多普勒频移，所以一般可假设这两个随机过程是相互独立的。这样有

$$E\left[z_I(t)\right] = E\left[\sum_{n=1}^N \alpha_n(t)\cos\phi_n(t)\right] = \sum_{n=1}^N E\left[\alpha_n(t)\right]E\left[\cos\phi_n(t)\right] = 0 \tag{2.102}$$

$$E\left[z_Q(t)\right] = E\left[\sum_{n=1}^N \alpha_n(t)\sin\phi_n(t)\right] = \sum_{n=1}^N E\left[\alpha_n(t)\right]E\left[\sin\phi_n(t)\right] = 0 \tag{2.103}$$

进而，对于接收信号复系数同样有 $E[z(t)] = 0$，因此，$z(t)$、$z_I(t)$、$z_Q(t)$ 是零均值高斯过程。

由随机过程相关理论我们知道，设 X、Y 是任意两个独立同分布的零均值方差为 σ^2 的高斯随机变量，则 $r = \sqrt{X^2 + Y^2}$ 服从瑞利分布，r^2 服从指数分布。前面已经指出，$z_I(t)$ 和 $z_Q(t)$ 是独立同分布的零均值高斯随机变量，假定同相分量和正交分量的方差均为 σ^2，则 $z(t)$ 的包络 $\alpha(t)$ 服从瑞利分布，其概率密度函数为

$$p_\alpha(\alpha) = \begin{cases} \dfrac{\alpha}{\sigma^2}\exp\left(-\dfrac{\alpha^2}{2\sigma^2}\right), & \alpha \geqslant 0 \\ 0, & \alpha < 0 \end{cases} \tag{2.104}$$

容易证明，包络的均值 $E[\alpha] = \sigma\sqrt{\pi/2}$，均方值 $E\left[\alpha^2\right] = 2\sigma^2$。瑞利分布概率密度函数如图 2.40 所示。

不超过某特定值 R 的接收信号包络的概率由相应的累积分布函数给出：

$$P(\alpha \leqslant R) = \int_0^R p_\alpha(\alpha)\mathrm{d}\alpha = 1 - \exp\left(-\dfrac{R^2}{2\sigma^2}\right) \tag{2.105}$$

考虑 $z(t)$ 的相位 $\theta(t)$，当 $z_I(t)$ 和 $z_Q(t)$ 是不相关的高斯随机变量时，可证明 $\theta(t)$ 为均匀分布，且与包络 $\alpha(t)$ 独立。

$$f(\theta) = \begin{cases} \dfrac{1}{2\pi}, & 0 \leqslant \theta \leqslant 2\pi \\ 0, & \text{其他} \end{cases} \tag{2.106}$$

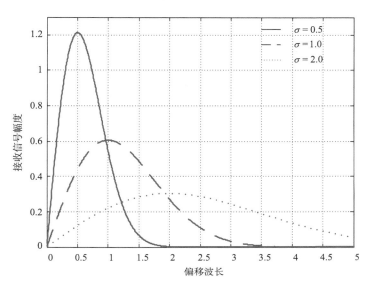

图 2.40　瑞利分布概率密度函数

　　因此，在瑞利衰落信道中，接收信号的包络为瑞利分布，相位变化为均匀分布，且包络与相位相互独立。图 2.41 显示了载频为 900MHz 时的典型瑞利衰落包络的例子。

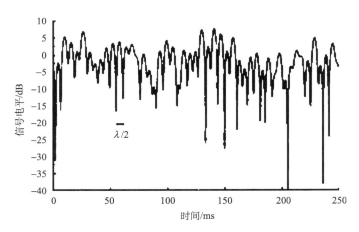

图 2.41　载频为 900MHz 时的典型瑞利衰落包络的例子

　　例 2.19　在平坦瑞利衰落信道下接收机的平均接收功率为 20dBm，求接收信号功率不大于 10dBm 的概率？

　　解　在没有特别声明的情况下，一般考虑小尺度衰落时，我们暂时忽略大尺度衰落的影响。设发射信号为独立随机过程，与信道不相关。

　　接收信号：　　　　　　$r(t) = z(t)x(t - \overline{\tau}) = \alpha(t)\mathrm{e}^{-\mathrm{j}\theta(t)}x(t - \overline{\tau})$

平均接收信号功率：　　$P_r = E\left[\left|r(t)\right|^2\right] = E\left[\left|\alpha(t)\mathrm{e}^{-\mathrm{j}\theta(t)}x(t-\overline{\tau})\right|^2\right]$

瑞利衰落信道中 $\theta(t)$、$\alpha(t)$、发射信号相互独立，因而有

$$P_r = E\left[\left|\alpha(t)\right|^2\left|\mathrm{e}^{-\mathrm{j}\theta(t)}\right|^2\left|x(t-\overline{\tau})\right|^2\right]$$

$$= E\left[\alpha(t)^2\right]E\left[\left|x(t-\overline{\tau})\right|^2\right]$$

$$= 2\sigma_z^2 P_t$$

已知平均接收功率为 20dBm，代入上式，可得

$$P_t = \frac{50}{\sigma_z^2}\,\mathrm{mW}$$

瞬时接收信号功率：　　　　$P_r(t) = \left|r(t)\right|^2 = \left|\alpha(t)\right|^2 P_t$

接收信号功率不大于 10dBm 的概率，即 $P\left[P_r(t) \leqslant 10^{\frac{10}{10}}\right]$，代入已得参数有

$$P\left[P_r(t) < 10\right] = P\left[\alpha(t)^2 P_t < 10\right] = P\left[\alpha(t) < 0.447\sigma_z\right]$$

不超过某特定值的概率由相应的累积分布函数给出，由式(2.105)有

$$P\left[P_r(t) < 10\right] = P\left[\alpha(t) < 0.447\sigma_z\right] = 1 - \exp\left[-\frac{(0.447\sigma_z)^2}{2\sigma_z^2}\right] = 0.095$$

即接收信号功率不大于 10dBm 的概率约为 9.5%。

2）莱斯衰落

当存在一个主要的稳定信号分量时，如视距传播情况下，从不同角度随机到达的多径分量叠加在稳定的主要信号上，即主要信号到达时附有许多弱多径信号。如果存在一条 LOS 路径，则接收信号可以表示为

$$r(t) = \left\{\sum_{n=1}^{N}\alpha_n(t)\mathrm{e}^{-\mathrm{j}\phi_n(t)} + \Gamma(t)\right\}x(t-\overline{\tau}) = z(t)x(t-\overline{\tau}) \tag{2.107}$$

其中，$\Gamma(t)$ 为视距分量。显见，$z_I(t)$ 和 $z_Q(t)$ 的均值不再是零，此时的接收信号是直射分量和高斯分量的叠加，其包络服从莱斯分布：

$$p_\alpha(\alpha) = \frac{\alpha}{\sigma_z^2}\exp\left(-\frac{\alpha^2 + \alpha_0^2}{2\sigma_z^2}\right)I_0\left(\frac{\alpha\alpha_0}{\sigma_z^2}\right), \quad \alpha \geqslant 0 \tag{2.108}$$

其中，$I_0(x) = \dfrac{1}{2\pi}\displaystyle\int_0^{2\pi}\exp(x\cos\theta)\mathrm{d}\theta$，是修正的零阶贝塞尔函数。参数 α_0 指主信号幅度的峰值。莱斯分布常用参数莱斯因子 K 来描述，K 定义为稳定信号的功率与多径分量方差之比，表示为

$$K \triangleq \frac{\text{稳定分量的功率}}{\text{所有其他散射分量的总功率}} = \frac{\alpha_0^2}{2\sigma^2} \tag{2.109}$$

由莱斯分布的定义显见，当主要分量减弱后，莱斯分布就转变为瑞利分布，即 $K \to 0$ 时

信道趋近于瑞利衰落，$K \to \infty$ 时只有主导分量起作用，信道不存在多径分量，无线信道趋于 AWGN 信道。因此，莱斯因子反映了信道衰落的严重程度，K 越小表示衰落越严重，K 越大表示衰落越轻。图 2.42 显示了随着 K 值莱斯分布概率密度函数的变化。

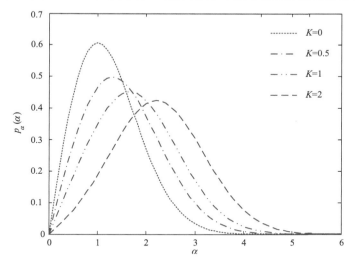

图 2.42　随着 K 值莱斯分布概率密度函数的变化

2. 电平通过率与平均衰落持续时间

衰落信道的包络和相位的分布函数告诉我们幅度和相位在各个时刻的特性，但是没有说明它们随时间是如何变化的。在设计高效的调制和信道编码方法以克服信道衰落时，我们不仅需要知道包络和相位的概率分布函数，同时了解信道衰落随时间的变化快慢也是很重要的。电平通过率(LCR)与平均衰落持续时间(AFD)是描述衰落频率的两个统计量，它们与多普勒频移密切相关。在接下来的讨论中，我们感兴趣的是平坦瑞利衰落信道的 LCR 和 AFD。

1)电平通过率(LCR)

定义：信号包络在单位时间内以正斜率通过某规定电平 R 的次数的均值。

作为一个例子，图 2.43 说明了信道的包络电平的变化情况。R 为选定的门限值，如果观察的时间间隔为 $[0, T]$，以正斜率穿过该门限值的总次数为 5，那么在该观察区间内每秒钟正斜率通过门限值的均值为 $5/T$。

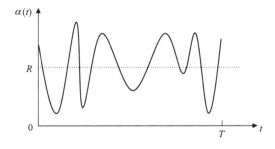

图 2.43　衰落信道的包络电平的变化示例

对于一个各态历经随机过程而言，当时间间隔趋于无穷时，统计平均与时间平均是相同的。数学上，在电平 R 处的 LCR 表示为 N_R，为包络电平在给定门限 R 处变化的正时间速率的数学期望。莱斯衰落的电平通过率为

$$N_R = \sqrt{2\pi(K+1)} f_m \rho \exp\left[-K-(K+1)\rho^2\right] I_0\left[2\rho\sqrt{K(K+1)}\right] \tag{2.110}$$

其中，$\rho = R\big/\sqrt{\overline{P_r}}$，$\overline{P_r}$ 为平均接收功率。对于瑞利衰落（$K=0$），电平通过率简化为

$$N_R = \sqrt{2\pi} f_m \rho \exp^{(-\rho^2)} \tag{2.111}$$

式（2.111）可看成两项的乘积，第一项 $\sqrt{2\pi} f_m$ 与最大多普勒频移成正比，$f_m = v/\lambda = v f_c/C$，因此可见，LCR 正比于用户的移动速率 v 和载波频率 f_c。第二项 $\rho \exp^{(-\rho^2)}$ 中，$\rho = R/\sqrt{2}\sigma$，为规定电平与幅度衰落均方根值之比，即归一化门限值。图 2.44 画出了该项随归一化门限值 ρ 的变化情况。可以观察到，LCR 存在最大值，由式（2.111）对 ρ 求导并令其为 0，可得最大值出现在 $\rho^2 = 0.5$ 处。

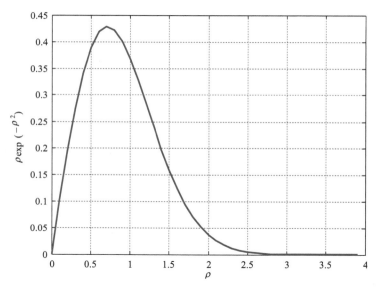

图 2.44　$\rho \exp^{(-\rho^2)}$ 随归一化门限值 ρ 的变化情况

2）平均衰落持续时间（AFD）

定义：信号包络值低于给定的目标电平 R 的平均时间。

瑞利衰落环境下的平均衰落持续时间（AFD）为

$$\bar{t}_R = \frac{\exp(\rho^2)-1}{\sqrt{2\pi} f_m \rho} \tag{2.112}$$

式（2.112）可看成两项的乘积，第一项 $1/\sqrt{2\pi} f_m$，表明 AFD 与移动速率和载波频率成反比。第二项 $\left[\exp(\rho^2)-1\right]\big/\rho$，取决于归一化门限值，图 2.45 画出了该项随归一化门限值 ρ 的变化情况，单位为 dB。随着门限值 ρ 远大于均方根值，包络电平上穿门限的概率将大大下降，AFD 的值会急剧增大。

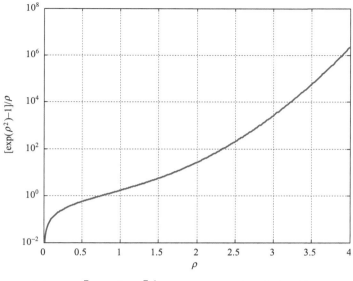

图 2.45 $\left[\exp(\rho^2)-1\right]/\rho$ 随归一化门限值 ρ 的变化情况

一般根据特定的性能指标(如误比特率)所需要的接收功率或幅度来确定门限电平值,如果信号幅度或者功率低于门限值,就称系统处于中断状态。因而平均衰落持续时间对于通信的中断率有较大的影响,同时还可以反映出受深衰落影响的比特或者符号个数。

将电平通过率、平均衰落持续时间与衰落期间的接收信噪比 SNR、瞬时误比特率 BER 联系起来,可以对移动通信系统中接收机性能进行粗略评价,这对于设计信道的差错控制方案具有重要的指导意义。

例 2.20 在一个移动蜂窝系统中,载波频率 $f_c=900\text{MHz}$,移动台的运动速度为 20km/h,计算归一化门限电平 $\rho=0.3$ 时的 LCR 和 AFD。

解

波长:
$$\lambda=\frac{c}{f_c}=\frac{3\times10^8}{900\times10^6}=0.33(\text{m})$$

速度:
$$v=20\text{ km/h}=5.56\text{ m/s}$$

最大多普勒频移:
$$f_m=\frac{v}{\lambda}=16.67\text{Hz}$$

因而,电平通过率 LCR:
$$N_R=\sqrt{2\pi}f_m\rho\text{e}^{-\rho^2}=11.46\text{ 次/秒}$$

平均衰落持续时间 AFD:
$$\overline{t_R}=\frac{\exp(\rho^2)-1}{\sqrt{2\pi}f_m\rho}=7.5\text{ms}$$

例 2.21 最大多普勒频移为 20Hz,瑞利衰落信道。(1)求 $\rho=0.1$、0.5、1 时的电平通过率和平均衰落持续时间;(2)对于速率为 100bit/s 的二进制调制比特流,瑞利衰落为快衰落还是慢衰落?(3)在给定 100bit/s 的二进制调制比特流情况下,假设在 $\rho<0.1$ 衰落的任意部分产生 1 个误比特,求误码率?

解

（1）$\rho=0.1$ 时： $N_R=\sqrt{2\pi}\times20\times0.1\times\mathrm{e}^{-0.01}=4.96$（次/秒）

$\rho=0.5$ 时： $N_R=\sqrt{2\pi}\times20\times0.5\times\mathrm{e}^{-0.25}=19.52$（次/秒）

$\rho=1$ 时： $N_R=\sqrt{2\pi}\times20\times\mathrm{e}^{-1}=18.44$（次/秒）

$\rho=0.1$ 时： $\overline{t_R}=\dfrac{\exp(\rho^2)-1}{\sqrt{2\pi}f_m\rho}=2.0\mathrm{ms}$

$\rho=0.5$ 时： $\overline{t_R}=\dfrac{\exp(\rho^2)-1}{\sqrt{2\pi}f_m\rho}=11.3\mathrm{ms}$

$\rho=1$ 时： $\overline{t_R}=\dfrac{\exp(\rho^2)-1}{\sqrt{2\pi}f_m\rho}=34.2\mathrm{ms}$

（2）多普勒扩展： $B_d\approx\dfrac{v}{\lambda}=20\,\mathrm{Hz}$。

相干时间： $T_c\approx\dfrac{1}{B_d}=50\mathrm{ms}$；

符号周期： $T_s=1/100=10\mathrm{ms}\ll T_c$，信道为慢衰落。

（3）由前面的结果知道 $\rho=0.1$ 时 AFD 为 2.0ms，符号周期为 10ms，如图 2.46 可见，2ms 的衰落间隔内最多可能引发 2 个误码，至少引发 1 个误码。

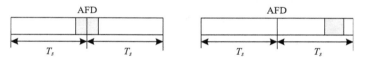

图 2.46　例 2.21 图

$\rho=0.1$ 时，LCR 为 4.96 次/秒，即 1 秒内发生 4.96 次衰落。因此，1 秒内总的误码数最小为 4.96，最多为 9.92。误码率是单位时间内误码数与总码元数之比，已知码元传输速率为 100bit/s，最终得到误码率的估计范围： $4.96\times10^{-2}<P_e<9.92\times10^{-2}$。

2.4　无线信道中数字调制的误码性能

在无线通信中，调制的最终目的是在无线信道中以尽可能好的质量、占用尽可能少的带宽来传输信号。数字调制比模拟调制有更多优点，例如，更强的抗干扰和抗噪声能力，便于进行差错控制，易于复用各种不同形式的信息，更好的安全保密性能，支持复杂的信号条件和处理技术等。数字通信系统主要包括信源编码、信道编码、基带调制、载波调制、信道、解调、检测、信道译码、信源译码等几个部分。

无线通信中合理地进行信号设计与接收机优化有助于克服信道损伤的影响。调制是信号设计的主要部分，解调是最优接收机中的前端处理的主要部分，因此我们将注意力集中在用于无线通信系统中的调制和解调技术。

对于无线通信而言，由于信道中衰落、多径效应等信号损伤因素的存在，设计一个适合无线信道传输的调制方案是一项具有挑战性的工作。无线通信中评价一种调制方案适用性的常用标准主要有以下几种。

（1）误码率低。在给定发射功率和信道条件下，具有较低的传输误码率，这是由信道衰落、多普勒频移、干扰、噪声等因素共同决定的。

（2）调制信号占用带宽小。信号得以获得高的无线频谱利用率和低的邻信道干扰。一般是具有较窄主瓣，具有很好的滚降特性的调制技术。

（3）调制信号功率波动小。便携用户和移动用户一般使用非线性功率放大器来减少电池的损耗。信号是恒包络调制或包络波动小，利用高效非线性放大器时不会将太多的非线性失真引入信号中。

（4）对抗多径和衰落性能良好。

实际中的调制方案往往不能同时满足以上所有的要求，有的误码率性能好，有的带宽利用率高。对于不同应用的要求，需要在选择数字调制方案时进行折中。

无线信道中存在多种不利于传输的特性，因而需要评估在这样的信道条件下调制方案的性能。本节着重讨论数字调制信号通过衰落信道后的误码性能。

无线信道的特性会大大增加误码率甚至造成较高的中断率，例如，平坦衰落会引起深度幅度衰落，严重的会造成信号中断，频率选择性衰落会引起较大的码间干扰，进而造成接收信号的误码，多普勒频移会引起频谱扩展，造成信号失真。因此，评估无线信道环境下的调制方案的性能，必须考虑损耗、衰落、多径效应和多普勒频移等因素的影响。

在各种信道损耗的情况下，各种调制方案的误码率能够通过分析或通过仿真计算出来。一般平坦慢衰落信道的性能可通过分析得出，频率选择性衰落信道以及快衰落信道的性能要通过计算机仿真得出。例如，通过将输入比特流和一个适当的信道冲激响应模型进行卷积及在接收机判决电路的输出端对误码计数来实现计算机仿真。下面我们分析平坦慢衰落信道的误码性能。

我们首先回顾一下高斯白噪声信道（AWGN）下的误码率推导过程。在 AWGN 信道中，发送信号 $s(t)$ 受到加性噪声 $n(t)$ 的干扰。$n(t)$ 是一个白高斯过程，其均值为零、功率谱密度为 $N_0/2$，接收信号 $r(t)=s(t)+n(t)$。我们把接收信号的功率与信号 $s(t)$ 带宽内噪声功率的比值称为接收信噪比。噪声的功率取决于信号 $s(t)$ 的带宽和噪声的频谱特性。依据判决域相应的判决规则，推导出误码率表达式。将其中几种调制方式在 AWGN 信道下的误码率结果罗列出来，如表 2.5 所示。

表 2.5　各种调制方式的误码率

调制	误码率
BPSK 相干解调	$P_{e,\mathrm{BPSK}}=Q\left(\sqrt{2E_b/N_0}\right)$
DBPSK 非相干解调	$P_{e,\mathrm{DBPSK}非}=\mathrm{e}^{-E_b/N_0}/2$
BFSK 相干解调	$P_{e,\mathrm{BFSK}}=Q\left(\sqrt{E_b/N_0}\right)$
BFSK 非相干解调	$P_{e,\mathrm{BFSK}非}=\mathrm{e}^{-E_b/2N_0}/2$
QPSK 相干解调	$P_{e,\mathrm{QPSK}}=Q\left(\sqrt{2E_b/N_0}\right)$
MSK 相干解调	$P_{e,\mathrm{MSK}}=Q\left(\sqrt{2E_b/N_0}\right)$

调制	误码率
MPSK 相干解调	$P_{e,\text{MPSK}} \approx \dfrac{2}{\log_2 M} Q\left[\sqrt{2\gamma_b \log_2 M} \sin\left(\dfrac{\pi}{M}\right)\right]$
MFSK 相干解调	$P_{s,\text{MFSK}} \approx (M-1)Q\left(\sqrt{\dfrac{E_b}{N_0} \cdot \log_2 M}\right)$
MQAM 相干解调	$P_{s,\text{MQAM}} \approx \dfrac{2(\sqrt{M}-1)}{\sqrt{M}} Q\left(\sqrt{\dfrac{3\log_2 M}{M-1} \cdot \dfrac{E_b}{N_0}}\right)$

在分析平坦慢衰落信道误码性能之前，我们先明确几个概念。在平坦慢衰落信道中（码元间隔小于或与衰落的相干时间可比），码元间隔内信号的衰落程度近似不变，平均误码率是这种情形下衡量信道质量的一个合理指标。在 AWGN 信道中，误码率的大小取决于接收信号的信噪比或者比特信噪比 γ_b。在衰落信道中，阴影和多径衰落使接收信号的功率随机变化，因此，误码率 $P_e(\gamma_b)$ 也是随机的。平均误码率 $\overline{P}_e(\overline{\gamma}_b)$ 就是针对衰落分布和随机变量 γ_b 取平均的结果。

在平坦慢衰落信道中，还应考虑深度衰落的情况，即接收信号瞬时功率极低，造成很多连续的符号接收错误，从而引起一般编码无力纠正的突发错误，这样的突发错误将严重恶化端到端的性能。在这种情况下，一般规定一定的中断率 P_{off} 以允许较少时间或地点内不能正常通信。中断率定义为 γ_b 低于某个给定值的概率。

设 γ_0 是达到一定性能所必需的最小信噪比，中断率定义为 γ_b 低于 γ_0 的概率，定义式为

$$P_{\text{off}} = P[\gamma_b < \gamma_0] = \int_0^{\gamma_0} p(\gamma_b)\mathrm{d}\gamma_b \tag{2.113}$$

考虑平坦慢衰落信道的特性，即在该信道中：由多径传播引起的时延扩展忽略不计（无 ISI）；信道使得发送信号幅度产生乘性失真；信号变化的速率比基带信号的速率慢，信号的相移和衰减至少在一个符号期间保持不变。平坦慢衰落信道信号接收模型如图 2.47 所示。

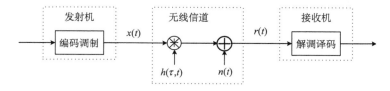

图 2.47 平坦慢衰落信道信号接收模型

由上述假设条件，接收信号表示为

$$r(t) = \alpha(t)\exp[\mathrm{j}\theta(t)]s(t) + n(t), \quad 0 \leqslant t \leqslant T_s \tag{2.114}$$

其中，$\alpha(t)$ 为幅度衰减；$\theta(t)$ 为相位失真；T_s 为符号间隔；$s(t)$ 为发射信号；$n(t)$ 为高斯白噪声，均值为 0，功率谱密度为 $N_0/2$。由于假设信道的衰落足够慢，接收机可以估计并消除 $\theta(t)$ 的影响，从而实现接收信号的理想相干检测。因此在误码率的分析中，不失一般性，我们假设 $\theta(t) = 0$。式（2.114）简化为

$$r(t) = \alpha(t)s(t) + n(t), \quad 0 \leqslant t \leqslant T_s \tag{2.115}$$

我们考虑发射信号具有恒定的比特能量 E_b，平坦慢衰落信道下某种调制方式的传输误码率的计算可按照以下步骤进行。

(1) 根据 AWGN 信道中的传输性能分析，可以得到该调制方式在 AWGN 信道下的误码率 $P_e(E_b/N_0)$。

(2) 已知幅度衰减 α，发射信号比特能量为 E_b，接收信号瞬时比特能量为 $\alpha^2 E_b$，因此比特信噪比 $\gamma_b = \alpha^2 E_b/N_0$，此时已知 α 条件下的误码率为

$$P_e(\gamma_b/\alpha) = P_e\left(\alpha^2 E_b/N_0\right) \tag{2.116}$$

(3) 定义 $\overline{\gamma}_b$ 为关于 α 的平均接收信噪比，即有

$$\overline{\gamma}_b = \frac{E_b}{N_0}E\left[\alpha^2\right] \tag{2.117}$$

(4) 为了得到 α 随机变化时的错误概率，需将错误概率 $P_e(\gamma_b)$ 对 γ_b 的概率密度函数求平均，即计算如下积分：

$$\overline{P}_e(\overline{\gamma}_b) = \int_{-\infty}^{\infty} P_e(\gamma_b/\alpha) p_{\gamma_b}(\alpha)\mathrm{d}\alpha \tag{2.118}$$

其中，$p_{\gamma_b}(\alpha)$ 是 α 为随机变量时 γ_b 的概率密度函数。

我们以瑞利衰落信道为主要分析对象来研究平坦慢衰落信道下调制方式的传输误码率的计算。下面以几个例题来加以说明。

例 2.22　瑞利衰落信道下的 BPSK 相干解调的传输错误概率。

解　已知幅度衰减 α，BPSK 在 AWGN 信道下的误码率为

$$P_{e,\mathrm{BPSK}}(\gamma_b) = Q\left(\sqrt{2\gamma_b}\right) = Q\left(\sqrt{2E_b/N_0}\right)$$

其中，信噪比 $\gamma_b = \alpha^2 E_b/N_0$。瑞利衰落信道中 α 服从瑞利分布，其概率密度函数为

$$p_\alpha(\alpha) = \begin{cases} \dfrac{\alpha}{\sigma^2}\exp\left(-\dfrac{\alpha^2}{2\sigma^2}\right), & \alpha \geqslant 0 \\ 0, & \alpha < 0 \end{cases}$$

其中，$\overline{\gamma}_b$ 为关于 α 的平均接收信噪比，即有

$$\overline{\gamma}_b = \frac{E_b}{N_0}E\left[\alpha^2\right] = 2\sigma^2\frac{E_b}{N_0}$$

误码率 $P_{e,\mathrm{BPSK}}(\gamma_b)$ 对 γ_b 的概率密度函数求平均，即

$$\begin{aligned}
\overline{P}_{e,\mathrm{BPSK}}(\overline{\gamma}_b) &= \int_{-\infty}^{\infty} P_{e,\mathrm{BPSK}}(\gamma_b/\alpha) p_{\gamma_b}(\alpha)\mathrm{d}\alpha \\
&= \int_{-\infty}^{\infty} Q\left(\sqrt{2\alpha^2 E_b/N_0}\right) p_{\gamma_b}(\alpha)\mathrm{d}\alpha \\
&= \int_{0}^{\infty} \left(\frac{1}{\sqrt{2\pi}}\int_{\sqrt{2\alpha^2 E_b/N_0}}^{\infty} \mathrm{e}^{-u^2/2}\mathrm{d}u\right)\frac{\alpha}{\sigma^2}\exp\left(-\frac{\alpha^2}{2\sigma^2}\right)\mathrm{d}\alpha
\end{aligned}$$

$$\xrightarrow{x=\alpha^2} \frac{1}{2\sqrt{2\pi}\sigma^2} \int_0^\infty \left(\int_{\sqrt{2xE_b/N_0}}^\infty \mathrm{e}^{-u^2/2}\mathrm{d}u \right) \exp\left(-\frac{x}{2\sigma^2}\right)\mathrm{d}x$$

$$= \frac{1}{2}\left[1 - \sqrt{\frac{\overline{\gamma_b}}{1+\overline{\gamma_b}}}\right]$$

利用 $x \ll 1$ 时，有 $\sqrt{\dfrac{1}{1+x}} \approx 1 - \dfrac{x}{2}$ 近似成立，当信噪比较大时（$\overline{\gamma_b} \gg 1$），误码率可以简化为

$$\overline{P}_{e,\mathrm{BPSK}}\left(\gamma_b\right) = \frac{1}{2}\left(1 - \sqrt{\frac{\overline{\gamma_b}}{1+\overline{\gamma_b}}}\right) \approx \frac{1}{4\overline{\gamma_b}}$$

我们知道 QPSK 与 BPSK 具有相同的误码率，因此当信噪比较大时（$\overline{\gamma_b} \gg 1$），QPSK 误码率也为

$$\overline{P}_{e,\mathrm{QPSK}}\left(\gamma_b\right) = \frac{1}{2}\left(1 - \sqrt{\frac{\overline{\gamma_b}}{1+\overline{\gamma_b}}}\right) \approx \frac{1}{4\overline{\gamma_b}}$$

例 2.23　瑞利衰落信道下的 DBPSK 非相干解调的传输错误概率。

解　已知幅度衰减 α，DBPSK 非相干解调在 AWGN 信道下的误码率为

$$P_{e,\mathrm{DBPSK}\text{非}} = \exp\left(-E_b/N_0\right)/2 = \exp\left(-\gamma_b\right)/2$$

其中，信噪比 $\gamma_b = \alpha^2 E_b/N_0$。瑞利衰落信道中 α 服从瑞利分布，其概率密度函数为

$$p_\alpha\left(\alpha\right) = \begin{cases} \dfrac{\alpha}{\sigma^2}\exp\left(-\dfrac{\alpha^2}{2\sigma^2}\right), & \alpha \geqslant 0 \\ 0, & \alpha < 0 \end{cases}$$

$\overline{\gamma_b}$ 为关于 α 的平均接收信噪比，即有

$$\overline{\gamma_b} = \frac{E_b}{N_0}E\left[\alpha^2\right] = 2\sigma^2 \frac{E_b}{N_0}$$

误码率 $P_{e,\mathrm{DBPSK}\text{非}}\left(\gamma_b\right)$ 对 γ_b 的概率密度函数求平均，即

$$\begin{aligned}
\overline{P}_{e,\mathrm{DBPSK}\text{非}}\left(\gamma_b\right) &= \int_{-\infty}^\infty P_{e,\mathrm{DBPSK}\text{非}}\left(\gamma_b/\alpha\right)p_{\gamma_b}\left(\alpha\right)\mathrm{d}\alpha \\
&= \int_0^\infty \frac{1}{2}\exp\left(-\alpha^2\frac{E_b}{N_0}\right)\frac{\alpha}{\sigma^2}\exp\left(-\frac{\alpha^2}{2\sigma^2}\right)\mathrm{d}\alpha \\
&\xrightarrow{x=\alpha^2} \int_0^\infty \frac{1}{2}\exp\left(-x\frac{E_b}{N_0}\right)\frac{1}{2\sigma^2}\exp\left(-\frac{x}{2\sigma^2}\right)\mathrm{d}x \\
&= \frac{1}{4\sigma^2}\int_0^\infty \exp\left[-x\left(\frac{E_b}{N_0}+\frac{1}{2\sigma^2}\right)\right]\mathrm{d}x \\
&= \frac{1}{2(1+\overline{\gamma_b})}
\end{aligned}$$

当信噪比较大时（$\overline{\gamma_b} \gg 1$），误码率可以简化为

$$\overline{P}_{e,\text{DBPSK非}}\left(\gamma_b\right) \approx \frac{1}{2\overline{\gamma}_b}$$

图 2.48 画出了 BPSK 相干解调与 DBPSK 非相干解调在 AWGN 信道和瑞利信道中的误码率。从图中可以看出，在 AWGN 中的误码率随信噪比的增加而近似指数下降，在瑞利衰落信道中的误码率随着信噪比的增加而近似线性下降，其他调制方式中情形类似。因而，为了保证相同的误码率，在瑞利衰落信道中需要的信噪比要比 AWGN 信道中大得多，也就是说衰落的存在，导致性能严重下降。显见，要想降低对信噪比的要求，一些抗衰落技术是必要的。

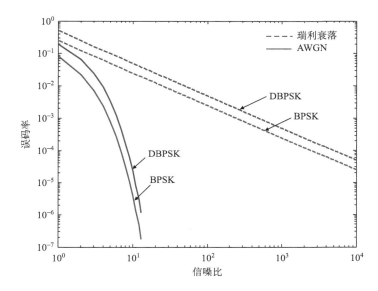

图 2.48　BPSK 相干解调与 DBPSK 非相干解调在 AWGN 和瑞利信道中的误码率

例 2.24　考虑平坦慢衰落信道中 BPSK 调制信号的传输，在任意时刻信道增益为 1 的概率为 0.9，信道增益为 0.05 的概率为 0.1，求 BPSK 相干解调的误码率。

解　已知幅度衰减 α，BPSK 在 AWGN 信道下的误码率为

$$P_{e,\text{BPSK}}\left(\gamma_b\right) = Q\left(\sqrt{2\gamma_b}\right)$$

其中，信噪比 $\gamma_b = \alpha^2 E_b / N_0$。$\overline{\gamma}_b$ 为关于 α^2 的平均接收信噪比，即有

$$\overline{\gamma}_b = \frac{E_b}{N_0}E\left[\alpha^2\right] = \frac{E_b}{N_0}\left(0.9\times 1^2 + 0.1\times 0.05^2\right) = 0.90025\frac{E_b}{N_0}$$

γ_b 的概率密度函数为

$$\begin{cases} p\left(\gamma_b = 1^2 E_b / N_0\right) = 0.9 \\ p\left(\gamma_b = 0.05^2 E_b / N_0\right) = 0.1 \end{cases}$$

误码率 $P_{e,\text{BPSK}}\left(\gamma_b\right)$ 对 γ_b 的概率密度函数求平均，即

$$\overline{P}_e\left(\overline{\gamma}_b\right)=\int_0^\infty P_{e,\text{BPSK}}\left(\gamma_b/\alpha\right)p_{\gamma_b}\left(\alpha\right)\mathrm{d}\alpha$$

$$=0.9Q\left(\sqrt{2\times1^2\times E_b/N_0}\right)+0.1Q\left(\sqrt{2\times0.05^2\times E_b/N_0}\right)$$

$$=0.9Q\left(\sqrt{2\overline{\gamma}_b/0.90025}\right)+0.1Q\left(\sqrt{2\overline{\gamma}_b\times0.0025/0.90025}\right)$$

图 2.49 给出了依据例 2.24 的参数得到的衰落信道中的误码性能。为了更好地对比,同时给出了 AWGN 信道的性能,以及不同深度衰落下的信道性能。从图中容易看出,衰落信道的性能远低于 AWGN 信道,主要是由于信道增益低于 0.05 的 10% 的可能性造成的。改善深度衰落的情形,将能够明显地提高系统性能,例如,图中给出的信道增益由 0.05 提高到 0.1 时的情形。

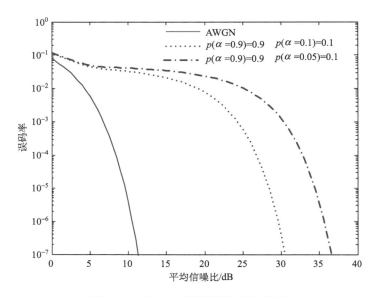

图 2.49　例 2.24 衰落信道的误码性能

习　　题

2.1　无线通信信号的四种基本传播方式? 什么是阴影效应? 什么是多普勒效应? 多普勒频移与用户运动速度之间的关系?

2.2　什么是大尺度路径损耗? 什么是阴影衰落? 什么是小尺度多径衰落?

2.3　已知 $P_t=10\,\text{W}$, $f_c=900\text{MHz}$, 单位增益天线,求自由空间传播模型中,距离为 1km 处的接收功率。

2.4　在自由空间传播模型中,若频率增加一倍,路径增加为十倍,路径损耗增加多少 dB?

2.5　在自由空间模型的假定下,如果要求小区边界处的路径损耗不大于 αdB,求小区半径的表达式。

2.6　发射天线高 9m,接收天线高 4m,LOS 极限传播距离为多少千米?

2.7 发射天线高 30m，接收天线高 2m，一般情况下，能够应用双线模型的最小距离为多少？

2.8 对于自由空间路径损耗模型，求使接收功率达到 0dBm 所需的发射功率。假设载波为 5GHz，单位天线增益，距离分别为 10m 及 100m。

2.9 分析双线模型在路径损耗估算中的优缺点。下列情况下，双线模型是否可以应用，解释原因。

(1) h_t=35m， h_r=3m， d=250m。

(2) h_t=30m， h_r=1.5m， d=450m。

2.10 比较地面反射模型中式 (2.20) 与式 (2.23) 的路径损耗差异。假定发射机高度为 40m，接收机高度为 3m，频率为 1800MHz，依据这两个公式分别求距离为 1km、3km、5km 时的路径损耗，并计算临界距离。

2.11 设两径模型中发射天线高 10m，接收天线高 2m，收发间距离为 1km，求两径信号的时间差。

2.12 请导出两径模型在临界距离之内，接收信号为零的最大 TR 距离。

2.13 研究刀形模型中，绕射增益与频率的关系。参见例 2.4，d_1=1km，d_2=2km，h=15m，当频率分别为 900MHz 和 1800MHz 时，刀形引起的绕射增益。

2.14 载频为 900MHz，发射机的发射功率为 10W，发射天线增益为 15dB。接收机的天线增益为 3dB，信号范围内的接收机噪声功率为–140dBm，$\kappa = 4$，$\sigma_\varepsilon = 8dB$，$d_0 = 1km$，参考点处的接收功率依据自由空间传播模型估计。求信噪比为 20dB 时的 TR 最大距离。

2.15 假设载频为 900MHz，发射天线高 40m，接收天线高 2m，收发间距离为 10km，请分别计算大城市、小城市、郊区和开阔地下哈塔模型的路径损耗中值，并定性说明这些路径损耗的差别。

2.16 在室内衰减模型下，假设载波频率 900MHz，发送信号传播了 100m，途中经过衰减分别为 15dB、10dB 和 6dB 的三个地板层，还经过两个双层石膏墙板 (表 2.2)。此外假设参考距离为 1m，路径损耗指数为 4，若接收功率为–110dBm，求所需的发射功率。

2.17 某 900MHz 的蜂窝系统可接受话音质量要求的信噪比是 15dB，基站的发射功率是 5W，基站发射天线增益是 3dB，移动台天线无增益，移动台在感兴趣的带宽范围内接收到的噪声功率是–140dBm，$\kappa = 3.5$，$\sigma_\varepsilon = 6dB$，$d_0 = 100m$。若要求小区边界上话音质量可接受的概率高于 90%，求最大的小区半径。

2.18 某微蜂窝系统的路径损耗参数为 $\kappa = 3$，$\sigma_\varepsilon = 8.2dB$，$d_0 = 1m$，若小区半径为 100m，发射功率为 20mW，载频为 900MHz，要求的最小接收功率为–90dBm，求小区的覆盖率。

2.19 在离发射机 100m、200m、1km、2km 处分别测量接收功率，得到的值分别为 0dBm、–25dBm、–35dBm、–48dBm，$d_0 = 100m$。

(1) 求路径损耗指数的最小均方估计。

(2) 计算阴影造成的标准方差。

(3) 预测 2km 处接收功率大于–45dBm 的概率，用 Q 函数表示。

2.20 路径损耗符合对数正态分布模型，路径损耗因子为 4，阴影衰落的标准方差为 4。经测量，近场区参考距离 d_0=1km 处的接收信号功率为–40dBm。载频为 1800MHz，数据传

输率 R_b 为 30Kbit/s，系统噪声系数 NF 为 3dB。求保证 95% 的时间 E_b / N_0 为 20dB 的 TR 最大距离。接收机灵敏度计算公式：$P_r(\text{dBm}) = -174\text{dBm} + 10\lg(R_b)(\text{dB}) + E_b / N_0(\text{dB}) + \text{NF}(\text{dB})$。

2.21　由于无线信道的输出信号是输入信号经多条路径到达接收机的信号总合，因此可看作线性滤波器。这种说法是否正确？

2.22　接收机位置不同，多径信号的情况不同，因此其冲激响应模型是位置的函数。同时位置又是时间的函数，因此，冲激响应模型是时变的。这种说法是否正确？

2.23　一个无线信道的均方根时延扩展为 1s，多普勒扩展为 0.02Hz，可用于信号传输的信道宽度为 5Hz，为减少符号间干扰的影响，信号设计者选择符号持续时间为 10s。

(1) 确定相干带宽和相干时间。

(2) 该信道是否具有频率选择性衰落？解释原因。

(3) 该信道是否表现为慢衰落？解释原因。

2.24　在载波频率为 2000MHz 的蜂窝系统中，假定用户在一辆以 60km/h 的速度运动的汽车内，且信道表现为平坦瑞利衰落，求归一化电平为 –3dB 时的 LCR 和 AFD。

2.25　多普勒频移为 50Hz。

(1) 求 $\rho=0.1$ 时平坦瑞利衰落的电平通过率和平均衰落时间。

(2) 对于速率为 20bit/s 的二进制调制比特流，瑞利衰落为快衰落还是慢衰落？

(3) 在给定 400bit/s 速率的情况下，假设在 $\rho<0.1$ 衰落的任意部分产生 1 个误比特，求每秒误比特的平均数目。

2.26　在衰落信道中传输一个 BPSK 信号，除均值为零、双边功率谱密度为 $N_0/2$ 的加性白高斯噪声外，信道还引入一个幅度增益 α。该信道增益 α 为一个随机变量，等可能的取 $\{0, 0.25, 0.5, 0.75\}$ 中的值。求作为 E_b/N_0 函数的误码率。

第3章 扩频通信技术

扩频通信(Spread Spectrum, SS)是一种重要的抗干扰通信技术,它起源于军事通信对抗,并不断地得以发展。正如"阴阳相生相克",自无线电通信诞生之日起,通信对抗即相伴而生。作为通信对抗系统的重要组成部分,通信抗干扰伴随着通信干扰在相互对立、相互排斥中不断壮大,"没有干扰不掉的通信,也没有抗不住的干扰"是对这一关系的精辟概述。

与普通民用无线通信系统不同,军事通信系统所面临的干扰除了各种自然干扰和无意的人为干扰外,更重要的是有意人为强干扰的威胁。按照干扰信号频谱与目标通信信号频谱的对应关系,通信干扰可分为窄带瞄准式干扰和宽带拦阻式干扰;窄带瞄准式干扰的干扰频谱与目标频谱对应,按瞄准程度又可分为准确瞄准干扰和半瞄准式干扰,按引导方式可分为定频守候式、扫频搜索式(连续/重点)、跟踪式等;宽带拦阻式干扰辐射宽带干扰,可以干扰多个窄带信号,其频谱均匀分布或梳形分布,按产生方法不同,分为扫频式、脉冲式和多干扰源线性叠加式阻拦干扰;按干扰样式不同,分为欺骗式干扰、搅扰式干扰和压制式干扰。欺骗式干扰即在敌方使用的通信频率上采用敌方的通信方式伪造消息,造成敌方接收信息错误或者引起判断失误;搅扰式干扰即利用噪声、脉冲等干扰方式使敌方通信中断或失败;压制式干扰即利用强大的干扰功率实施对目标信号的完全压制。

扩频通信的概念最早描述的是一种保密的无线通信方式,其基本思想就是采用跳频扩频技术以实现抗干扰通信。1957 年,一家纽约的小公司 Sylvania Electronic Systems Division 重新拾起这个创意继续研发。到了 20 世纪 80 年代,随着冷战时代的结束,扩频技术流入民用领域。1985 年,高通(Qualcomm)公司在加利福尼亚州成立,以扩频技术为基础,研发出了码分多址(Code Division Multiple Access,CDMA)系统,并发展成为第二代移动通信标准 IS-95。

近 30 年来,扩频技术得到越来越广泛的使用,如美国的全球定位系统(GPS)、通信数据转发卫星系统(TDESS)、军事卫星通信系统(MILSTAR)、多种跳频电台(SINCGARS)、跳时-跳频混合系统(Joint Tactical Information Distribution System, JTIDS)、第三代蜂窝移动通信系统(3G)、遥测遥控等。

本章主要从通信抗干扰的角度,讨论扩频通信的原理,深入阐述直接序列扩频(Direct Sequence Spread Spectrum, DS/SS)和跳频扩频(Frequency Hop Spread Spectrum, FH/SS)的系统组成、抗干扰性能、扩频序列设计与同步等问题。

3.1 扩频通信原理

3.1.1 扩频通信理论基础

根据香农(Shannon)信息论,信道容量的大小取决于信道带宽与信噪比,即香农公式:

$$C = B \log_2(1 + S / N) \tag{3.1}$$

其中，C 为信道容量，即单位时间内信道中无差错传输的最大信息量；B 为信道带宽，单位为 Hz；S 为信号功率；N 为噪声功率，单位为 W；S/N 为信号功率与噪声功率之比，称为信噪比。在给定信噪比和带宽条件下，一定存在某种编码系统，能以任意小的差错概率实现信息速率为 C 的信息传输。

由式(3.1)可以看出，信号带宽和信号功率之间存在一定的互换关系，当 S/N 很小($\leqslant$ 0.1)时，由 $\lim\limits_{x \to 0} \dfrac{\log_2(1+x)}{x} = \log_2 e$，可得

$$C/B \approx 1.44 S/N \tag{3.2}$$

当无差错传输的信息速率 C 不变时，增大信号带宽 B，可以降低对信噪比 S/N 的要求。

香农公式(3.1)说明了通过扩展频谱(增大信号带宽)可以降低对系统信噪比的要求，实现可靠的通信。同时，理论分析也表明扩频通信系统具有较强的抗干扰能力。但上述理论并没有说明如何实现一个扩频通信系统。

衡量一个系统是否是扩频通信系统主要依据以下三个准则。

(1)扩频通信技术是一种信息传输方式，其信号所占带宽远远超过了传递信息所必需的最小带宽。

(2)扩频通信系统带宽的扩展依赖一个与数据独立的码来完成。

(3)在接收端必须采用和发端相同的码且同步以完成解扩和数据恢复。

对于有些调制技术(如低编码效率的系统、宽带调频系统等)，其传输带宽远大于传输数据所需要的最小带宽，但它们都不能同时满足上述三个条件，不属于扩频通信系统。

3.1.2 扩频通信系统构成与分类

典型的数字扩频通信系统如图 3.1 所示，其中信源编译码、信道编译码、调制解调是传统数字通信系统的基本组成单元。除了上述单元，扩频通信分别在收发两端应用两个完全同步的伪码发生器，作用于发射端的调制器和接收端的解调器，分别实现发射信号频谱扩展和接收信号解扩。

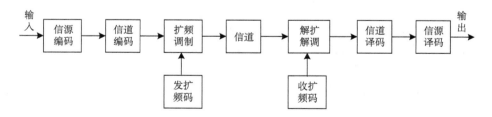

图 3.1 典型数字扩频通信统框图

按照信号频谱扩展的方式不同，扩频通信可分为直接序列扩频(DS/SS)、跳频扩频(FH/SS)、跳时扩频(Time Hop Spread Spectrum，TH/SS)等基本方式。

直接序列扩频即使用速率比信息码高得多的伪随机码(Pseudo Noise，PN)改造信息码(如相乘、模二加等)后再进行载波调制，实现信号的频谱扩展，信号功率在同一时刻分散在整个带宽内；解扩解调则用与扩频相同的 PN 序列对接收到的扩频信号进行相关运算，恢复出原始信息的同时抑制窄带干扰。

　　与直接序列扩频不同,跳频扩频是使用 PN 码控制窄带已调信号的载波频率,使之在整个带宽内随机跳变,在频域以"躲避"的方式对抗通信干扰。跳频系统工作在多个射频频率点,但在某个确定频率点上的瞬时是一个窄带系统。此外,跳频系统在各个时刻的工作频率是近似随机地在多个频率点间跳变的,收方必须知道发方的跳频策略且频率跳变时刻必须与之同步。

　　跳时扩频是将时间轴划分为很多时隙,这些时隙在跳时扩频通信中通常称为时片,若干时片组成一跳时间帧,而在一帧内哪个时隙发射信号则由扩频码序列进行控制。跳时扩频与跳频扩频系统相似,但它是在时间轴而不是在频率轴上离散地跳变,在时域"躲避"通信干扰。

　　上述三种基本的扩频通信系统各有优缺点,其中应用最为广泛的是直接序列扩频(简称直扩)、跳频扩频以及直扩和跳频混合扩频系统。

3.2　直接序列扩频

3.2.1　直扩系统基本原理

　　图 3.2 给出了直接序列扩频系统的基本数字模型,与普通的非扩频通信系统相比,增加了扩频和解扩单元。发射端对扩频后的信号进行成形滤波、数字载波调制;接收端完成解调、匹配滤波,输出与本地产生的扩频码进行相关处理以完成解扩和判决。

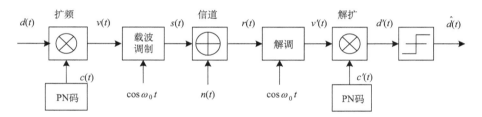

图 3.2　直接序列扩频系统的基本数学模型

1. 波形及其频谱

　　理论上,直接序列扩频系统中的载波调制可以是 ASK、MPSK、MFSK、MSK 等任意一种数字调制方式,但最常用的是 BPSK(DPSK)或 QPSK 调制,主要原因如下。

　　(1)相位调制具有较好的传输性能。

　　(2)扩频和解扩可以通过简单的乘法运算完成,实现简单。

　　(3)DS-BPSK 信号无离散谱,信号隐蔽性好。

其中,最简单的实现形式是 DS-BPSK,即对扩频后的信号采用 BPSK 调制,对应的时域波形如图 3.3 所示。

　　设输入持续时间为 T_b 的信息序列:

$$d(t) = \sum_k d_k g_{T_b}(t - kT_b) \tag{3.3}$$

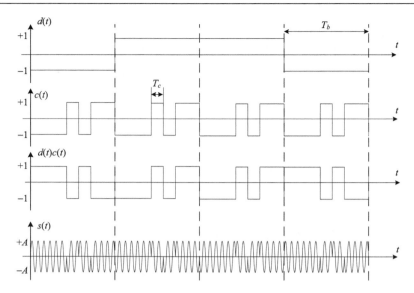

图 3.3　DS-BPSK 信号波形

其中，$d_k \in \{+1,-1\}$，$g(t)$ 是宽度为 T_b 的矩形脉冲。

PN 码输出伪随机序列可以表示为

$$c(t) = \sum_n c_n p_{T_c}(t - nT_c) \tag{3.4}$$

其中，$c_n \in \{+1,-1\}$，$p(t)$ 是宽度为 T_c 的矩形脉冲，且 $T_c << T_b$。信息序列与 PN 序列直接相乘，得到 DSSS 基带信号为

$$v(t) = d(t)c(t) = \sum_k d_k \sum_{n=0}^{N-1} c_n \cdot p_{T_c}(t - kT_b - nT_c) \tag{3.5}$$

其中，$N = T_b / T_c \gg 1$，称为扩频因子。则 DS-BPSK 信号输出为

$$s(t) = \sqrt{2E_c} v(t) \cos \omega_0 t \tag{3.6}$$

其中，E_c 为每个 PN 码片（chip）的能量，$E_c = E_b / N$，ω_0 为载波角频率。

假设 PN 码 c_n 是离散独立同分布随机序列，则 DS-BPSK 信号的功率谱密度函数可近似表示为

$$P_s(f) = \frac{E_c T_c}{2} \left\{ Sa^2[\pi(f + f_0)T_c] + Sa^2[\pi(f - f_0)T_c] \right\} \tag{3.7}$$

相比 BPSK 调制的谱零点带宽 $2 / T_b$，DS-BPSK 信号的谱零点带宽变为 $2 / T_c$，展宽了 N 倍，称为扩频因子。

2. 解扩解调

加性高斯白噪声信道（AWGN）条件下，接收信号表示为

$$r(t) = s(t) + n(t) \tag{3.8}$$

$s(t)$ 如式（3.6）所示，$n(t)$ 为零均值高斯白噪声，其单边功率谱密度为 $N_0 / 2$。

首先进行 BPSK 相干解调：

$$v'(t) = r(t)\sqrt{2}\cos\omega_0 t\mid_{\text{LPF}} = \sqrt{E_c}\sum_k d_k \sum_{n=0}^{N-1} c_n \cdot p_{T_c}(t - kT_b - nT_c) + n'(t) \tag{3.9}$$

$n'(t)$ 的功率谱密度与 $n(t)$ 相同，此时的信噪比为

$$\gamma_{\text{in}} = \frac{E^2[v'(t)]}{2\operatorname{var}[v'(t)]} = \frac{E_c}{N_0} \tag{3.10}$$

假设收发两端的 PN 序列同步，即 $c'(t) = c(t)$，$c'(t)$ 与 $v'(t)$ 相关、积分，解扩输出：

$$d'(t) = \sum_k \int_{(k-1)T_b}^{kT_b} v'(t)c'(t)\mathrm{d}t = N\sqrt{E_c}\sum_k d_k p_{T_b}(t - kT_b) + \sum_k \int_{(k-1)T_b}^{kT_b} n'(t)c'(t)\mathrm{d}t \tag{3.11}$$

利用 $c'(t)c(t) = c^2(t) = 1$，不考虑信道噪声 $n'(t) = 0$，则相关积分后输出扩频调制前的信息序列；若 $n'(t) \neq 0$，其输出信噪比为

$$\gamma_{\text{out}} = \frac{E^2[d'(t)]}{2\operatorname{var}[d'(t)]} = \frac{N^2 E_c}{N \cdot N_0} = \frac{E_b}{N_0} \tag{3.12}$$

可以看出：①相关器输入、输出信噪比满足 $\gamma_{\text{out}} = N \cdot \gamma_{\text{in}}$；②AWGN 信道下 DS-BPSK 信号解扩输出信噪比与常规 BPSK 解调输出相同，噪声性能一致。

3. 性能参数

1) 扩频增益

DSSS 系统抗干扰能力的大小取决于扩频增益，扩频增益定义为扩频后信号带宽与非扩频信号带宽之比：

$$G_p = W_{ss} / W_d \tag{3.13}$$

常用分贝数表示为

$$G_p(\text{dB}) = 10\lg(W_{ss} / W_d) \tag{3.14}$$

假设扩频与非扩频系统采用相同的调制方式，以 DS-BPSK 为例，BPSK 信号的 3dB 带宽约为 $1/T_b$，DS-BPSK 信号的 3dB 带宽约为 $1/T_c$，则扩频增益又可以表示为

$$G_p = N = \frac{T_b}{T_c} = \frac{R_c}{R_b} \tag{3.15}$$

根据式(3.9)～式(3.12)，扩频增益可以等效为解扩后输出信噪比与解扩前输入信噪比的比值：

$$G_p = N = \frac{E_b}{E_c} = \frac{\gamma_{\text{out}}}{\gamma_{\text{in}}} \tag{3.16}$$

表征了 DSSS 系统信噪比改善的程度。

2) 干扰容限

干扰容限定义为 DSSS 系统在解调性能满足要求(系统输出信噪比一定)的前提下，接收机前端所能容忍的干扰信号比有用信号超出的分贝(dB)数，一般用 M_j 来表示：

$$M_j = G_p - (S/N)_{\text{min}} - L_s \tag{3.17}$$

其中，G_p 为扩频增益；$(S/N)_{\text{min}}$ 为满足系统解调要求下相关解扩输出端的最小信噪比；L_s 为系统的实现损耗。

干扰容限反映了 DSSS 系统接收机能在多强的干扰环境下正常工作的能力和可抵抗的极限干扰强度，只有当干扰功率超过干扰容限，才能对系统形成有效干扰。

4. 抗干扰性能

扩频系统的主要特征是具有强的干扰抑制能力。存在窄带干扰时，DSSS 系统收发信号的频谱特性如图 3.4 所示，发射端原始窄带信号的频谱被展宽，传输过程中存在窄带干扰信号，接收信号即宽带扩频信号与窄带干扰的叠加，经解扩处理，从与本地 PN 序列相关的 DSSS 信号中恢复出原始窄带信号；而与 PN 序列不相关的窄带干扰经解扩后被"平均"地分配到整个被展宽了的射频带宽上，再通过窄带滤波器滤除了大部分干扰功率，干扰信号的能量只有一小部分影响到后续的判决处理。

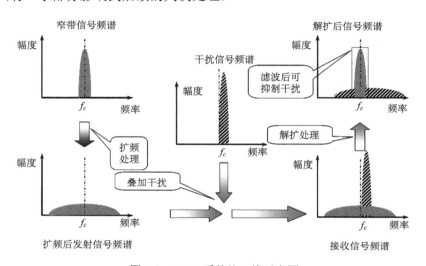

图 3.4   DSSS 系统抗干扰示意图

下面具体分析单音连续波干扰和宽带干扰对直扩系统的影响。假设输入到相关器的信号为 $r(t) = s(t) + j(t) + n(t)$，DSSS 信号和干扰的功率分别为 S_{in} 和 J_{in}，进一步假设干扰的功率远大于噪声功率，忽略 $n(t)$。

1) 单音干扰

扩频信号 $s(t)$ 与本地 PN 序列相关，经窄带滤波器输出至解调器，恢复出原始信息，根据式 (3.9)～式 (3.12)，解扩前后信号的功率不发生变化，$S = E_c / T_c = E_b / T_b$。而单频连续波干扰与本地 PN 序列相乘，根据频域卷积原理，干扰信号功率被本地 PN 信号扩展成与 PN 信号带宽 W_{ss} 相同的宽带干扰，再经过带宽为 W_d 的滤波器，只有带宽为 W_d 的干扰信号输出，功率为

$$J_{out} = J_{in} \cdot \frac{W_d}{W_{ss}} = J_{in} / G_p \tag{3.18}$$

则滤波器输出信干比为

$$\text{SJR}_{out} = G_p \cdot \frac{S_{in}}{J_{in}} \tag{3.19}$$

2）宽带干扰

与上述分析相似，根据频域卷积原理，带宽为 W_J 的宽带干扰与本地 PN 相关输出的干扰信号带宽约为两者带宽之和，即 $W_J + W_{ss}$，经过带宽为 W_d 的滤波器，同样只有带宽为 W_d 的干扰信号输出，则滤波后输出功率为

$$J_{\text{out}} = J_{\text{in}} \cdot \frac{W_d}{W_J + W_{ss}} \tag{3.20}$$

有用扩频信号的功率不变，相应的输出信干比为

$$\text{SJR}_{\text{out}} = \frac{W_J + W_{ss}}{W_d} \cdot \frac{S_{\text{in}}}{J_{\text{in}}} \tag{3.21}$$

对比式（3.21）和式（3.19）可以看出：①系统扩频增益越大，相同条件下的输出信干比越大，干扰抑制能力越强；②干扰功率相同的情况下，干扰带宽越小，输出信干比越小，干扰效果越好。

例 3.1　某 DS-BPSK 系统的扩频增益 $G_p = 30\text{dB}$，在单频干扰下以速率 100bit/s 发送信息。为保证解调误码率低于 10^{-5}，要求相关解扩输出信噪比至少为 10dB，其他处理损耗为 2dB。求该扩频系统的干扰容限。

解　根据题意，扩频增益 $G_p = 30\text{dB}$，$(S/N)_{\text{min}} = 10\text{dB}$，系统损耗 $L_s = 2\text{dB}$，由式（3.17），得到 $M_J = G_p - (S/N)_{\text{min}} - L_s = 18\text{dB}$。

该系统可以在干扰输入功率比接收扩频信号功率高 18dB 的范围内保证误码率低于 10^{-5}，或者说，该系统能够在接收端输入信干比大于或等于–18dB 的环境下正常工作。

5. 主要特点

DSSS 系统主要有以下优点。

（1）抗干扰能力强。直扩系统通过将干扰信号的功率"平均"地分配在整个射频信号带宽上，再通过滤波器滤除大部分干扰功率，降低进入解调器的干扰功率，从而有效地抑制干扰，扩频处理增益越大，抗干扰能力越强。

（2）隐蔽性好。相对常规通信系统，DSSS 信号占据了更大的带宽，发射功率相同的情况下，DSSS 信号的功率谱密度远远小于非扩频前的信号功率谱密度，甚至可以在信号完全被淹没在噪声以下时正常工作。但对于不了解扩频信号有关参数的第三方，难以对直扩信号进行侦听和截获。同时，DSSS 信号的功率污染小，对其他通信系统的电磁干扰小，可以在一定程度上与其他系统共享频谱资源。

（3）具有一定的抗衰落能力。信道多径衰落影响无线通信系统性能的重要因素，多径衰落使接收端接收信号产生失真，导致码间串扰，引起噪声增加。当 PN 码片宽度（持续时间）小于多径时延时，DSSS 系统可以利用扩频码之间的相关特性，在接收端采用相关技术从多径信号中提取并分离出多条路径的有用信号，并按一定准则把多个路径来的同一 PN 序列波形相加使之得到加强，从而有效地抵抗多径干扰。

（4）易于实现多址通信。DSSS 系统占用了很大的带宽，其频率利用率低。但可以让多个用户共享这一频带，即为不同用户分配不同的扩频序列，所选择的 PN 序列具有良好的

自相关特性和互相关特性，接收端利用相关检测技术对不同用户分别进行解扩，区分不同用户信号的同时提取有用信号。多个用户可以在同一时刻、同一地域内工作在同一频段上，而相互造成的影响很小，即码分多址（CDMA）系统。

（5）无线电测距和定位。DSSS 系统的信号带宽很宽，接收端的相关处理的时间分辨率较窄带系统要高得多。同时，利用 PN 码的相关性，还可以获得较大的无模糊作用距离，解决常规信号不能同时满足估计精度高和作用距离远的矛盾。DSSS 系统在这方面的应用最成功的当属美国的全球定位系统（GPS），还有我国的北斗导航定位系统（BDS）。

DSSS 系统有以下局限性。

（1）与窄带通信系统的兼容性差。直扩系统是一个宽带系统，虽然可以在一定程度上与窄带通信系统实现电磁兼容，但不能与之直接建立通信；且模拟信源必须数字化才可以进行直扩处理，与现有的一些模拟电台不具兼容性。

（2）存在明显的远近效应。CDMA 系统中多个用户以不同的扩频码实现频谱资源共享，但存在明显的远近效应。距离接收机近的用户甲信号功率大，同时距离较远的用户乙信号功率小，相对于接收机对用户乙信号的接收，用户甲的信号将成为一个较强的宽带干扰，直接影响伪码的捕获与同步、解扩解调。通常采取自动功率控制技术以保证远端和近端用户到达接收机的信号功率近似相等，系统设计与实现复杂度高。

（3）扩频增益受限。给定系统可用带宽的前提下，直扩系统的处理增益越大，系统所能支持的用户信源速率越低。直扩系统的扩频增益受限，意味着抗干扰能力和多址能力受限。

3.2.2　扩频序列设计

根据上述分析，直扩系统的抗多径能力、多址能力以及精确测距上的优势与扩频码的性能紧密相关，扩频码的参数直接决定了扩频通信的各项性能。此外，在一些特殊用途中，还可能要求采用的扩频码易于捕获，以实现快速同步。可以说，扩频序列性能的好坏直接关系到整个 DSSS 系统性能的优劣。

扩频序列的选择是一个关键性的问题，扩频码类型、性能和数量对 DSSS 系统的性能影响很大，一般遵循以下几个原则。

（1）有尖锐的自相关特性。要求 DSSS 扩频码相关峰值尽可能高，旁瓣尽可能小，以利于 DSSS 扩频码同步。

（2）尽可能小的互相关值。不同地址的扩频码之间互相关函数在任意时延下尽量小，即正交或准正交，以便有效地抑制其他地址的信号对有用信号的干扰，这对 DSSS 系统多址应用非常重要。

（3）足够多的序列数。对于长度一定的码序列，要求能够提供足够多的扩频地址码数量，以便使系统中允许同时工作的用户数尽可能多。

（4）序列平衡。防止出现载波泄露。

（5）工程上易于实现。便于产生和复制。

（6）有尽可能大的序列复杂度。防止被敌方截获、破译，提高 DSSS 信号的保密性和安全性。

伪随机码（PN）是目前应用最多的扩频序列，其最重要的特征是具有近似噪声的性能。

其中，m 序列和 Gold 序列在 DSSS 系统中应用最为广泛，下面主要介绍这两种 PN 序列。

1. m 序列

m 序列又称为最大长度线性反馈移位寄存器序列，由 n 级二进制线性反馈移位寄存器除去输出"全 0 状态"之外，产生周期为 $2^n - 1$ 的最大可能长度序列。m 序列是一种重要的伪随机序列，同时也是研究和构造其他序列的基础，易于产生和复制，有优良的自相关特性。

二进制扩频序列一般可由移位寄存器产生，实现简单。n 阶线性反馈移位寄存器序列产生器的结构如图 3.5 所示，a_i 表示第 i 级移位寄存器的状态，$a_i = 0$ 或 1。c_i 表示第 i 级移位寄存器的反馈系数，$c_i = 0$ 或 1，且 $c_0 = c_n = 1$；当 $c_i = 0$ 时，表示无反馈，反馈线断开；当 $c_i = 1$ 时，表示有反馈，反馈线连接。使用不同的反馈逻辑，即取不同的 $\{c_i\}$ 值，将产生不同的移位寄存器序列。

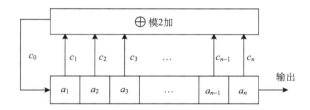

图 3.5　n 级线性反馈移位寄存器

对于任意 n 级移位寄存器，其状态数最大为 2^n，无论初始状态如何，最多经过 2^n 个时钟脉冲后，线性反馈移位寄存器（LFSR）会出现初始状态，则 LFSR 序列的周期不可能超过 2^n。同时，如果 LFSR 达到"全零状态"，LFSR 序列发生器会一直停留在这个状态上；LFSR 的初始状态不为全零，"全零状态"则不会出现。因此，所有可能状态的最大个数是 $2^n - 1$，对应的最大周期为 $2^n - 1$ 的 LFSR 输出序列即 m 序列。

首先定义由反馈逻辑 $\{c_i\}$ 构成的 LFSR 特征多项式：

$$f(x) = \sum_{r=0}^{n} c_r x^r \tag{3.22}$$

其中，$c_0 = c_n = 1$。一个 n 级线性反馈移位寄存器能产生 m 序列的充要条件是 LFSR 的特征多项式是 n 次本原多项式 $f(x)$ 或其互反多项式 $f^*(x) = x^n f(x^{-1})$。相应的长度为 $N = 2^n - 1$ 的 m 序列个数取决于 n 次本原多项式的个数。表 3.1 列出了 $3 \leqslant n \leqslant 7$ 次本原多项式及其互反多项式的构造，更大 n 次本原多项式的构造可以参考文献（梅文华 等，2003）。

表 3.1　n 次本原多项式

n	$f(x)$	$f^*(x)$
3	[1,3]	[2,3]
4	[1,4]	[3,4]
5	[2,5] [2,3,4,5] [1,2,4,5]	[3,5] [1,2,3,5] [1,3,4,5]

续表

n	$f(x)$	$f^*(x)$
6	[1,6] [2,3,5,6] [1,2,5,6]	[5,6] [1,4,5,6] [1,3,4,6]
7	[1,7] [3,7] [1,2,3,7] [2,3,4,7]	[6,7] [4,7] [4,5,6,7] [3,4,5,7]
	[2,4,6,7] [1,3,6,7] [2,5,6,7]	[1,3,5,7] [1,4,6,7] [1,2,5,7]
	[1,2,4,5,6,7] [1,2,3,4,5,7]	[1,2,3,5,6,7] [2,3,4,5,6,7]

例 3.2　选择表 3.1 中的 4 次本原多项式，试构造周期为 15 的 m 序列，画出相应的实现框图，给出初始状态为 0001 时的输出序列。

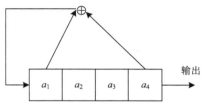

图 3.6　例 3.2 图

解　(1)根据 $N=2^n-1=15$，确定 $n=4$。

(2)由表 3.1，$n=4$ 次本原多项式为 $f(x)=1+x+x^4$。

(3)画出对应的 LFSR 序列生成器如图 3.6 所示。

(4)初始状态为 0001 式，随着 LFSR 状态的更新，输出序列为 100011110101100。

m 序列具有以下特性。

(1)均衡性。n 位线性移位寄存器产生的 m 序列周期为 $N=2^n-1$，其中，"0"出现 $2^{n-1}-1$ 次，"1"出现 2^{n-1} 次，"1"比"0"多出现一次。

(2)游程分布特性。在 m 序列的每个周期内，共有 2^{n-1} 个元素游程，其中，"0"的游程和"1"的游程数目各占一半。且对于 $n>2$，当 $1\leqslant k\leqslant n-2$ 时，长为 k 的游程占游程总数的 $1/2^k$。长为 $n-1$ 的游程有一个，是"0"游程；长度为 n 的游程也只有一个，是"1"游程。

(3)移位相加性。m 序列 $\{a_k\}$ 与其位移序列 $\{a_{k-\tau}\}$ 的模 2 和为 m 序列的另一位移序列 $\{a_{k-\lambda}\}$，即

$$\{a_k\} \oplus \{a_{k-\tau}\} = \{a_{k-\lambda}\} \tag{3.23}$$

(4)具有类似白噪声的自相关函数。对于周期为 $N=2^n-1$ 的 m 序列 $\{a_k\}$，其自相关函数总是二值的，即

$$R(\tau) = \frac{1}{N}\sum_{k=0}^{N-1} a_k a_{k+\tau} = \begin{cases} 1, & \tau=0 \bmod N \\ -1/N, & \tau\neq 0 \bmod N \end{cases} \tag{3.24}$$

其中，τ 为码序列相位差。m 序列是周期的，其自相关函数也具有周期性。

(5)互相关特性。两个周期相同的 m 序列 $\{a_k\}$ 和 $\{b_k\}$ 的互相关函数定义为

$$R_{ab}(\tau) = \frac{1}{N}\sum_{k=0}^{N-1} a_k b_{k+\tau} \tag{3.25}$$

一对周期相同的 m 序列之间的互相关函数具有较大的峰值。

表 3.2 列出了 $3\leqslant n\leqslant 11$ 相应 m 序列的数目与各对 m 序列之间的互相关函数的峰值幅度 $\Phi_{\max}$。由表 3.2 可知，长度为 N 的 m 序列的数目随 n 的增加而迅速增加；对于大多数 m 序列，互相关函数的峰值幅度 $\Phi_{\max}$ 较大。

Gold 于 1967 年提出存在长度为 $N=2^n-1$ 的 m 序列优选对，它们具有 3 值的周期互相关值 $\{-1,-t(n),t(n)-2\}$，其中

$$t(n) = \begin{cases} 2^{\frac{n+1}{2}} + 1, & n = \text{奇数} \\ 2^{\frac{n+2}{2}} + 1, & n = \text{偶数} \end{cases} \tag{3.26}$$

$t(n)$ 比所有 m 序列间的互相关最大值 $\Phi_{\max}$ 要小许多,选用 m 序列优选对作为 DSSS 扩频序列,具有很好的自相关和互相关特性。但 m 序列的优选对数目太少,如表 3.2 所示。

表 3.2   m 序列的互相关特性

N	m 序列个数	$\Phi_{\max}$	优选 m 序列个数	$t(n)$
3	2	5	2	5
4	2	9	0	—
5	6	11	3	9
6	6	23	2	17
7	18	41	6	17
8	16	95	0	—
9	48	113	2	33
10	60	383	3	65
11	176	287	4	65
12	144	1407	0	—

2. Gold 序列

Gold 序列是基于 m 序列优选对生成的组合码,具有比 m 序列更好的周期互相关特性,其序列数目为 $N+2$,远远大于 m 序列数。例如,$N=1023$ 的 m 序列共有 60 个,而满足式 (3.20) 优选对的码组只有 3 个;而同样约束条件下的 Gold 序列有 1025 个。

图 3.7 给出了 GPS 中 C/A 码的产生电路,由 $n=10$ 级移位寄存器生成 m 序列优选对 $\{a_k\}$ 和 $\{b_k\}$,周期为 1023,其本原多项式分别是 $f_1(x) = 1 + x^3 + x^{10}$ 和 $f_2(x) = 1 + x^2 + x^3 + x^6 + x^8 + x^9 + x^{10}$。序列 $\{a_k\}$ 与后移 τ 位的 $\{b_{k+\tau}\}$ 逐位模 2 加即得到 Gold 序列,设置不同的 $\tau = 0,1,2,\cdots,N-1$,可以得到不同的 Gold 序列,一共可以得到 $N+2$ 个 Gold 序列:

$$G(a,b) = \{a, b, a+b, a+Tb, a+T^2b, a+T^3b, \cdots, a+T^{N-1}b\} \tag{3.27}$$

其中,T^τ 表示 $\{b_k\}$ 相对 $\{a_k\}$ 的相移。

Gold 序列具有以下性质。

(1) 相关特性。Gold 序列的自相关和互相关特性均具有与 m 序列互相关一样的 3 值特性,即 Gold 序列的自相关函数和互相关函数均在 $\{-1, -t(n), t(n)-2\}$ 中取值,最大自相关值和互相关值均为 $t(n)$,互相关特性优于 m 序列。

(2) 平衡特性。Gold 码已不具备 m 序列的平衡特性,即其序列中 "1" 和 "0" 的数目可能差别较大,而在直接序列系统中,码的平衡特性与载波的抑制度有密切的关系。PN 码不平衡时直接序列系统的载波泄漏增大,则破坏了扩频通信系统的保密性、抗干扰与抗侦收能力。

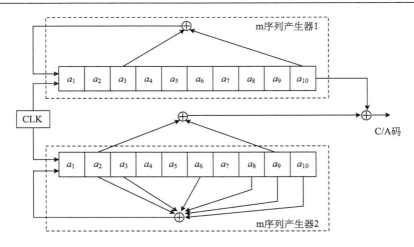

图 3.7 C/A 码生成器

按其平衡特性，Gold 序列可以分为平衡 Gold 序列和非平衡 Gold 序列，平衡 Gold 序列是指在一个周期内"1"码元数比"0"码元数仅多一个，周期 $N = 2^n - 1$ 中 1 与 0 的数目基本相等，0 出现 $2^{n-1} - 1$ 次，1 出现 2^{n-1} 次；否则称为非平衡 Gold 序列。周期 $N = 2^n - 1$ 的 m 序列优选对生成的 Gold 序列，n 是奇数时，有 $2^{n-1} + 1$ 个 Gold 序列是平衡的，约占 50%；n 是偶数(不是 4 的倍数)时，有 $2^{n-1} + 2^{n-2} + 1$ 个 Gold 序列是平衡的，约占 75%。

3. Walsh(沃尔什)序列

PN 扩频序列有近似理想的随机特性，但一般都不具备理想的相关特性。多值自相关和互相关特性在实际应用中可能引起同步困难、远近效应以及抗多径干扰能力下降等问题。具有理想相关特性的正交序列引起了学者的广泛关注，下面讨论目前常用的沃尔什正交序列。

Walsh 序列是一类互相关函数值为零的正交序列。Walsh 序列可由阿达马(Hadamard)矩阵递推得到：

$$\boldsymbol{H}_n = \begin{bmatrix} H_{n-1} & H_{n-1} \\ H_{n-1} & -H_{n-1} \end{bmatrix} \tag{3.28}$$

$n=1$，2，$\cdots$。令 $H_0 = 1$，可以得到

$$\boldsymbol{H}_1 = \begin{bmatrix} +1 & +1 \\ +1 & -1 \end{bmatrix} \tag{3.29}$$

$$\boldsymbol{H}_2 = \begin{bmatrix} +1 & +1 & +1 & +1 \\ +1 & -1 & +1 & -1 \\ +1 & +1 & -1 & -1 \\ +1 & -1 & -1 & +1 \end{bmatrix} \tag{3.30}$$

将上述阿达马矩阵的每一行看作一个二元序列，则 $N = 2^n$ 阶矩阵 $\boldsymbol{H}_n$ 一共可以得到 N 个序列，且每个序列的长度都为 N。可以证明，所构成的序列集中的任意两个序列互相正交，即各序列之间的互相关函数为 0，即沃尔什序列。

沃尔什序列虽然具有理想的互相关特性，但只有在零时延时才保持序列间的正交性，

同时其自相关特性较差，数量较少。

3.2.3　码捕获与跟踪

如图 3.2 所示，DSSS 系统中除完成一般通信系统所需要的载波同步、位同步以及帧同步以外，还必须进行扩频码的同步，即在接收端产生一个与接收信号中扩频码同步的扩频码，并跟随接收信号中扩频码的变化而变化。扩频码同步一般分为两个阶段：一是捕获，即捕获接收信号中扩频码的相位，并使本地产生的扩频码与接收信号中扩频码的相位误差小于 1/2 个码元；二是跟踪，即进一步减小本地扩频码与接收扩频码之间的相位差，并使本地扩频码跟踪接收扩频码的变化。

直扩系统的扩频码同步实现流程如图 3.8 所示，接收机通过调整本地码生成时钟相位对直扩信号进行相关搜索，若本地扩频码与接收信号中扩频码两者的相位差小于 1 个码片，则转入跟踪校验，否则继续调整时钟再搜索；捕获校验成功则转入伪码跟踪，以进一步减少两者之间的相位差到足够小的范围内，满足系统解调的需要。伪码同步过程中一旦发生失步，系统具有自检和重新捕获跟踪功能，并设置一定的保护以降低"失步"虚警概率。

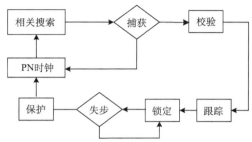

图 3.8　扩频码同步实现流程

下面主要针对伪码捕获和伪码跟踪两个主要问题展开讨论。

1. 伪码捕获

伪码捕获又称为伪随机信号定时的提取，即对接收信号与本地伪码进行相关累加运算，得到相关值作为检测量并以此进行二元假设检验。实现扩频码捕获的基本原理如下：对接收到的扩频信号进行滤波和解调得到基带信号，与本地产生的 PN 码进行相关运算。由扩频码的相关特性可知，当本地扩频码和接收到的扩频码相位相同时，相关值最大，相位不同时，相关值很小。通过对相关器的输出进行判决就可以实现对扩频码的捕获。

假设扩频序列的周期长度为 N，则收发扩频码之间可能的相位差有 N 种。为满足捕获后收发扩频码间的相位误差小于 1/2 码元，以步进 $T_c/2$ 进行相关值比较，需要比较的状态数有 $2N$ 个。则扩频码捕获也可以看成通过相关值比较的方法，在 $2N$ 个可能的状态中搜寻一个同步状态。

衡量伪码捕获的主要技术指标是平均捕获时间，即从开始搜索到初始同步状态，转入跟踪过程的平均时间，其大小不仅取决于系统输入信噪比、伪码速率等系统参数，更重要的是伪码相位搜索策略和相关运算。

1）滑动相关法

滑动相关法实现伪码相位搜索，即通过调整本地 PN 码产生器的时钟，使之与接收伪码之间的时钟相对滑动进行相关运算，当本地码滑动到与接收伪码相位粗略一致时，相关器输出一个较大的相关峰值，否则相关器输出类似噪声，以此实现伪码相位的搜索。

相应的相位搜索策略分为串行搜索、并行搜索、串/并混合搜索等三种实现方式。串行搜索依次比较各个可能的相位差，直到完成捕获，其优点是实现结构简单，但是其搜索时间长，往往不能满足快速捕获的要求。并行搜索则在接收端配备 N 个相关器，每个相关器对应一个可能的相位差，则只需一次相关运算时间就可以穷尽所有可能的相位差，然后通过比较 N 个相关器的输出来确定初始相位；其捕获时间短，但实现复杂度高。串/并混合搜索是将 N 个可能的相位分成 M 组，每组有 K 个相位，即 $N = M \cdot K$，接收端设计 K 个并行相关器，每次计算 K 个相位并进行判决，在实现复杂度和捕获时间之间进行折中。

　　2) 匹配滤波法

　　匹配滤波法的原理就是在接收端构造一个与扩频波形(整周期或部分周期)相匹配的滤波器，匹配滤波器一旦收到与之相匹配的波形就会输出一个峰值，利用这个特性可实现直扩信号的同步捕获。匹配滤波器可用表面声波(SAW)延时线滤波器和数字匹配滤波器来实现，具有编程灵活等特点，应用较多。

　　匹配滤波器可以快速地实现相关器的功能，设匹配滤波器的冲激响应为

$$h(t) = s(T-t), \quad 0 \leqslant t \leqslant T \tag{3.31}$$

$s(t)$ 为输入波形，则匹配滤波为

$$MF_{\text{out}}(t) = s(t) * h(t) = \int_{-\infty}^{+\infty} s(t-\tau)h(\tau)\mathrm{d}\tau = R(t-T) \tag{3.32}$$

$R(t-T)$ 即输入信号的自相关函数，工作原理如图 3.9 所示。与滑动相关器不同的是，匹配滤波器不需要经过时间为 T 的积分得到一个相关值，而是在每个时间点上都能输出一个相关值，是一种完全并行的快速相关器。

图 3.9　匹配滤波器工作原理

　　图 3.10 给出了数字匹配滤波器的具体实现方法，由延迟单元、乘法器和累加器三部分组成，滤波器的抽头系数为扩频码，输入基带扩频信号以 2 倍的码片速率输入到移位寄存器，移位寄存器的信号与本地扩频序列相乘，并把相乘后的结果相加，得到两个序列的相关值。

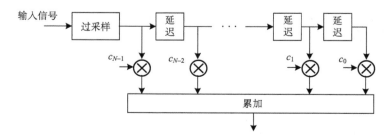

图 3.10　数字匹配滤波器实现结构

　　在伪码捕获过程中，本地序列静止不变，接收信号与本地序列连续进行相关运算，相关结果与一个门限值进行比较来判断是否捕获。相关过程相当于接收信号滑过本地序列，每一时刻都产生一个相关结果，当滑动到两个序列相位对齐时，必有一个相关峰值输出。

　　理想情况下，判断接收的扩频信号相位与本地码序列是否同相，仅需一个码片(T_c)的时间，捕获码序列所需要的最长时间为一个扩频码周期的时间，实时性与可实现性相当好。

　　例 3.3　一个直接序列扩频调制解调器之间的距离传播时延为 15μs，码发生器的时钟频率为 10MHz。假设发射机与接收机的码发生器同时开始工作，试确定接收机至少需要经过多少个码片才能完成伪码捕获？

　　解　每个码片的持续时间为

$$T_c = 1/R_c = 10^{-7}\text{ s}$$

传输延时为 15μs，则接收机与发射机之间延时的码片数为

$$D_{\text{dealy}} = 15\times10^{-6}/10^{-7} = 150$$

不考虑匹配滤波器初始工作时间，经过 150 个码片，即输出最大相关峰值，完成伪码捕获。

　　2. 伪码跟踪

　　伪码捕获后，收发扩频码的相位已基本一致，但还可能存在最大为 $T_c/2$（和捕获策略有关）的同步误差，为提高扩频接收机的性能，必须进一步缩小两者的同步误差，使之趋于零。此外，由于收发信机的相对运动、传输信道的影响等，收发扩频码的相位误差可能发生变化，接收机必须具备一定的跟踪相位误差变化的能力。伪码跟踪就是在伪码捕获完成后，进一步改进同步误差使之趋近于零并不断校正这一误差的过程。

　　伪码跟踪的基本方法是利用锁相环来控制本地码的时钟相位，常用的伪码跟踪环是非相干延迟锁定环（DLL），如图 3.11 所示。

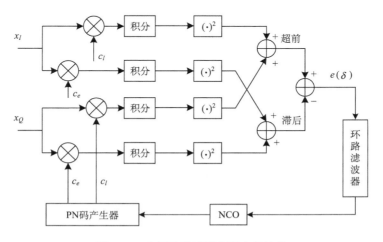

图 3.11　非相干延时锁定环实现结构

　　不考虑调制数据的影响，$d_k = +1$，设接收扩频信号的相对延时为 τ_d，两路正交基带扩频信号可表示为

$$x_I(n) = \sqrt{E_c}\, c(nT_s - \tau_d)\cos\phi \tag{3.33a}$$

$$x_Q(n) = \sqrt{E_c}\, c(nT_s - \tau_d)\sin\phi \tag{3.33b}$$

其中，ϕ 为载波相位差；T_s 为采样周期。

将本地序列分别超前和滞后 $\Delta \cdot T_c / 2$，得超前和滞后 PN 序列：

$$c_e = c(nT_s - \hat{\tau}_d + \Delta \cdot T_c / 2) \tag{3.34a}$$

$$c_l = c(nT_s - \hat{\tau}_d - \Delta \cdot T_c / 2) \tag{3.34b}$$

τ_d 为延时估计值，令 $\delta = (\tau_d - \hat{\tau}_d)/T_c$，则 DLL 鉴相器的输出为

$$
\begin{aligned}
e(\delta) &= \{\textstyle\sum x_I(n)c_e(n)\}^2 + \{\textstyle\sum x_Q(n)c_e(n)\}^2 - \{\textstyle\sum x_I(n)c_l(n)\}^2 - \{\textstyle\sum x_Q(n)c_l(n)\}^2 \\
&= E_c N^2 \{R_c^2[(\delta + \Delta/2)T_c] - R_c^2[(\delta - \Delta/2)T_c]\} \\
&= E_c N^2 D_\Delta(\delta) \tag{3.35}
\end{aligned}
$$

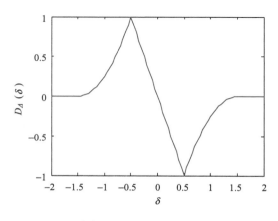

图 3.12　DLL 鉴相特性曲线

对于严格时间有限系统，PN 序列的自相关函数为

$$R_c(\tau) = \begin{cases} 1 - |\tau|/T_c, & 0 \leqslant |\tau| < T_c \\ 0, & \text{其他} \end{cases} \tag{3.36}$$

图 3.12 给出了 $\Delta = 1$ 时的鉴相特性曲线，在 $[-0.5T_c, 0.5T_c]$ 的同步误差内，$D_\Delta(\delta)$ 是 δ 的线性函数。

通过环路滤波器和本地码相位调整即可在此线性区内将同步误差 δ 控制在足够小的范围内。整个环路的跟踪性能取决于环路滤波器的设计和噪声的大小，文献(TABBANE S, 2001)给出了具体的性能分析。

3.3　跳　频　扩　频

3.3.1　跳频扩频基本原理

图 3.13 给出了跳频扩频(FH/SS)系统的基本结构，与通常的定频通信系统(载波频率固定不变)相比，增加了载频跳变和解跳单元。发射端对信息流 $d(t)$ 进行信道编码、成形滤波等调制之后，按照伪随机的规律快速改变发射载波频率；接收端在事先知道对方跳频规律(又称为"跳频图案")的情况下，首先产生一个与发射端调变规律相同但相差一个固定中频的本地参考信号，混频后实现对固定中频信号的解调。在某个确定频率点上的瞬间跳频信号是某窄带调制信号，可在整个频率跳变过程中所覆盖的射频带宽远远大于原信息带宽，从而实现了频谱扩展。

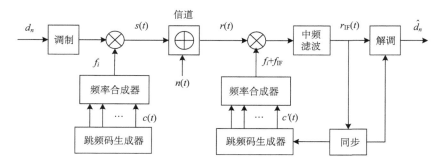

图 3.13　跳频扩频系统的基本模型

1. 跳频解跳

跳频扩频系统中一般采用二进制/多进制频移键控(2FSK/MFSK)或差分相移键控(DPSK),其主要原因如下。

(1)跳频等效为用 PN 序列进行多频频移键控的通信方式,可以直接和频移键控调制相对应。

(2)解调后信号载波不再具有连续的相位,不宜采用相干解调方式,而 MFSK 和 DPSK 具有良好的非相干解调性能。

采用 2FSK 调制的 FH/SS 信号可以表示为

$$s(t) = \sqrt{2P} \cos(2\pi f_0 t + 2\pi f_k t + 2\pi d_k \Delta f t), \quad kT_h \leqslant t \leqslant (k+1)T_h \tag{3.37}$$

其中,P 为信号平均功率;f_0 为载波频率;f_k 为第 k 个频率跳变的时间间隔内的跳变载波频率;T_h 为跳频周期(每跳的持续时间),相应的跳频速度定义为 $R_h = 1/T_h$;d_k 为第 k 个频率跳变的时间间隔内的二进制数字信息序列;Δf 为 2FSK 的频率间隔。

跳变的载波频率 f_k 由二进制 PN 序列控制,如果用 L 个二进制 PN 码来代表跳变载波频率,则共有 2^L 个离散的频点。

假定收发跳频 PN 码序列严格同步,接收端可以产生相应的本地跳变载波信号:

$$c(t) = \cos(2\pi f_1 t + 2\pi f_k t), \quad kT_h \leqslant t \leqslant (k+1)T_h \tag{3.38}$$

其中,$f_1 = f_0 + f_{IF}$。用 $c(t)$ 与输入信号进行混频滤波、跳时刻同步,得到一个具有固定频率的 2FSK 窄带信号:

$$y(t) = \sqrt{2P} \cos(2\pi f_{IF} t + 2\pi d_n \Delta f t), \quad nT_b \leqslant t \leqslant (n+1)T_b \tag{3.39}$$

用传统的 2FSK 非相干解调方法即可恢复出二进制数字信息序列 $\hat{d}_n$。

2. 主要性能参数

跳频扩频系统的主要参数有跳频带宽、跳频间隔、跳频频率数、跳频速度、跳频周期、跳频序列周期等。

1)跳频带宽

跳频带宽指系统工作的最高频率与最低频率之间的频带宽度,记为 $W_{ss} = f_{max} - f_{min}$。带宽越大,系统处理增益越大,抗干扰能力越强。

2）跳频间隔

系统中任意两个相邻信道之间的频率之差称为跳频间隔，记作 Δf 。短波电台的信道间隔通常是 1kHz、100Hz。超短波电台的信道间隔通常是 25kHz、12.5kHz，如另有要求，可在 12.5kHz、8.33kHz 和 5kHz 中选取。

3）跳频频率数与跳频频率表

FH/SS 系统中频率跳变可用的载波频率点数目称为跳频频率数，记作 N；跳频系统工作时所使用的载波频率点的集合称为跳频频率表。在跳频带宽内，可以有很多个可以使用的频点，但在一次通信中往往只能使用其中的一部分，跳频频率表是整个跳频频率数的一个子集；如在正交跳频组网中，通常将整个频率集划分成几个相互正交的子集，以供不同的子网使用。

4）跳频处理增益

与直接序列扩频的处理增益定义相同，将 FH/SS 的处理增益重新记作：

$$G_p = W_{ss} / W_d \tag{3.40}$$

其中，W_{ss} 为跳频带宽；W_d 为某一跳频频点上的瞬时信号带宽。跳频增益 G_p 与跳频间隔 Δf 、跳频频率数 N 之间存在如下关系。

跳频间隔大于信号瞬时带宽，$\Delta f > W_d$，相邻信道的频谱不会发生混叠，则 $G_p > N$；

跳频间隔等于信号瞬时带宽，$\Delta f = W_d$，相邻信道的频谱刚好不发生混叠，则 $G_p = N$；

跳频间隔小于信号瞬时带宽，$\Delta f < W_d$，相邻信道的频谱将发生混叠，则 $G_p < N$，频谱发生混叠的部分对跳频处理的贡献不应重复计算，此时敌方释放一个干扰可能同时干扰多个相邻的信道。

5）跳频速度

跳频速度即载波频率跳变的速率，通常用每秒载波跳变的次数，记作 R_h 。FH/SS 系统的跳频速度受限于通信信道和元器件水平，短波电台的跳频速度一般小于 50 跳/秒，超短波电台的跳频速度大多为 100～2000 跳/秒，美军的联合战术信息分发系统(JTIDS)工作在 L 波段，跳频速度高达 76000 跳/秒。FH/SS 的跳频速度越高，抗跟踪式干扰的能力越强。

6）跳频驻留时间与跳频周期

FH/SS 在每个载频上发送和接收信息的时间称为跳频驻留时间，从一个信道频率切换到另一个信道频率并达到稳态所需要的时间称为跳频转换时间，两者之和即跳频周期，记作 T_h 。一般情况下，信道切换时间较短，约为跳频周期的 1/10 甚至更小。跳频周期是跳频速度的倒数，$T_h = 1 / R_h$ 。

7）跳频序列周期

跳频序列不重复出现的最大长度称为跳频序列周期。一般短波电台的跳频序列周期不小于 1 年，超短波电台的跳频序列周期不小于 10 年。跳频序列周期越长，敌方对跳频图案破译的难度越大。

例 3.4 某 FH/2FSK 跳频系统的可用射频带宽为 2MHz，需传送的数字信号速率为 2.4Kbit/s，2FSK 信号的调制效率为 0.5，采用无重叠信道配置。试确定系统的处理增益和跳频频率数。

解　根据题意，跳频带宽 $W_{ss} = 2\text{MHz}$，2FSK 信号带宽 $W_d = 4.8\text{kHz}$，由式 (3.31) 得 $G_p = W_{ss} / W_d = 416.7\,(26.2\text{dB})$。

采用频谱无混叠信道配置，$N = G_p$，取 $N = 416$ 个最大可用信道数目。

3. 快跳频与慢跳频

根据跳频速度 $R_h = 1/T_h$ 与信息符号速率 R_s 之间的关系，FH/SS 可分为慢跳频 (SFH) 和快跳频 (FFH) 系统。

FFH/SS 系统满足 $R_h > R_s$，即跳频速度大于符号速率，在一个符号间隔内存在多个频率跳变，通常情况下 $R_h = mR_s$，m 为正整数。某 FFH/SS 系统的跳频图案 (时频矩阵图) 如图 3.14 所示，调制方式为 4FSK，$R_h = 2R_s$，整个带宽 W_{ss} 被均匀划分为 8 个跳频间隔，频率以周期 $\{f_1, f_6, f_7, f_3, f_8, f_4, f_2, f_5\}$ 变化，在一个符号间隔内载波频率跳变 2 次，在每个跳频载波上为 4FSK 调制信号。

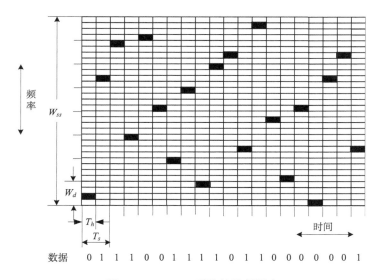

图 3.14　FFH/SS 系统的跳频图案

与 FFH/SS 系统相反，SFH/SS 系统的跳频速度小于符号速率，$R_h < R_s$，在一个跳频驻留时间内存在多个信息符号，$T_h = mT_s$，m 为正整数。某 SFH/SS 系统的跳频图案 (时频矩阵图) 如图 3.15 所示，调制方式及跳频变化规律与图 3.14 的 FFH/SS 系统相同，而 $R_h = R_s / 2$，在一个跳频驻留时间 (T_h) 内传输了 2 个信息符号。

4. 抗干扰性能

跳频信号在每个载波频率的瞬时是一个窄带信号，但通过伪随机的改变发射频率，使得跳频扩频通信系统也具备较强的抗干扰能力。跳频系统的抗干扰机理和直扩系统不同，跳频系统是以躲避的方式抗干扰，而直扩系统是通过相关接收把干扰功率分散在整个被展宽了的带宽上以抑制干扰的。

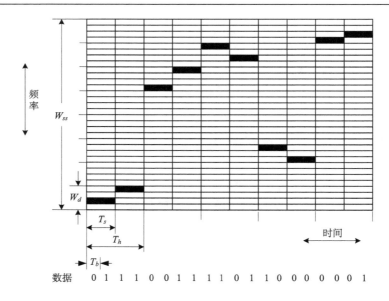

图 3.15　SFH/SS 系统的跳频图案

下面讨论 FH/SS 在多音干扰、宽带阻塞式干扰、转发式干扰下的性能。

1) 多音干扰

设多音干扰的总功率为 J，单音个数为 Q，每个单音干扰的功率相同，即 $J_i = J/Q$；跳频系统的跳频频率数为 N。

作如下假设：①跳频信号在整个扩频带宽内均匀分布；②干扰方准确知道扩频带宽内 N 个频点的位置，并将 Q 个干扰信号施放在这些频点上；③每个单音干扰的功率足够大，直接引起被"击中"频率上瞬时窄带信号的解调，二进制信息比特的判决误码率为 0.5。则由 Q 单音干扰引起的系统误码率约为

$$P_e = Q/2N \tag{3.41}$$

从提高干扰效果的角度，干扰方需要在尽可能多的频率上施放比有用信号功率大的干扰。从提高抗干扰性能的角度，最有效的方法是采用自适应跳频技术，在通信过程中拒绝使用曾用过但传输不成功的跳频频点，即实时去除跳频频率集中被干扰掉的频点，使之在无干扰的可用频点上进行通信。

2) 宽带阻塞式干扰

DSSS 系统中单音窄带干扰比宽带干扰更有效，但在 FH/SS 系统中宽带干扰更有效。干扰带宽越大，"击中"跳频信号的概率越大。但从另一个角度看，若在整个跳频带宽内实施宽带阻塞式干扰，所需的功率和带宽在技术上变得难以实现。例如，VHF 超短波跳频电台的工作频率为 30～90MHz，频率间隔为 25kHz，共有 2400 个跳频频率，如电台的发射功率为 3W，干扰机与发射机到接收机之间的距离相等，则要求干扰机的发射功率至少为 7200W，带宽达到 100%(60MHz) 覆盖，基本上不可实现。

3）转发式干扰

对跳频通信尤其是低跳频速度系统，比较有效的干扰方式是转发式干扰。即对跳频通信进行侦听和处理，根据所获得的频率参数再以同样的频率来施放干扰，如图 3.16 所示。实施有效的转发式干扰，要

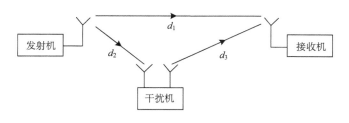

图 3.16　转发式干扰分布示意图

求转发的干扰与跳频信号到达接收机的时间差至少小于跳频周期 T_h，即几乎同时到达或者时间差小于一跳时间，否则干扰将是无效的。

定义有效抗干扰因子 η：表示一跳周期内有 ηT_h 时间未被干扰，则此跳信号可以正常解调，$0 < \eta \leqslant 1$。η 越小，FH/SS 的容错能力越强，实施有效干扰的难度越大。

假设电磁传播速率为 c，干扰机到发射机和接收机的距离分别为 d_2、d_3，发射机与接收机之间的距离为 d_1，干扰机的处理时间为 T_p，则有效干扰必须满足：

$$\frac{d_2 + d_3}{c} + T_p \leqslant \frac{d_1}{c} + \eta T_h \tag{3.42}$$

若要有效"躲开"转发式干扰，转发的干扰与跳频信号到达接收机的时间差大于跳频周期 T_h：

$$T_h \leqslant \frac{d_2 + d_3}{c} + T_p - \frac{d_1}{c} \tag{3.43}$$

例 3.5　某 FH/2FSK 跳频系统共有 2000 个非重叠频道，比特率为 400bit/s，跳频速率每比特 1 次，2FSK 信号的调制效率为 0.5。

（1）求系统的跳频信号带宽；

（2）该系统某些频道受到窄带干扰，已知窄带干扰的数目为 20 个，每个干扰的功率均远大于信号功率，求系统的平均误码率。

解　2FSK 信号带宽 $W_d = 800\text{Hz}$，则 $W_{ss} = N \cdot W_d = 1.6\text{MHz}$。

不同频率被窄带干扰击中的概率：$P_h = 20 / 2000 = 0.01$。

平均误码率：$P_e = 0.005$。

5. 主要特点

跳频系统在各个时刻的工作频率是近似随机地在多个频率点间跳变，"第三方"不知道频率跳变规律的情况下无法实施有效的信号侦收和干扰，具有较强的抗干扰和抗截获能力。跳频系统具有以下优点。

（1）抗干扰能力强。FH/SS 系统具有较强的抗频率瞄准式干扰、宽带阻塞式干扰、跟踪式窄带干扰的能力。跳频系统依靠宽的跳频带宽和众多的射频频率以分散敌方的干扰功率，在一定数量的频率被干扰的条件下系统还能正常工作，只要可用跳频频率数目足够大，跳频带宽足够大，即可有效对抗宽带阻塞式干扰；跳频系统抗跟踪式干扰的机理主要是依靠高于跟踪干扰机的跳频速度和跳频图案的随机性"躲避"引导式的跟踪干扰。跳频系统的抗干扰能力主要取决于跳频速度和可用频率数目。

(2)低截获概率。FH/SS 信号是一种低截获概率信号，载波频率的快速跳变使得敌方难以截获通信信号；即使截获了部分信号，由于跳频序列的伪随机性和超长的序列周期，敌方也无法预测跳频图案。

(3)码分多址能力。利用跳频图案的正交性可构成跳频码分多址系统，共享频谱资源。不同用户选用不同的跳频序列作为地址码，当多个 FH/SS 信号同时进入接收机时，只有与本地跳频序列保持同步的信号被解调，其他用户的信号则像噪声或干扰一样被抑制。

(4)抗频率选择性衰落。FH/SS 信号在整个跳频带宽内跳变，多径信道引起的频率选择性衰落只会引起信号短时间内的畸变。载频快速跳变的 FFH/SS 系统，在一个信息符号间隔内发生多次频率跳变，具有一定的频率分集作用。

(5)无明显的远近效应。近距离的大功率信号只能在某个频率点上产生干扰，当载波频率跳变到另一个频率时则不再受其影响。

(6)与窄带通信系统的兼容性好。在某个跳频频率上，FH/SS 是瞬时窄带系统，若跳频系统处于某一固定载波频率时，即可与其他定频窄带系统兼容，实现互联互通；同时，跳频扩频只是对载波频率进行随机控制，对于现有的窄带定频电台，只要在其射频前端增加收发跳频器，就"升级"为跳频电台。

跳频系统的主要缺点如下。

(1)信号隐蔽性差。FH/SS 系统的收发信机除了载波频率在跳变外，与普通窄带收发信机功能相似，要求接收机输入端的信号功率远大于噪声功率，信噪比大于一定的解调门限。在整个跳频带宽内通过频谱分析仪很容易发现跳频信号，特别是 SFH/SS 信号，很容易被敌方侦察和截获。

(2)抗多音干扰和跟踪式干扰能力有限。当跳频频率中的多数频点被干扰时，系统通信可能中断；抗跟踪式干扰要求跳频速度足够快，跳频速度越快实现难度越大。

3.3.2 跳频序列设计

FH/SS 系统中用于控制载波频率跳变的伪随机序列称为跳频序列，跳频序列在实现跳频频谱扩展的同时，在跳频组网时也可用作不同用户的地址码。与 DSSS 扩频序列相同的是两者都是确定的伪随机变化序列，不同在于，直扩序列一般为二进制序列，而跳频序列为多进制序列。对于跳频频率数为 N 的跳频系统，跳频序列的每个符号一般有 N 个与之一一对应的取值，$N = 2^K$，用 K 个二进制码元代表一个符号。跳频序列的设计与选取通常应考虑下述准则。

(1)均匀性。每一个跳频序列都可以使用频率集合中的所有频率，覆盖全部给定的跳频带宽，且每个载波频率点的使用概率近似相同，以实现最大的处理增益。

(2)汉明相关性。跳频序列集合中的任意两个跳频序列，在所有相对时延下发生频率重合的次数尽可能少。

(3)序列数目。跳频序列集合中的序列数目尽可能多，以有效地实现多址通信。

(4)频率间隔。跳频频率间隔满足要求，能够实现宽间隔跳频；对于跳频序列 $S = \{s(i), i = 1, 2, \cdots, L\}$，$L$ 为序列长度，所有的 i 均满足 $|s(i+1) - s(i)| \geq d$，d 为设计要求的跳频间隔。

(5)复杂度。跳频序列应具有较好的随机性和较高的复杂度，使敌方不易破译。

（6）实现简单。跳频序列的产生算法易于工程实现。

根据上述设计准则，跳频序列的具体设计主要涉及频率数目 N、序列长度 L、序列数目 U、汉明相关 R、频率间隔 d 五个主要技术参数。

设有 N 个载波频率构成的跳频频率集合 $A = \{f_0, f_1, \cdots, f_{N-1}\}$，长度为 L 的某个跳频序列可表示为 $S_v = \{s_v(0), s_v(1), \cdots, s_v(L-1)\}$，$s_v(i) \in A$。网内共有 U 个用户使用不同的跳频序列，所构成的跳频序列集记作 $S = \{S_1, S_2, \cdots, S_U\}$。任意两个跳频序列 S_x、$S_y \in S$，在相对延时 τ 时的汉明相关定义为

$$R_{x,y}(\tau) = \sum_{i=0}^{L-1} h\left[s_x(i), s_y(i+\tau)\right], \quad 0 \leqslant \tau \leqslant L-1 \tag{3.44}$$

其中

$$h\left[s_x(i), s_y(i+\tau)\right] = \begin{cases} 1, & s_x(i) = s_y(i+\tau) \\ 0, & s_x(i) \neq s_y(i+\tau) \end{cases} \tag{3.45}$$

汉明相关（3.44）表示两个跳频序列 S_x 和 S_y 在相对延时 τ 的情况下一个序列周期内发生的频率重合的次数。汉明相关 $R_{x,y}(\tau)$ 越大，两个用户之间的相互干扰的概率就越大，跳频系统的性能越差，它是评价跳频序列好坏的重要参数。

跳频序列的性能对跳频通信系统的性能有着决定性的影响，寻求和设计具有理想性能的跳频序列已成为研究跳频通信系统的重要课题之一。目前主要有以下几种构造方法：基于 m 序列或 M 序列的跳频序列；基于 RS 码的跳频序列；基于素数序列的跳频序列；基于 Bent 序列的跳频序列；基于 GMW 序列的跳频序列；基于混沌映射的跳频序列；基于 TOD（Time of Data）的长周期跳频序列。限于篇幅，下面仅给出基于 m 序列的跳频序列生成方法。

图 3.17 给出了基于 m 序列和用户地址识别码的跳频序列生成原理，n 级线性反馈移位寄存器的状态 $\{a_1, a_2, \cdots, a_n\}$ 在产生 m 序列的每个码元内更新一次，给定用户地址识别码 $\{r_1, r_2, \cdots, r_n\}$，输出相应的跳频序列：

$$s = 2^{n-1} a_n r_n + 2^{n-2} a_{n-1} r_{n-1} + \cdots + 2^0 a_1 r_1 \tag{3.46}$$

其中，$a_i \in \{0,1\}$，$r_i \in \{0,1\}$。

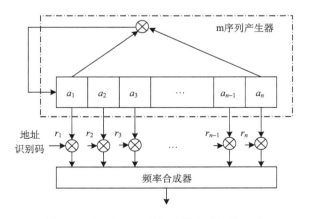

图 3.17　基于 m 序列的跳频序列构造框图

在一个 m 序列周期内，移位寄存器的状态 $\{a_1, a_2, \cdots, a_n\}$ 均不同；进一步假设 $r_1 = r_2 = \cdots = r_n = 1$，则输出 2^n 进制周期跳频序列，其长度为 2^n-1。

上述基于 m 序列的跳频序列构造方法非常简单，通过改变用户地址识别码 $\{r_1, r_2, \cdots, r_n\}$，实现不同抽头系数的线性组合，提高跳频序列的复杂性。

例 3.6 根据例 3.2 给出的周期为 15 的 m 序列生成器，假设地址识别码 $r_1 = r_2 = \cdots = r_n = 1$，试确定输出的跳频序列及序列的最小间隔。

解 根据例 3.2，4 级移位寄存器的状态变化规律为 1111→0111→1011→0101→1010→1101→0110→0011→1001→0100→0010→0001→1000→1100→1110。

相应的输出跳频序列为

$$15 \rightarrow 7 \rightarrow 11 \rightarrow 5 \rightarrow 10 \rightarrow 13 \rightarrow 6 \rightarrow 3 \rightarrow 9 \rightarrow 4 \rightarrow 2 \rightarrow 1 \rightarrow 8 \rightarrow 12 \rightarrow 14$$

最小跳频间隔为 1，出现 2 次。

3.3.3 跳频码同步

FH/SS 系统的关键是跳频码同步，即收、发两端的频率必须具有相同的变化规律，每次的跳变频率都有严格的对应关系。FH/SS 扩频系统的码同步即完成本地跳频序列和接收信号跳频序列在时间和相位上的严格一致。

从原理上讲，同步是解决时间的不确定性，DSSS 系统的码同步方法(如滑动相关、匹配滤波等)都可以用于跳频系统，只是实现的方法有所不同。跳频序列的同步一般也分为跳频捕获和跳频跟踪两个阶段，在捕获阶段，同步系统在本地跳频序列寻找一个相位，使之与接收信号跳频序列基本一致；跟踪阶段使得相位误差进一步减小，并能在包括噪声、时钟基准频率源的不稳定和运动引起的多普勒频移等各种外来因素干扰下也能保持高精度的相位对齐。

FH/SS 系统与 DSSS 系统的特点不同，其跳频序列同步有如下特殊性。

(1)直扩序列一般为二进制序列，PN 码捕获与跟踪以伪码自相关函数为检验变量，而 FH 序列为多进制序列，其检验变量是其汉明自相关函数。

(2)跳频系统的跳频频率驻留时间 T_h 一般远大于直扩系统的码片宽度 T_c，跳频系统对同步精度的要求较低，系统同步往往可在精确时钟辅助或插入同步字头法辅助下快速完成。

(3)为提高 FH/SS 系统的抗截获和保密性，跳频序列的周期很长，直接进行捕获往往是不可能的；往往采用插入短同步字头法解决上述问题。

1. 同步策略

从系统层面上，跳频同步可以分为外同步法和自同步法两大类，其中外同步法包括独立通道法、参考时钟法、同步字头法等。

1)独立通道法

独立通道法即利用一个专门的信道传送同步信息，接收机从中解调同步信息，据此设置接收机跳频频率集、跳变的起始时刻，并校准接收机的时钟。独立通道法的优点在于同步建立时间短且能够不断地传送同步信息以保持系统的长时间同步，其缺陷在于需要专门的信道，占用频率资源和功率，且这种同步信息传送方式易于被敌方发现和干扰，具体应用中受到了极大限制。

2）精确时钟法

跳频系统中收发双方跳频图案一致，唯一不确定的是相对的时间差。精确时钟法通过提供一个高精度的时钟使收发双方保持时间一致，减少了收发双方伪随机码相位的不确定性，从而实现收发双方同步。精确时钟法具有同步准确、保密性好的特点，但需要一个高精度、高稳定的公共时基，跳频捕获受到时钟稳定性和相对位置变化引起的不确定性的影响。

3）同步字头法

同步字头法是指在建立通信前，先发送一个同步字头，同步字头中含有跳频序列的全部信息，接收机依据次同步信息实现跳频同步。同步字头可置于跳频信号的最前面，也可以在信息传输的过程中离散地插入。同步字头法具有同步搜索快、容易实现、同步可靠等优点，但必须占用额外的通信信道资源和功率来发送同步字头。

对于周期很长的跳频序列同步，可以在长跳频序列中周期性地加入短同步跳，短同步跳有自己的跳频图案，但只有很少的跳频点，捕获实现简单。整个 FH/SS 系统根据短同步跳携带的信息辅助完成系统同步。

4）自同步法

自同步法是指从接收到的信息序列中提取隐含的同步信息，从而实现同步的方法。自同步法不需要同步头，可节省功率，且有较强的抗干扰能力和组网灵活等优点，但其同步时间相对于外同步法要长。

2. 跳频序列捕获

跳频序列的捕获包括上述同步字头法中的短同步跳捕获及自同步法中的隐藏同步头捕获，可以采用串行步进搜索法（stepped-serial search）、匹配滤波法（matched filter）等捕获方法。

参考 DSSS 系统 PN 码捕获的滑动相关法，串行步进搜索法实现跳频序列捕获的原理如图 3.18 所示。本地 PN 码产生的跳频载波连续地与输入信号进行相关运算，在一个检测时间段结束时，如果积分器的输出小于门限值，搜索控制单元改变 PN 码序列的相位延迟一个时隙（一般为 $T_h/2$）；重复进行，直到积分器的输出大于门限值。

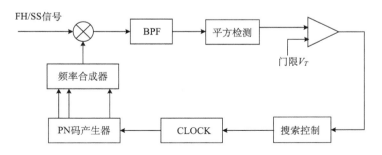

图 3.18　串行步进搜索法跳频序列捕获

与 DSSS 系统 PN 码捕获的匹配相关搜索相似，匹配滤波法实现跳频序列捕获的原理如图 3.19 所示。本地 N 个跳频载波 $\{f_0, f_1, \cdots, f_{N-1}\}$ 连续地与输入信号进行相关运算，分别滤波后进行平方检测（相当于 N 个相关检测器）；当能量超过门限时，则由这 N 个频率来确定本地 PN 码的相位。

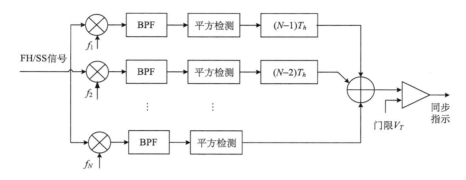

图 3.19 匹配滤波法跳频序列捕获

串行步进搜索法易于实现，但搜索时间长；匹配滤波法的捕获速度快，但实现复杂。

对于长周期的跳频序列捕获，传统的串行步进搜索或匹配滤波法搜索均难以实现，此时可以采用隐藏同步头法或者基于 TOD 短同步跳的捕获方法。

3. 跳频跟踪

与 DSSS 系统的伪码跟踪一样，跳频序列的跟踪通常采用比相法，在估计出本地跳频序列与接收的跳频序列之间的相位偏差的基础上，不断地调整本地时钟的频率和相位，补偿在发送和接收定时振荡器之间的频率漂移。

图 3.20 给出了基于非相干延迟锁定环（DLL）的跳频序列跟踪实现框图。与图 3.11 相似，本地跳频序列和接收的跳频序列之间的相位偏差估计是利用跳频序列的汉明自相关性来实现的，本地码发生器控制频率合成器产生两个时间差为 T_h 的频率序列，分别与输入跳频信号进行相关运算和检波。若没有相位误差，两个检波器输出相同的平均功率值，误差电压为零；若存在相位误差，根据跳频序列汉明自相关的对称性，两个检波器输出反映相位误差大小和方向的误差电压。

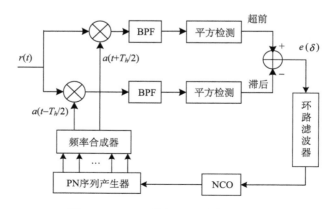

图 3.20 FH/SS 非相干延时锁定跟踪环

根据锁相环的反馈控制原理，鉴相输出经过环路滤波器控制 NCO，不断地调整本地时钟的频率和相位，即可实现跳频序列的同步跟踪。具体分析与 DSSS 系统没有本质不同，不再赘述。

习　题

3.1　为什么 DS/SS 系统最常用的调制方式为 2PSK 和 QPSK？为什么 FH/SS 系统最常用的调制方式是 MFSK 或 DPSK？

3.2　从对信道特性的要求、实现的处理增益、抗干扰能力、同步实现难度、组网性能等几个方面比较直接序列扩频(DS/SS)与跳频扩频(FH/SS)的优缺点，并说明在军事无线通信中较多采用 FH 扩频技术的主要原因。

3.3　解释 DS/SS 系统中的远近效应，说明 FH/SS 系统如何克服远近效应。

3.4　说明 DS/SS 系统和 FH/SS 系统的抗干扰原理及其不同。

3.5　说明 DS/SS 系统和 FH/SS 系统在抗频率选择性多径衰落原理上的异同。

3.6　某直接序列扩频系统，调制方式为 BPSK，用户的数据率为 9.6Kbit/s，扩频后的码速率为 2.4576Mcps，求系统扩频增益？

3.7　m 序列发生器的本原多项式为 $f(x) = 1 + x^3 + x^{10}$，试确定 m 序列的周期，画出 m 序列产生器的框图。

3.8　某 DS/BPSK 直接序列扩频通信系统，传输的信息速率为 1000bit/s，系统正常工作时要求误码率在 10^{-3} 以下，此时的信噪比容限为 $(S/N)_{min} = 6.7dB$。假定系统的信噪比损耗为 2dB，希望系统能承受比信号强 20dB 的干扰，问该系统需要的最小射频带宽(3dB 带宽)应为多少？

3.9　有一个 FH/2FSK 系统，设数据速率为 100bit/s，2FSK 信号的调制效率为 0.5。系统可用的信号带宽为 3MHz，采用非重叠频道配置，已知窄带干扰的数目 $J=10$，每个干扰的带宽小于 2FSK 信号的带宽且均远大于信号功率，跳频速率每比特 1 次，求发送的频道数和系统的误码率。

3.10　对于战术通信中常用的跳频通信，干扰方往往优先采用跟踪式干扰方式，通过侦察接收机持续分析对方跳频信号的频点，然后自动引导干扰机的干扰频率，使干扰频率时钟跟随跳频信号频点变化，从而保持对跳频通信的跟踪式干扰。如图 3.21 所示，干扰方采用跟踪方式干扰跳频系统的能力取决于通信距离 d_1、侦察距离 d_2、干扰距离 d_3、干扰机的引导时间 T_p、跳频信号每跳驻留时间 T_h。而跳频通信

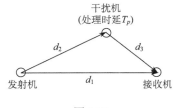

图 3.21

接收方为了保证可靠接收，要求每跳驻留时间 T_h 中，至少有 ηT_h 长的时间不被干扰，取 $\eta = 0.5$。防御作战时，一般干扰机位于收发双方的远方，假设通信距离为 20km($d_1 = 20km$)，干扰距离、侦察距离均为 160km($d_2 = d_3 = 160km$)，干扰机引导时间为 0.2ms($T_p = 0.2ms$)，请问防御方跳频通信的跳频速度(T_h 的倒数)应超过多少跳/秒才能避免被干扰机有效干扰？进攻作战时，极端情况下干扰机位于收、发双方连线上，即 $d_1 = d_2 + d_3$，请问进攻方跳频通信的跳频速度(T_h 的倒数)应超过多少跳/秒才能避免被干扰机有效干扰？

第4章 微波通信系统

4.1 微波通信系统概述

微波通信是一种无线通信方式。与同轴电缆通信、光纤通信等现代通信网传输方式不同，微波通信利用微波(射频)作为介质来携带信息进行通信，它通过电波空间同时传送若干相互无关信息，不需要固体介质。当两点间直线距离内无障碍时就可以使用微波传送，常采用中继方式实现信息远距离传输。微波频率范围为 300MHz～300GHz，波长范围为 1mm～1m，可细分为特高频(UHF)频段/分米波频段、超高频(SHF)频段/厘米波频段和极高频(EHF)频段/毫米波频段。它同时具有通信容量大、传输质量高、投资少、建设快并可传至很远的距离等特点，得到了广泛的应用，是国家通信网的一种重要通信手段，也普遍适用于各种专用通信网。微波通信可分为模拟微波通信和数字微波通信两类。微波通信主要用于长途电话、电视广播、数据以及移动通信系统基站与移动业务交换中心之间的信号传输，还可用于跨越河流、山谷等特殊地形的通信线路。微波通信有以下主要特点。

(1)传输容量大。微波频段占用的频带约占 300GHz，而全部长波、中波和短波频段占有的频带总和不足 30MHz。占用的频带越宽，通信容量也越大。一套短波通信设备一般只能容纳几条话路同时工作，而一套微波中继通信设备能够同时传输数千路数字电话。

(2)受外界干扰的影响小。工业干扰、天电干扰及太阳黑子的活动严重影响短波以下频段的通信，但对频率高于 100MHz 的微波通信的影响极小。

(3)通信灵活性较大。微波中继通信在跨越沼泽、江河、湖泊和高山等特殊地理环境及抗地震、水灾、战争等灾祸时比电缆、光缆通信具有更大的灵活性。

(4)天线的方向性强、增益高。点对点的微波通信一般采用定向天线，定向天线把电磁波聚集成很窄的波束，使其具有很强的方向性。另外，当天线面积给定时，天线增益与工作波长的平方成反比。微波波长短，所以容易制成高增益天线。

建立在微波通信和数字通信基础上的数字微波通信同时具有数字通信与微波通信的优点，更是日益受到人们的充分重视。

4.1.1 数字微波通信系统的构成

1. 微波通信网组成

图 4.1 是一条数字微波中继通信线路的示意图，其主干线可长达几千公里，另有两条支线电路，除了线路两端的终端站外，还有大量的中继站和分路站。对于使用微波在地面上进行长距离通信，必须配置中继站，这是因为：①微波除具有无线电波的一般特性，还具有视距传播特性，即电磁波沿直线传播，而地球是一个椭圆体，地球表面是曲面，若实现长距离直接通信，因天线架高有限，超过一定距离时，微波传播将受到地面的阻挡。为了避免地球表面曲率的影响，需要在长距离通信两地之间设立若干中继站，进行微波转接。

②微波在空间传播有损耗，必须采用中继方式对损失的能量进行补偿，采用逐段接收、放大和发送实现长距离通信。

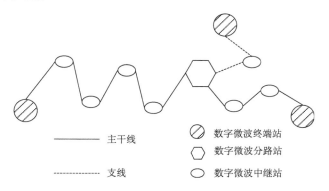

图 4.1　数字微波中继通信线路的示意图

组成此通信线路的设备连接方框图如图 4.2 所示，它分以下几大部分。

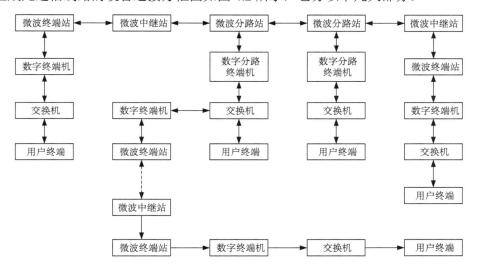

图 4.2　数字微波中继通信系统连接方框图

1）用户终端

用户终端指直接为用户所使用的终端设备，如自动电话机、电传机、计算机、调度电话机等。

2）交换机

交换机是用于功能单元、信道或电路的暂时组合以保证所需通信动作的设备，用户可通过交换机进行呼叫连接，建立暂时的通信信道或电路。这种交换可以是模拟交换，也可以是数字交换。

3）数字电话终端复用设备

数字电话终端复用设备（数字终端机）的基本功能是把来自交换机的多路音频模拟信号变换成时分多路数字信号，送往数字微波传输信道，以及把数字微波传输信道收到的时分多路数字信号反变换成多路模拟信号，送到交换机。

　　数字电话终端复用设备可以采用增量调制数字电话终端机，也可以采用脉冲编码调制数字电话终端机，它还包括二次群和高次群复接器、保密机及其他数字接口设备。按工作性质不同，可以组成数字终端或数字分路终端机。

　　4）微波站

　　微波站的基本功能是传输数字信息。按工作性质不同，可分成数字微波终端站、数字微波中继站、数字微波分路站和数字微波枢纽站。数字微波终端站是处于线路两端的微波站，它对一个方向收、发，且收、发射频不同，且可以上、下话路或数据。数字微波终端站的结构示意图如图 4.3 所示。数字微波中继站是线路的中间转接站，它对来自两个方向的微波信号放大、转发，但不可上、下话路。数字微波中继站的结构示意图如图4.4所示。数字微波分路站除具有数字微波中继站的功能，且可上、下话路。数字微波枢纽站是指在微波中继通信网中，两条以上的微波线路交叉的微波站，它可以从几个方向分出或加入话路或数据信号。数字微波分路站和枢纽站统称微波主站，其系统连接(含备用设备)如图4.5所示。微波站的主要设备为数字微波发信设备、数字微波收信设备、天线、馈线、铁塔以及为保障线路正常运行和无人维护所需的监测控制设备、电源设备等。

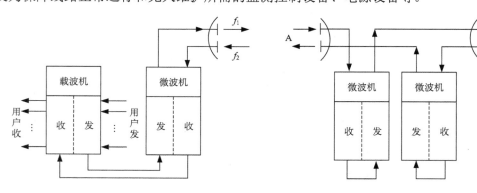

图4.3　数字微波终端站结构示意图　　　　图4.4　数字微波中继站结构示意图

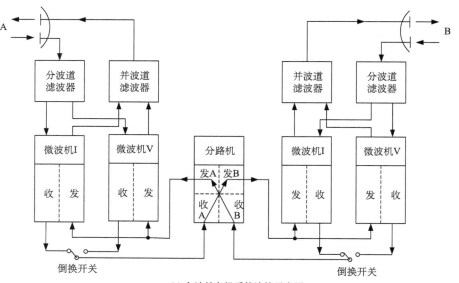

(a) 主站单向机系统连接示意图

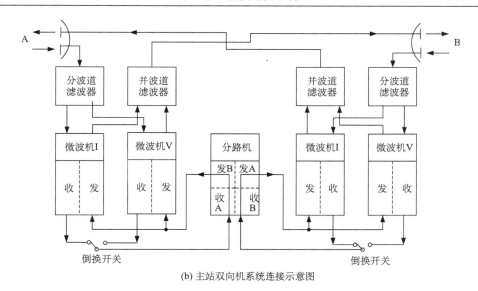

(b) 主站双向机系统连接示意图

图 4.5　微波主站系统连接示意图

2. 数字微波发信设备

数字微波发信设备通常有如下两种组成方案。

1) 微波直接调制发射机

微波直接调制发射机的方框图如图 4.6(a)所示。来自数字终端机的数字信码经过码型变换后直接对微波载频进行调制。然后,经过微波功放和微波滤波器馈送到天线振子,由天线发射出去。这种方案的发射机结构简单,但当发射频率处在较高频率时,其关键设备微波功放比中频调制发射机的中频功放设备制作难度大。而且,在一种系列产品多种设备的场合下,这种发射机的通用性差。

2) 中频调制发射机

中频调制发射机的方框图如图 4.6(b)所示。来自数字终端机的信码经过码型变换后,在中频调制器中对中频载频(中频频率一般取 70MHz 或 140MHz)进行调制,获得中频调制信号,然后经过功率中放,把这个已调信号放大到上变频器要求的功率电平,上变频器把它变换为微波调制信号,再经微波功放,放大到所需的输出功率电平,最后经微波滤波器馈送到天线振子,由发送天线将此信号送出。可见,中频调制发射机的构成方案与一般调频的模拟微波机相似,只要更换调制、解调单元,就可以利用现有的模拟微波信道传输数字信息。因此,在多波道传输时,这种方案容易实现数字-模拟系统的兼容。在不同容量的数字微波中继设备系列中,更改传输容量一般只需要更换中频调制单元,微波发送单元可以保持通用。因此,在研制和生产不同容量的设备系列时,这种方案有较好的通用性。

3. 数字微波收信设备

数字微波收信设备的组成一般都采用超外差接收方式。其组成方框图如图 4.7 所示。它由射频系统、中频系统和解调系统三大部分组成。来自接收天线的微弱的微波信号经过馈线、微波滤波器、微波低噪声放大器和本振信号进行混频，变成中频信号，再经过中频放大器放大、滤波后送至解调单元实现信码解调和再生。

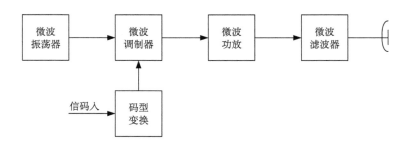

(a) 微波直接调制发射机方框图

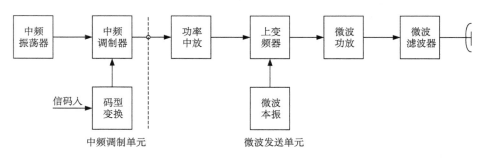

(b) 中频调制发射机方框图

图 4.6　发信设备方框图

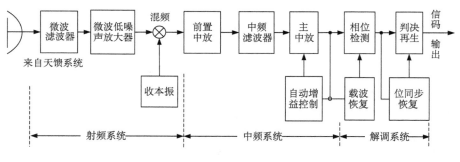

图 4.7　收信设备方框图

　　射频系统可以用微波低噪声放大器，也可以不用微波低噪声放大器而采用直接混频方式，前者具有较高的接收灵敏度，而后者的电路较为简单。天线馈线系统输出端的微波滤波器是用来选择工作波道的频率的，并抑制邻近信道的干扰。

　　中频系统承担了接收机大部分的放大量，并具有自动增益控制的功能，以保证到达解调系统的信号电平比较稳定。此外，中频系统对整个接收信道的通频带和频率响应也起着决定性的作用，目前，数字微波中继通信的中频系统大多采用宽频带放大器和集中滤波器的组成方案。由前置中放和主中放完成放大功能，由中频滤波器完成滤波的功能，这种方案的设计、制造与调整都比较方便，而且容易实现集成化。

　　数字调制信号的解调有相干解调与非相干解调两种方式。由于相干解调具有较好的抗误码性能，故在数字微波中继通信中一般都采用相干解调。相干解调的关键是载波提取，即要求在接收端产生一个和发送端调相波的载频同频、同相的相干信号。这种解调方式又称为相干同步解调。另外，还有一种差分相干解调，也称为延迟解调电路，它是利用相邻两个码元载波的相位进行解调，故只适用于差分调相信号的解调。这种方法电路简单，但与相干同步解调相比较，其抗误码性能较差。

　　4. 中间站的转接方式

　　数字微波中继通信系统中间站的转接方式可以分为再生转接、中频转接和微波转接三种。

　　1）再生转接

　　载频为 f_1 的接收信号经天线、馈线和微波低噪声放大器放大后与接收机的本振信号混频，混频输出为中频调制信号，经中放后送往解调器，解调后信号经判决再生电路还原出信码脉冲序列。此脉冲序列又对发射机的载频进行数字调制，再经变频和功率放大后以 f_1' 的载频经由天线发射出去，如图 4.8(a) 所示。这种转接方式采用数字接口，可消除噪声积累，也可直接上、下话路，是数字微波分路站和枢纽必须采用的转接方式，是目前数字微波通信中最常用的一种转接方式。采用这种转接方式时，微波终端站与中间站的设备可以通用。

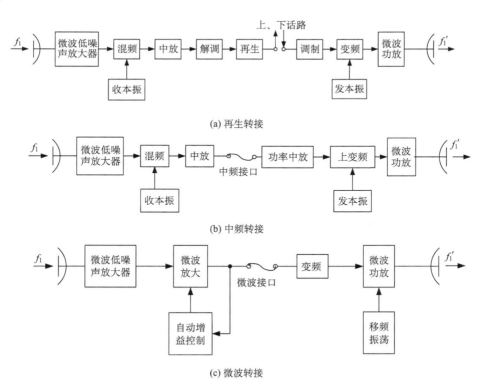

(a) 再生转接

(b) 中频转接

(c) 微波转接

图 4.8　中继站的转接方式

2）中频转接

载频为 f_1 的接收信号经天线、馈线和微波低噪声放大器放大后与收信本振信号混频后得到中频调制信号，经中放放大到一定的信号电平后再经功率中放，放大到上变频器所需要的功率电平，然后和发信本振信号经上变频得到频率为 f_1' 的微波调制信号，再经微波功率放大器放大后经天线发射出去，如图 4.8（b）所示。中频转接采用中频接口，省去了调制器、解调器，因而设备比较简单，电源功率消耗较少，且没有调制和解调引入的失真与噪声。中频转接的发本振和收本振采用移频振荡方案，降低了对本振稳定度的要求。但中频转接不能上、下话路，不能消除噪声积累。因此，它实际上只起到增加通信跨距的作用。

3）微波转接

这种转接方式和中频转接很相似，只不过一个在微波频率上放大，一个在中频上放大。如图 4.8（c）所示。为了使本站发射的信号不干扰本站的接收信号，需要有一个移频振荡器，将接收信号为 f_1 的频率变换为 f_1' 的信号频率发射出去，移频振荡器的频率即等于 f_1 与 f_1' 两频率之差。此外，为了克服传播衰落引起的电平波动，还需要在微波放大器上采取自动增益控制措施。这些电路技术实现起来比在中频上要困难些。但是，总的来说，微波转接的方案较为简单，设备的体积小，中继站的电源消耗也较少，当不需要上、下话路时，也是一种较实用的方案。

无论数字信号还是模拟信号，经过长距离传输，特别是经一站一站的转接，将在原始信号上叠加各种噪声和干扰。而且，由于实际信道的频带是有限制的，其信道特性也不会十分理想，因而会引入不同形式的失真，使信号质量下降。对模拟微波中继通信系统来说，中频转接和微波转接失真较小，群频转接由于在中继站内又经过一次调制、解调，因而失真较大。而且，随着转接站数增加其失真和噪声是逐站积累的。因此，模拟微波中继通信系统一般都采用中频转接方案，只有分路站才采用群频转接方式。对数字微波中继通信系统来说，再生电路可以消除噪声和干扰，避免噪声的沿站积累。因此，数字微波中继通信系统一般采用再生转接。有时为了简化设备，降低功耗以及减少由于信号再生引入的位同步抖动，也可以在两个再生中继站之间的一些不需要上、下话路的站采用中频转接或微波转接的方式。

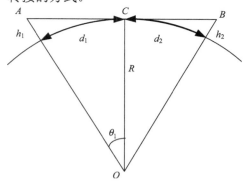

图 4.9　视距与天线高度

4.1.2 微波传播特性

收发天线之间的微波传播除了视距传播外，大气、地形和地物等因素都对其有较大的影响。因此，在进行微波线路设计时，必须考虑这些因素。在工程上，为了简化微波传播计算，通常先假设微波在自由空间传播，得到自由空间的传播特性，然后考虑地形、大气等因素对其影响。

1. 天线高度与传播距离

由于微波的直线传播和地球表面的弯曲，当天线高度 h 一定时，最大视距传播距离 d 就随之确定了。可利用图 4.9 来求 h 与 d 之间的关系。显然，d_1 为

$$d_1 = R\theta_1 \tag{4.1}$$

其中，R 为地球半径，即 6378km；θ_1 为圆心角（单位为弧度），它可表示为

$$\theta_1 = \arctan\frac{\sqrt{(R+h_1)^2 - R^2}}{R} \tag{4.2}$$

由于 $R \gg h_1$，所以

$$\theta_1 \approx \arctan\sqrt{2h_1/R}$$

而 $x \ll 1$ 时 $\arctan \approx x$，所以有

$$\theta_1 \approx \sqrt{2h_1/R}$$

于是

$$d_1 = \sqrt{2Rh_1} \tag{4.3}$$

同理可得

$$d_2 = \sqrt{2Rh_2} \tag{4.4}$$

因此，最大传播距离 d 为

$$d = d_1 + d_2 = \sqrt{2R}\left(\sqrt{h_1} + \sqrt{h_2}\right) = 3.57\left(\sqrt{h_1} + \sqrt{h_2}\right) \text{(km)} \tag{4.5}$$

其中，h_1、h_2 的单位为 m。例如，当 $h_1 = h_2 = 50$m 时，$d \approx 50$km。

2. 自由空间传播损耗

自由空间传播损耗由式(4.6)确定。式中，d 为通信距离，f 为发射频率。

$$L_S(\text{dB}) = 32.4 + 20\lg f(\text{MHz}) + 20\lg d(\text{km}) \tag{4.6}$$

在实际通信系统中，天线是有方向性的，并用"天线增益"来表示。对于发射天线来说，它是天线在某一个方向上每单位立体角的发射功率和无方向天线每单位立体角发射功率之比。也就是说，发射天线增益(用 G_t 表示)是该天线在所考虑方向上辐射功率比无方向天线在该方向上辐射功率所增加的倍数或分贝数。对于接收天线来说，天线增益 G_r 是接收到的功率与天线为无方向天线时接收到的功率的倍数或分贝数。

在考虑到发射天线增益 G_t 和接收天线增益 G_r 后，这种有方向性的传播损耗 L_D 为

$$\begin{aligned}L_D(\text{dB}) &= 32.4 + 20\lg f(\text{MHz}) + 20\lg d(\text{km}) - 10\lg G_t - 10\lg G_r \\ &= L_S - 10\lg G_t - 10\lg G_r\end{aligned} \tag{4.7}$$

微波通信系统中，通常采取卡塞格伦天线，其增益为

$$G = \eta\left(\frac{\pi D}{\lambda}\right)^2 \tag{4.8}$$

其中，D 为抛物面天线的直径；η 为天线效率，可取 0.6 左右；λ 为电波波长。对于 2GHz(λ =15cm)的 3m 天线，增益约为 33dB。

微波的自由空间传播除上述损耗之外，还要受到大气和地面的影响，下面分别进行讨论。

3. 大气效应

大气对电波传输的影响主要表现在吸收损耗，降雨引起的损耗和大气折射三方面。

大气对频率在 12GHz 以下电波的吸收附加损耗很小，在 50km 的跨距时小于 ldB，与自由空间传播损耗相比可以忽略。

在传播途径中的雨、雪或浓雾将使电波产生散射，引起附加损耗，但在 10GHz 以下的频段并不特别严重，通常只有 1～3dB。对于高于 10GHz 的通信系统，降雨引起的损耗必须予以特别的考虑。

大气折射是由于空气的折射率 (n) 随高度 (h) 的变化而产生的。此时，电波传播路径不再是直线而是产生弯曲。不同气候条件时，$\mathrm{d}n/\mathrm{d}h$ 的变化很大。当 $\mathrm{d}n/\mathrm{d}h$ 为负时，电波传播路径将向下低垂，此时的传播路径有可能被地面障碍物所阻挡而造成严重的衰落。

4. 地面效应

电波传播受地面的影响主要表现在障碍物阻挡引起的附加损耗和平滑地面反射引起的多径传播，进而产生接收信号的干涉衰落。

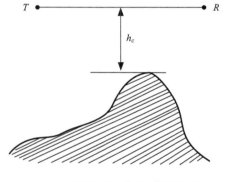

图 4.10　余隙示意图

1) 菲涅耳半径和余隙

在电波传播中，当波束中心线刚好擦过障碍物时，电波也会受到阻挡衰落。为了避免或减小阻挡衰落，设计的电波传播路径在最坏大气条件时仍离障碍物顶部有足够的"余隙"，如图 4.10 所示的 h_c，即收发天线的连线与障碍物最高之间的垂直距离。

根据惠更斯-菲涅耳原理，若要求收信点的场强幅值等于自由空间传播场强幅值，只要能保证一定的菲涅耳区不受障碍，而第一阶菲涅耳区在微波能量传输中起十分重要的作用。

为了确定余隙，利用菲涅耳绕射原理。在工程设计中，可利用附加损耗与菲涅耳相对余隙之间的关系曲线，如图 4.11 所示。图中相对余隙是余隙 h_c 对一阶菲涅耳半径 h_1 的归一化值。可以看出，当余隙为 0，即波束中心线刚擦过障碍物顶部时，附加损耗为 6dB（这是刃形障碍物的情况。对于平滑表面的障碍物，附加损耗还要大）。而相对余隙大于 0.5 时，附加损耗才可忽略。

根据惠更斯-菲涅耳原理，一阶菲涅耳半径 h_1 为

$$h_1 = \left(\frac{\lambda d_1 d_2}{d_1 + d_2} \right)^{1/2} \tag{4.9}$$

例如，对于 4GHz 的频段，$\lambda = 7.5\mathrm{cm}$，若 $d_1 = d_2 = 25\mathrm{km}$，则 $h_1 = 30.6\mathrm{m}$。于是，电波波束中心线离障碍物顶端应有大于 15.3m 的余隙，相对余隙大于 0.5，否则障碍物阻挡将带来明显的附加损耗。

2) 地面反射

电波在较平滑的表面（如水面、沙漠、草原及小块平地等）将产生强的镜面反射。电波

经过这一反射路径也可到达接收天线，形成多径传播。也就是说，接收信号是来自直射波和反射波信号的叠加干涉。如果天线足够高，可认为直射波是自由空间波，其场强为 E_0。反射波的大小和相移与地面的反射能力以及反射波经过的路径有关，即反射波场强为

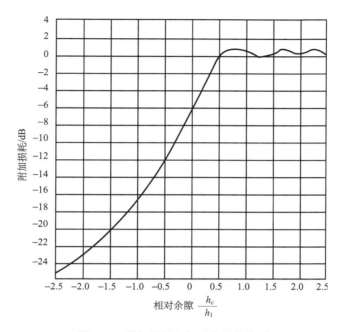

图 4.11　附加损耗和相对余隙的关系

$$E_1 = E_0 \rho \mathrm{e}^{-\mathrm{j}2\pi\Delta r/\lambda} \tag{4.10}$$

收信点的合成场强 E 为

$$E = E_0(1 - \rho \mathrm{e}^{-\mathrm{j}2\pi\Delta r/\lambda}) \tag{4.11}$$

式中，ρ 为地面反射系数，$0 \leqslant \rho \leqslant 1$。$\rho = 1$ 为全反射，$\rho = 0$ 为无反射。Δr 为反射波与直射波的行程差，$2\pi\Delta r/\lambda$ 为行程差引起的直射波与地面反射波的相位差。

由式 (4.11) 可见，考虑反射波的影响，收信点的场强比自由空间场强相差一个衰减因子 α，即

$$\alpha = \left|E\right| / \left|E_0\right| = [1 + \rho^2 - 2\rho\cos(2\pi\Delta r / \lambda)]^{1/2} \tag{4.12}$$

α 与 Δr 的关系如图 4.12 所示。

合成场强与地面反射系数和由于不同路径延时差造成的干涉信号间的相位差有关。当来自不同路径的信号的相位相同时，合成信号增强；而相位相反时，相互抵消。由于反射系数随地面条件而改变，反射点也可能不一样(使多径信号相位差变化)，因此接收的合成信号，电平将起伏不定，形成所谓多径干涉型衰落。由图 4.12 可见，收信点的场强随着 Δr 周期变化，

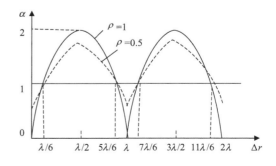

图 4.12　$\rho=1$ 和 $\rho=0.5$ 时 α 与 Δr 的关系曲线

从零变化到 $2|E_0|$，场强为零时，表示直射波完全被反射波抵消。在 $\Delta r = \lambda$，2λ，…整数倍波长的情况下，衰减达到极大值。ρ 越大，曲线的起伏程度越大。为了避免收信点的场强明显起伏，特别是场强趋近零的情况，在进行微波站的站址选择和线路设计时，应充分注意反射点的地理条件，充分利用地形地物阻挡反射波，使接收信号电平稳定。

5. 衰落、电平储备与分集接收

在微波中继系统中，视距传播的电波存在衰落现象。直射波的衰落和多径（干涉性）衰落是两个主要的原因。

当大气条件改变时，折射特性 $\mathrm{d}n/\mathrm{d}h$ 也将变化，可使直射波的传播路径严重偏离正常路径，可产生两个后果。

(1) 发射波的主瓣不再对准接收天线，接收信号功率下降（对于小跨距、低增益天线可能不是严重问题，但对大跨距和使用波束窄的高增益天线时会使接收功率明显下降）。

(2) 偏离后的电波可能被障碍物阻挡或部分阻挡，使接收信号功率下降，甚至通信中断。这是直射波衰落的情况。

多径衰落是微波中继系统电波衰落的最主要的原因，除上述通常出现的地面反射路径外，还有某些气象条件下（夜间低温、早晨太阳出来后温升较快，或高气压区、静海面等）出现的大气波导层反射路径，以及通过大气中局部不均匀体散射后到达接收端的电波路径等，这些路径传输的信号都将在接收端形成干涉衰落。

多径干涉是 10GHz 以下频段视距传播深衰落的主要原因。干涉合成信号的模（包络）服从瑞利分布。在实际的工程设计中都是用经验公式来计算衰落深度等于和小于某衰落储备门限 F(dB) 的概率（即中断率）U：

$$U = A \cdot Q \cdot f^B \cdot d^C \cdot 10^{-F/10} \tag{4.13}$$

其中，A 为气候因子；Q 为地形因子；d 为路径长度(km)；f 为频率(GHz)；B、C 为常数。

不同国家和地区根据测试统计提出了系数的不同取值。

在日本：

$$B = 1.2$$
$$C = 3.5$$
$$A = 0.97 \times 10^{-9}$$

$$Q = \begin{cases} 0.4, & \text{山区} \\ 1.0, & \text{平原} \\ 72 \Big/ \left(\dfrac{h_1 + h_2}{2}\right)^{1/2}, & \text{海岸或跨海地区、} h_1、h_2 \text{为天线相对水面的高度，m} \end{cases}$$

在美国：

$$B = 1$$
$$C = 3$$

$$A = \begin{cases} 1 \times 10^{-6}, & \text{低纬度、海洋、内陆高温高湿区} \\ 6 \times 10^{-7}, & \text{大陆性气候、中纬度岛屿区} \\ 3 \times 10^{-7}, & \text{高纬度地区或干燥山区} \end{cases}$$

$$Q = \begin{cases} 3.35, & \text{平滑地面，上限值} \\ 1.0, & \text{一般地区，中间值} \\ 0.27, & \text{粗糙地面，上限值} \end{cases}$$

一般地面指 1km 范围内地面高度标准偏差为 15.2m，平滑、粗糙地面的偏差分别为 6m 和 42m。

在东北欧：

$$B = 1$$
$$C = 3.5$$
$$A = 1.4 \times 10^{-8}$$
$$Q = 1$$

例 4.1　对于 4GHz 的微波中继系统，若中继长度 $d = 50\text{km}$，要求的中断率低于 0.0025%，求出不同气候、地形条件时所需的衰落储备。

解　采用美国所惯用的系数，分别求低纬度海洋(平滑地面)和干燥山区(粗糙地面)的衰落储备。由式(4.13)可得

$$F(\text{dB}) = 10\lg \frac{AQf^B d^C}{U}$$

已知 $B = 1$，$C = 3$，$f = 4$，$d = 50$，有以下两种情况。

(1)海洋(平滑地面)：

$$A = 1.4 \times 10^{-6}, \quad Q = 3.35$$

$$F = 10\lg \frac{3.35 \times 10^{-6} \times 4 \times 50^3}{2.5 \times 10^{-5}} = 48.3(\text{dB})$$

(2)干燥山区(粗糙地面)：

$$A = 3 \times 10^{-7}, \quad Q = 0.27$$

$$F = 10\lg \frac{3 \times 0.27 \times 10^{-7} \times 4 \times 50^3}{2.5 \times 10^{-5}} = 32.1(\text{dB})$$

通常，系统设备能力有 30~40dB 的电平储备量，对于一般的地形和气候可以满足要求。但对于沿海或高温高湿地区，存在严重的深衰落，上述储备量是不能满足要求的，即不能保证给定的中断率。

为了在深衰落严重的地区保证正常通信，进一步提高设备能力是不经济的；而通常是采用分集接收的方法来克服衰落。

分集是利用多个接收机(或天线)，以获得同一信号的多个接收样品，而且各样品的衰落是互不相关的。然后将各样品按适当方式合并后作为接收信号。由于各接收信号(样品)此起彼伏，相互补充，合成的接收信号电平比较稳定，可在很大程度上消除信号的衰落。

分集的方式常用的有空间分集、频率分集和混合分集等。频率分集是用多个载频通道传送同一信号，以便接收端获得多个接收信号样品，如图 4.13 所示，一般要求两个频率的相对间隔大于 1%。由于工作频率不同，电磁波之间的相关性很小，衰落概率也不同。频率分集抗频率选择性衰落特别有效。但需要增加一套收发信机，占用多一倍的频带，降低了

频谱利用率。空间分集是在接收端利用空间位置相距足够远的两副天线，同时接收同一副发射天线发出的信号，以此取得两个直射波和反射波衰落不同的信号，如图 4.14 所示。因为电磁波到达高度差为 Δh 的两副天线的行程差不同，当一副天线收到的信号发生衰落时，另一副天线收到的信号不一定也衰落，当 Δh 足够(一般 $\Delta h > 6\text{m}$)时，对几乎所有的深衰落都是不相关的。空间分集需要增加一套收信机和接收天线，其频谱利用率比频率分集高。混合分集是将频率分集与空间分集结合，以保持两种分集的优点。

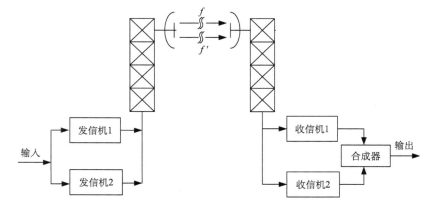

图 4.13　频率分集

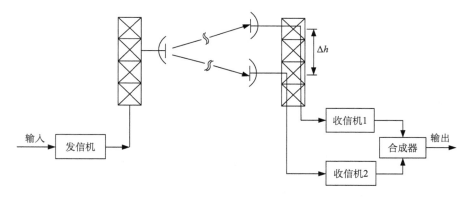

图 4.14　空间分集

无论采用哪种分集接收技术，都要解决信号合成的问题，常用的合成方法有优选开关法、线性合成法和非线性合成法。

(1)优选开关法。优选开关法是依据信噪比最大或误码率最低的准则，在两路信号中选择其中一路作为输出，并由电子开关切换，切换可在中频上进行，也可在解调后的基带上进行。该方法电路简单，并且多数备份切换系统具有此种功能。

(2)线性合成法。线性合成法是将两路信号经校相后线性相加。这一过程通常在中频上进行，电路比较复杂。当两路信号衰落都不太严重时，该方法对改善信噪比很有利。当某路信号发生深衰落时，其合成效果不如优选开关法。

(3)非线性合成法。非线性合成法是优选开关法和线性合成法的综合，即当两路信号衰落都不太严重时，采用线性合成法；当某路信号发生深衰落时，采用优选开关法。该方法综合了前面两种方法的优点，使分集接收效果好。

定义分集改善系数 I 表示无分集中断率 U_n 和有分集中断率 U_d 之比：

$$I = U_n/U_d \qquad (4.14)$$

在不同高度安装两个天线可实现两重空间分集。其分集改善系数的经验公式为

$$I = \frac{1.2 \times 10^{-3} \times f \times S^2}{d} \times 10^{0.1F} \qquad (4.15)$$

其中，S 为两个天线的垂直距离(m)；F 为系统设备的电平储备，例如，$f = 4\text{GHz}$，$S = 9\text{m}$，$d = 50\text{km}$，若 $F = 30\text{dB}$，则 $I = 9\text{dB}$；而 $F = 35\text{dB}$ 时，$I = 14\text{dB}$。

4.2　数字微波中继通信系统设计

设计一个数字微波中继系统涉及的面很广，它包括通信设备研制与生产的设备设计和有关通信线路建设与使用的线路工程设计等方面的内容。本节将介绍其中的假设参考电路与传输质量标准、射频波道配置、中频频率选择、调制方式选择、性能估算与指标分配等。

4.2.1　假设参考电路与传输质量标准

由于不同用户对通信系统的要求各不一样，因此，对各种不同线路、不同系统的构成很难定出一个统一的质量标准。为了比较各种通信设备的性能，必须先规定一条假设的参考电路，在这种条件下考察通信系统的传输质量。

1. 假设参考电路

国际无线电咨询委员会(Consultative Committee International Radio，CCIR)按照通信距离、传输质量要求以及信道容量不同，规定了高级、中级和用户级三类假设参考电路。

1) 高级假设参考电路

(1) 容量在二次群以上的高级假设参考电路的长度为 2500km。

(2) 在每个传输方向上，该电路包含 9 组符合国际电报电话咨询委员会(CCITT)建议的标准系列的数字复用设备，每组数字复用设备应理解为包括一套并路设备和一套分路设备。

(3) 包含两次 64Kbit/s 数字信号转接。

图 4.15 中所示的数字微波段是指相邻两组数字复接设备之间的区段，一个数字微波段可包含若干个微波中继段。高级假设参考电路适用于国际与国内的远距离通信干线。

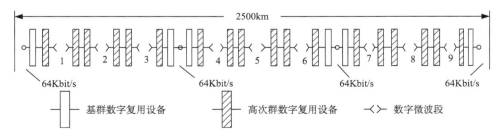

图 4.15　高级假设参考电路

2）中级假设参考电路

（1）容量在二次群以上的中级假设参考电路的基本长度为 1220km。

（2）该电路由传输质量不同的四类假设参考数字微波段组成，第Ⅰ类和第Ⅱ类假设参考数字微波段的长度为 280km，第Ⅲ类和第Ⅳ类假设参考数字微波的长度为 50km。

该电路的组成情况如图 4.16 所示。图中，1 为第Ⅳ类假设参考数字微波段，2 为第Ⅲ类假设参考数字微波段，3、4、5、6 为第Ⅱ类或第Ⅰ类假设参考数字微波段。这四类假设参考数字微波段可以根据具体情况组合，并允许其总长度不限于基本长度 1220km。中级假设参考电路主要用于国内支线电路。

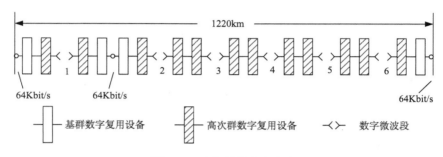

图 4.16　中级假设参考电路

3）用户级假设参考电路

用户级假设参考电路的长度为 50km，主要用于本地数字交换端局与 64Kbit/s 用户之间的微波通信。该电路的组成情况如图 4.17 所示。

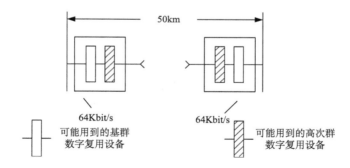

图 4.17　用户级假设参考电路

2. 传输质量标准

数字微波中继通信系统和模拟微波中继通信系统不同，无论传输信息是话音、图像或数据，在数字微波信道中传送的都是离散的数字序列，终端复用设备的编码质量和微波信道的数字信息传输质量综合起来决定了一个数字通信系统的质量。因此，对于不同的传输对象，都可以用误码率 P_e 这项指标来表示信道的传输质量。它定义为

$$P_e = \frac{\text{错误接收消息的码元数}}{\text{传输消息的总码元数}} \tag{4.16}$$

也有用误比特率 P_b 这个指标的，它定义为

$$P_b = \frac{\text{错误接收消息的比特数}}{\text{传输消息的总比特数}}$$

对于传输二进制数字信号，因为一个码元就是一个比特，所以误码率等于误比特率。对于四进制或更多进制的数字信号，每个码元的信息量不是一个比特而是更多的比特，所以一般说来两数是不等的。例如，四进制格雷码，每个码元的信息量为两个比特，误判为相邻码元时，错一个二进制数字信号，即错一个比特，于是误比特率为误码率的 1/2，即 $P_b = P_e/2$。如果误判为其他码元的概率与误判为相邻码元的概率相等，则误比特率应该比 $P_b/2$ 小一些。

略去推导，对于格雷码两者的关系为

$$P_b \approx \frac{P_e}{\log_2 M} \tag{4.17}$$

式中，M 代表进制数(或状态数、电平数)。

但在本章中，我们将只用误码率这个指标。关于误码率的指标，国际无线电咨询委员会(CCIR)针对不同等级的假设参考电路规定有不同的误码性能指标。一条实际的数字微波电路在长度及组成等方面往往与假设参考电路有很大的不同，这时，可以以相同等级的假设参考电路的误码率指标作为参考。

1) 高级假设参考电路的误码性能

(1) 一年中的任何月份，在 1min 统计时间内，误码率大于 1×10^{-6} 的时间率不能超过0.4%，该统计时间称为恶化分，该误码指标称为低误码指标。这时的误码主要是由设备性能不完善和干扰等因素造成的。

(2) 一年中的任何月份，在 1s 统计时间内，误码率大于 1×10^{-3} 的时间率不能超过0.054%，该统计时间称为严重误码秒，该误码指标称为高误码指标。这时的误码主要是传播衰落造成的。

(3) 一年中的任何月份，误码秒(指在 1s 内出现一个或多个误码的秒)累计时间率不大于 0.32%。此项指标主要是针对数据传输而规定的，主要取决于设备性能的完善程度。

当实际数字微波中继通信线路作为通信网络的高级链路，且其长度 L 介于 280～2500km 时，误码性能应在上述各项时间率的基础上乘以系数 $L/2500$，当小于 280km 时，按 $L = 280$km 规定其误码性能。

2) 中级假设参考电路的误码性能

(1) 一年中的任何月份，在 1min 统计时间内，误码率大于 1×10^{-6} 的时间率不能超过 1.5%。

(2) 一年中的任何月份，在 1s 统计时间内，误码率大于 1×10^{-3} 的时间率不能超过 0.04%。

(3) 一年中的任何月份，误码秒累计时间率不大于 1.2%。

组成中级假设参考电路的四类假设参考数字微波段的误码性能如表 4.1 所示。

3) 用户级假设参考电路的误码性能

(1) 一年中的任何月份，在 1min 统计时间内，误码率大于 1×10^{-6} 的时间率不能超过0.75%。

(2) 一年中的任何月份，在 1s 统计时间内，误码率大于 1×10^{-3} 的时间率不能超过0.0075%。

表 4.1 四类假设参考数字微波段的误码性能

误码性能项目	时间率/%(任何月份)			
	第Ⅰ类* (280km)	第Ⅱ类 (280km)	第Ⅲ类 (50km)	第Ⅳ类 (50km)
恶分化(BER>1×10^{-6}的分)	≤0.045	≤0.2	≤0.2	≤0.5
严重误码秒(BER>1×10^{-3}的秒)	≤0.006	≤0.0075	≤0.003	≤0.007
误码秒(最少含有一个误码的秒)	≤0.036	≤0.16	≤0.16	≤0.4

*第Ⅰ类假设参考数字微波段也适用于高级假设参考电路。

(3)一年中的任何月份，误码秒累计时间率不大于 0.6%。

我们再讨论一下误码率指标怎样在每个中继段上进行分配的问题，假定：

(1)全程共 m 个中继段，其特性相同。

(2)衰落是造成高误码率的主要原因，而各个中继段的衰落是相互独立的。

(3)符号间干扰及来自其他系统的干扰是造成低误码率的主要原因，而在低误码率的统计时间间隔内，这些干扰具有平稳的各态遍历性。

假设全程超过高误码率 $P_{eh}^{(m)}$ 的时间百分数为 $K_h^{(m)}$，分配给每个中继段的各为 $P_{eh}^{(1)}$ 和 $K_h^{(1)}$；全程超过低误码率 $P_{el}^{(m)}$ 的时间百分数为 $K_1^{(m)}$，分配给每个中继段的各为 $P_{el}^{(1)}$ 和 $K_1^{(1)}$。

根据前面假定可以近似认为

$$\begin{cases} P_{el}^{(1)} = P_{el}^{(m)}/m \\ K_1^{(1)} = K_1^{(m)} \end{cases} \tag{4.18}$$

$$\begin{cases} P_{eh}^{(1)} = P_{eh}^{(m)} \\ K_h^{(1)} = K_h^{(m)}/m \end{cases} \tag{4.19}$$

上面两式的意义是：低误码率指标按误码率数值在各中继段均匀分配，而时间百分数不变；高误码率指标按时间百分数在各中继段均匀分配，而误码率数值不变。

3. 可用性

可用性是数字微波中继通信系统的另一项重要质量指标。

通信系统的可用性是一个综合性问题，它贯穿在产品设计、生产和使用的全过程，与方案选择、电路组成、元部件、结构工艺、使用维护、技术管理等都有密切关系。

假设参考数字通道(或数字段)的可用性定义如下：

$$可用性=1-不可用性 = \frac{可用时间}{可用时间 + 不可用时间} \times 100\% \tag{4.20}$$

其中，不可用时间定义为，在至少一个传输方向上，只要下述两个条件中有一个连续出现 10s，即认为该通道不可用时间开始(这 10s 计入不可用时间)：①数字信号阻断(即定位或定时丧失)；②每秒平均误码率大于 1×10^{-3}。

可用时间定义为，在两个传输方向上，下述两个条件同时连续出现 10s，即认定该通道可用时间开始(这 10s 计入可用时间)：①数字信号恢复(即定位或定时恢复)；②每秒平均误码率小于 1×10^{-3}。

4. 传输容量

目前，对于大多数通信用户来说，电话依然是一种主要的业务内容。因此，数字微波中继通信系统的传输容量基本上是按照多路数字电话的容量等级来规定的。

关于多路数字电话的群路等级，国际电报电话咨询委员会(CCITT)曾规定过两种标准：一种是西欧各国主要采用的 32 路系列；另一种是日本和北美各国主要采用的 24 路系列，如表 4.2 所示。其他一些数字业务(如频分多路模拟电话的群编码信号、彩色电视编码信号、数据信号等)的比特率应纳入表 4.2 的系列，或者复用成 64Kbit/s。

表 4.2 脉冲调制数字电话的两种系列

系列	级别	标称话路数	比特率/(Mbit/s)	比特组成/(Kbit/s)
30 路系列	基群	30	2.048	=32×64
	二次群	120	8.448	=4×2048+256
	三次群	480	34.368	=4×8448+576
	四次群	1920	139.264	=4×34368+1792
	五次群*	7680	564.992	=4×13926+7936
24 路系列	基群	24	1.544	=24×64+8
	二次群	96	6.312	=4×1544+136
	三次群	480(日)	32.064	=5×6312+552
		672(美)	44.736	=7×6312+552
	四次群	1440(日)	97.728	=3×32064+1536
		4032(美)	274.176	=6×44736+5760
	五次群*	5760(日)	297.300	=4×97.728+6288

* 国际电报电话咨询委员会尚未形成建议。

我国数字微波中继通信的传输容量采用脉码调制 32 路系列和增量调制系列混合传输的体制。为了满足用户的更广泛要求，在脉码调制 32 路标准系列基础上，又增设了几种中间等级的非标准系列，如 60 路、240 路、960 路等。表 4.3 给出了我国数字微波中继通信系统的传输容量系列。按照人们一般的习惯，认为比特率 100Mbit/s 以上为大容量数字微波系统，10~100Mbit/s 为中容量数字微波系统。10Mbit/s 以下为小容量数字微波系统。

表 4.3 我国数字微波中继通信系统的传输容量系列

级别	比特率	标称话路数
四次群	139.264Mbit/s	PCM1920 路
两个三次群	2×34.368Mbit/s	PCM960 路
三次群	34.368Mbit/s	PCM480 路
两个二次群	2×8.448Mbit/s	PCM240 路
二次群	8.448Mbit/s	PCM120 路
两个基群	2×2.048Mbit/s	PCM60 路

续表

级别	比特率	标称话路数
基群	2.048Mbit/s	PCM30 路或 ΔM64 路
子群 1	1.024Mbit/s	ΔM32 路
子群 2	512Kbit/s	ΔM16 路
子群 3	256Kbit/s	ΔM8 路

5. 基带接口

基带接口是指微波设备与数字复用设备之间或者再生转接中间站收发信机之间的接口。

1）两种接口方式

（1）近距离接口。当微波机与数字复用设备相隔较近（20m 左右）时，一般采用电缆进行信码和定时脉冲信号的直接连接。

（2）远距离接口。当微波机与数字复用设备相隔较远时，通常在发端将信码脉冲变换成适合于线路传送的某种基带波形码（如 AMI 码、HDB3 码等），通过电缆将信号送到接收端，在接收端提取定时信号，进行信码再生。

2）接口参数指标

基带接口参数是数字微波设备的一项重要指标。为了便于不同设备在组成通信网时能够互相连接，基带接口必须标准化，对于脉码调制系列的各种群路等级，CCITT 的 G703 和 G823 建议已规定了数字接口的物理／电气特性及抖动特性。对数字接口一般需要考虑以下几项性能指标。

⑴基带接口的信号形式，包括速率、码型、波型、信码和定时的时间关系等。

⑵阻抗和回波损耗。

⑶电平。

⑷定时抖动特性。

⑸信息码流的统计特性，如会不会出现连"1"、连"0"，或"1""0"交替的码组，从而决定在微波设备入口处要不要加扰码措施。

⑹当需要在信码码流中插入附加的码来测量误码或传送公务信号时，必须规定附加的比特数和插入方式。

4.2.2　射频波道配置

1. 频率配置的基本原则

一条微波通信线路有许多微波站，每个站上又有多波道的微波收发信设备。为了减小波道间或其他路由间的干扰，提高微波射频频带的利用率，对射频频率的选择和分配就显得十分重要了，而频率的配置一般应符合下面的基本原则。

（1）在一个中间站，一个单波道的收信和发信必须使用不同频率，而且有足够大的间隔，以避免发送信号被本站的收信机收到，使正常的接收信号受到干扰。

（2）多波道同时工作时，相邻波道频率之间必须有足够的间隔，以免互相发生干扰。

（3）整个频谱安排必须紧凑，使波道的频段能得到经济的利用。

（4）因微波天线和天线塔建设费用很高，多波道系统要设法共用天线，所以选用的频率配置方案应有利于天线共用，达到天线建设费用低，又能满足技术指标的目的。

（5）对于外差式收信机，不应产生镜像干扰，即不允许某一波道的发信频率等于其他波道收信机的镜像频率。

2. 波道频率配置

在数字微波通信中，由于调制方式不同，射频已调波的带宽也不同。所以波道频率配置还取决于传输容量、调制方法、码元传输速率、波道间隔带外泄漏功率等。对于数字微波通信的频率配置的考虑如下。

（1）相邻波道间隔 $\Delta f_{ch} = x \cdot f_s$， f_s 为码元速率。取 $1 < x < 2$， x 的下限取决于滤波器选择性和允许的码间干扰量，上限取决于射频频带的利用率。

（2）相邻收发间隔 $\Delta f_{rt} = y \cdot f_s$。取 $2 < y < 5$， y 的下限取决于滤波器的选择性和天线方向性，上限取决于射频频带的利用率。

（3）频段边沿的保护间隔 $\Delta f_g = z \cdot f_s$。取 $0.5 < z < 1$。 z 的选择要考虑到和邻近频段的相互干扰等因素（即考虑带外泄漏）。

（4）交叉极化鉴别率 XPD。这项指标影响到波道频率再用的方案选择，XPD 小于 15dB 时，不能采用同波道型的频率再排列，而只能采用 $x = 2$ 的插入波道型的频率再用方案，若 XPD 大于 15dB，则两种方案都可采用， x 值可以小于 2，波道频率再用方案如图 4.18 所示。

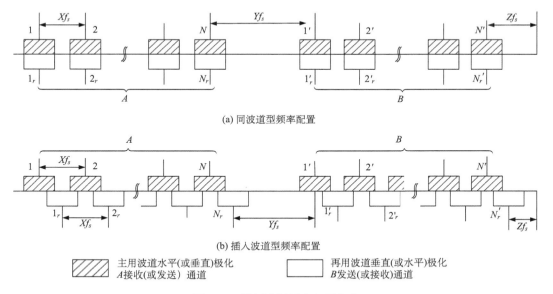

图 4.18　射频波道频率配置方案

在设计微波中继通信网时，在有限的频段中选择频谱，有时不得不在有限地区内，重复使用同样的频率，甚至在一个中继站内也要几次重复使用一个频率。这种情况称为同波道型频率再用。

微波中继通信系统中，在一个方向用几个微波波道传送时，称为平行工作；从一处向几个方向传送时，称为交叉工作。

选择频率的主要目的，就是要防止各波道之间的相互干扰，至少要把干扰限制在最小的允许范围之内，使用分割制把一个站所用发送和接收的频率分别集中，可以大大减小收与发之间的相互干扰。

当有几个波道平行工作时，必须考虑相邻波道的频谱重叠可能引起的干扰。此时相邻波道最好采用不同极化的天线，可以减小干扰。

当两条微波线路交叉时，在交叉点要求仍保持上述同波道工作的去耦度。交叉角度越尖锐，这个去耦度越难满足。这时应使用去耦度较高的喇叭抛物面天线。

3. 数字微波频率配置方案举例

美国 MDR-11 微波设备，采用八相移相键控(8PSK)，容量为 90Mbit/s。其射频频率配置如图 4.19 所示，各波道的射频工作频率如表 4.4 所示。表中：

射频频段：$10.7 \sim 11.7$GHz。

中心频率：$f_0 = 11200$MHz。

下半频段频率：$f_n = f_0 - 525 + 40n$。

上半频段频率：$f_n' = f_0 + 5 + 40n$。

波道序号数：$n = 1, 2, 3, \cdots, 12$。

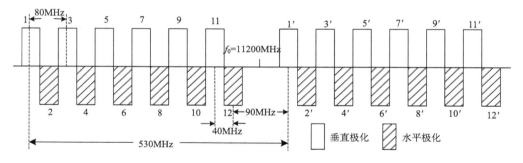

图 4.19　MDR-11 微波设备的射频频率配置

表 4.4　MDR-11 微波设备的射频频率配置

波道序号	射频频率/MHz	波道序号	射频频率/MHz
1	10715	1′	11245
2	10755	2′	11285
3	10795	3′	11325
4	10835	4′	11365
5	10875	5′	11405
6	10915	6′	11445
7	10955	7′	11485
8	10995	8′	11525
9	11035	9′	11565
10	11075	10′	11605
11	11115	11′	11645
12	11155	12′	11685

4.2.3　中频频率选择

对于调相制的数字微波中继设备，中频频率的选择要考虑数码率的高低。令

$$K_f = \frac{f_0}{f_s} \tag{4.21}$$

其中，f_0 为中频载波频率；f_s 为符号速率；K_f 实际上表示一个符号周期中包含多少个中频载波周期。

K_f 太小，信号的相对带宽较宽，对中放、解调等电路的传输畸变较敏感。但 K_f 也不能选得太大，K_f 选大了，一个码元中包含的载波数过多，在延迟检波场合对延迟线稳定度要求过高，在同步检波场合对载波恢复锁相环的等效 Q 值要求过高。一般选 K_f 为 3～10。

目前模拟微波系统的标准中频有 70MHz、140MHz，也可以作为数字微波系统的标准中频。其中，70MHz 可用于二次群及三次群系统，140MHz 可用于三次群以上系统。基群及子群系统若在 70MHz 中频上进行解调有困难，可以考虑采用第二中频(如 10MHz)，四次群以上的系统一般要选用高于 140MHz 的中频，选择中频的原则仍是使 K_f 值为 3～10。

4.2.4　调制方式选择

在选择数字微波中继通信系统的调制方式时，要考虑以下几个因素。

(1)频谱利用率。

(2)抗干扰能力。

(3)对传输失真的适应能力。

(4)抗多径衰落能力。

(5)设备的复杂程度。

(6)所采用的频段。

(7)和模拟微波中继系统的兼容性等。

提高射频频谱利用率一直是选择调制方式的重要因素。这是由于无线通信网的发展使得电磁波的频率资源十分紧张，在一些频率比较拥挤的频段，希望进一步提高单位频带内所传送的比特(频谱利用率 $\eta_B = f_b/B$，其中，f_b 为比特率，B 为所需带宽)。这个问题对于大容量数字微波中继通信系统来说显得更加突出。

目前，在数字微波中继通信系统中提高频谱利用率的措施主要有以下三个。

(1)采用多进制调制技术，以提高每个符号所传送的比特数，如 16QAM、64QAM 等技术。

(2)用频谱成形技术，以压缩发送信号所占据的带宽，如部分响应技术、升余弦滚降技术等。

(3)采用交叉极化频率再用技术，以增加同一频段内的工作波道数。

频谱利用率的提高势必损失一些抗干扰能力，即为达到相同的误码性能需增加归一化信噪比。图 4.20 给出了几种常用调制方式的归一化信噪比 E_b/N_0 和频谱利用率 η_B 的关系曲线，其中，E_b/N_0 是在理想相干解调下误码率 BER $=10^{-6}$ 时所需的归一化比特信噪比，η_B 是当升余弦滚降系数 $a=0.5$ 时的频谱利用率。从图可以看出，2PSK 及 8PSK 不是好的选择，因为它们分别和 4PSK 及 16QAM 需要相同的(或近似相同的)归一化信噪比，但频谱

利用率却要比后者低得多。

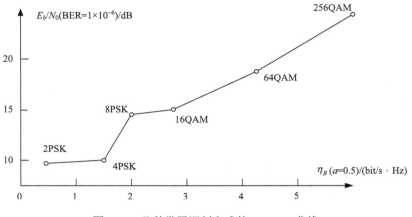

图 4.20 几种常用调制方式的 E_b/N_0-η_B 曲线

经过十几年的研究和开发，在 2～11GHz 频段内数字微波中继通信系统的调制方式目前基本上已经定型。

小容量与中容量系统(2Mbit/s、8Mbit/s、34Mbit/s)以 4PSK 为主。在频谱利用率要求不高的场合，为使设备简单也可用 2PSK。今后随着无线通信网的进一步发展、电磁波的频率资源日趋紧张，有可能会在某些频段采用 16QAM 技术。

大容量系统(140Mbit/s)以 16QAM 为主。在某些相邻波道间隔较宽的频段(如 11GHz)可以采用严格限带(滚降系数 a 较小)的 4PSK。在电路技术进一步发展的基础上，大部分频段的大容量系统将采用频谱利用率更高的 64QAM 技术；今后进一步发展将可能采用256QAM 等技术。

无论大容量还是中、小容量系统，目前新型的设备中几乎毫无例外地都要采取一些限带措施(如发送谱的升余弦滚降技术)，以防止或减少对相邻波道的干扰。

必须指出多进制调制技术和限带技术的采用，将使整个中继系统对传输失真与多径衰落极为敏感。其中最突出的问题之一是信道的非线性失真。这是因为多进制正交调幅及限带技术都会使键控信号的幅度上携带信息并产生起伏，经过非线性信道以后造成频谱展宽及误码性能恶化，因而降低了系统的频谱利用率和抗干扰性能，严重时甚至无法正常工作。其他如传输信道的幅频畸变、群时延畸变以及调制误差、解调误差等也会产生较大影响。多径衰落产生的色散，将给限带的多进制调制系统带来严重的码间干扰，这是传播中断的主要来源，如果不采取必要的抗多径衰落措施，整个系统也将无法工作。由此可见，一个具有较高频谱利用率的多进制限带传输系统，需要一个具有良好线性的、幅频与群时延响应平坦的微波收发信通道和高精度的调制与解调单元，还要有一整套对抗多径衰落的辅助电路或部件。频谱利用率的提高必须在设备复杂性及设备的成本、价格上付出相当的代价。

对于一些较高的工作频段(如 11GHz 以上)，由于电磁波的频率资源尚未充分利用，对频谱利用率要求不高，再考虑到电路技术及成本价格等原因，往往采用一些最简单的调制方式，如二进制的 PSK、FSK 及 ASK 等。

在选择调制方式时，还要考虑和模拟微波中继通信系统的兼容问题。这里所说的兼容，包括在频段及波道配置上的兼容，也包括在设备方面的兼容。

4.2.5　性能估算与指标分配

性能估算是总体设计的一项重要内容，将根据给定的传输质量标准确定各分机的主要技术指标，或者根据分机性能估算此设备的通信能力，如跨距、中断率，以及在某些地理条件下要不要采用分集接收等。

数字微波中继通信系统通常是一种再生中继型的通信系统。在中继段所遇到的各种干扰和传输畸变只要不超过产生误码的门限，则对于整个系统的性能没有影响。因此，数字微波中继系统的设备能力估算主要根据误码率这项指标。

为了分析误码产生的原因，让我们考虑数字信息在微波通道上的传输过程，如图 4.21 所示，图中的信道包括反馈系统及自由空间传播。发射功率 P_t 经信道传输后在收信入口处得到的功率为 P_r，P_r 的大小还与传播衰落有关。收信机将一定信噪比的中频信号送给解调器还原成和发送端相同的信码，如果干扰与失真超过一定限度就会产生误码。

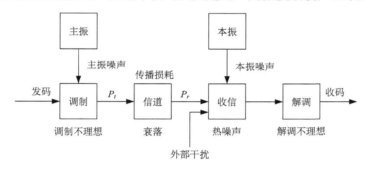

图 4.21　数字微波通道传输模型

在一个正常的数字微波中继系统中，干扰通常用高斯噪声来近似。因此，根据加性高斯白噪声信道中的误码率计算公式，就可以将误码率指标转化为对归一化信噪比的要求。外部干扰、码间干扰及调制、解调不理想等对误码的影响，可以看成一种恶化因素，即看成有效信噪比的降低。

性能估算通常包括以下几个步骤。

(1) 根据传输质量标准确定接收机入口处归一化信噪比的理论门限值。

(2) 估计设备的各种恶化及干扰因素，确定恶化储备量及干扰储备量，从而得到考虑了恶化及干扰诸因素后所必需的归一化信噪比的实际门限值。

(3) 将恶化储备量及干扰储备量在各个分机或部件上进行分配，确定各分机及部件的有关技术指标。

(4) 将归一化信噪比的实际门限值和其他设备参数、线路参数等代入视距传播方程，求出在一定站距、塔高下的电平余量。

(5) 根据给定的传播中断率指标计算不同站距下所要求的衰落储备量，看看是否满足要求，从而确定要不要加分集措施，或者重新修订对分机指标的要求。

下面以 2GHz PCM-1920 路数字微波中继通信设备为例，介绍一下性能估算与指标分配过程。

1. 传输质量标准及在每跳上的分配

有关传输质量标准如下。

(1)低误码率:全年任何月份统计时间为 10min 的平均误码率大于 10^{-7} 的时间不超过 5%。

(2)高误码率:全年任何月份按秒平均的误码率大于 10^{-3} 的时间不超过 0.05%。

(3)残余误码率:不超过 2.4×10^{-9}。

(4)可用性:不低于 99.96%。

以上各项质量标准在总体设计时只对高误码率、低误码率及可用性进行估算,在估算以前,需要将这几项质量标准分配给每跳。该设备采用二相差分相移键控,延迟相干解调,共 20 个再生中继段。

(1)高误码率根据式(4.16)将时间百分数在每跳进行分配,得到每跳指标为 10^{-3}/0.0025%(误码率/时间百分数)。

(2)低误码率根据式(4.15)将误码率数值在每跳进行分配,得到每跳指标为 5×10^{-9}/5%(误码率/时间百分数)。

(3)可用性。全程双工总的中断率为 4×10^{-4},往返共 40 跳。分配给每跳的中断率为 10^{-5}。

2. 门限接收电平

二相差分相移键控(DPSK)情况下,误码率与信噪比之间的关系为

$$P_e = 0.5 e^{-E_S/N_0} \tag{4.22}$$

表 4.5 不同误码率下的归一化信噪比

误码率	归一化信噪比
1×10^{-3}/0.0025%	7.9dB/0.0025%
5×10^{-9}/5%	12.8dB/5%

由式(4.22)可求出低误码率与高误码率所对应的归一化信噪比,如表 4.5 所示,从表可以看出,低误码率所对应的信噪比与高误码率所对应的信噪比只差 4.9dB,而一般的系统设备的衰落储备量都在 20~30dB 甚至以上,因此若在衰落发生时,10^{-3}/0.0025% 的误码率指标满足,则在无衰落时 5×10^{-9} 误码率指标一般都可以满足,我们就取与 10^{-3} 误码率相对应的归一化信噪比 7.9dB 作为估算的标准,称为理论门限信噪比。而 0.0025% 则是中断率指标。

实际上,数字信息在微波通道上传送时将遇到各种恶化与干扰,这种恶化与干扰大致可以分为两大类:一类和信号强度有关,可以等效为信号电平的降低,用信号能量损失的分贝数来表示;另一类和信号强度无关,用干扰功率相加来表示。一般来说,设备恶化属于前一类,外部干扰属于后一类。

假设归一化信噪比的理论门限值为 E_S/N_0,考虑到设备恶化与外部干扰后的实际门限值为 E_S'/N_0,就有

$$\frac{E_S}{N_0} = \frac{E_S'/L}{N_0 + N_I} \tag{4.23}$$

其中,L 代表由于设备恶化引起等效信号能量下降的倍数;N_I 为外部干扰的功率密度。式(4.23)说明实际门限信噪比"扣除"设备恶化及外部干扰的影响以后,净得到的有效信噪

比必须等于理论门限信噪比，才能保证总体设计所要求的误码性能。

式 (4.23) 可以写成：

$$\frac{E'_S}{N_0} = \frac{E_S}{N_0} \cdot L \cdot \frac{N_0 + N_I}{N_0} \tag{4.24}$$

或表示成分贝的形式：

$$\left[\frac{E'_S}{N_0}\right]_{dB} = \left[\frac{E_S}{N_0}\right]_{dB} + \left[L\right]_{dB} + \left[\frac{N_0 + N_I}{N_0}\right]_{dB} \tag{4.25}$$

我们给定本系统的恶化储备量为 7.3dB，干扰储备量为 2.5dB，这样就可以得到实际门限信噪比为

$$\frac{E'_S}{N_0} = 7.9dB + 7.3dB + 2.5dB = 17.7dB$$

与门限信噪比相应的接收机入口处的电平称为门限接收电平。它们存在以下关系：

$$P_{r0} = \frac{E'_S}{N_0} \cdot N_F \cdot kT_0 \cdot f_b \tag{4.26}$$

其中，P_{r0} 为门限接收电平；N_F 为接收机噪声系数；k 为玻尔兹曼常量；T_0 为环境温度；f_b 为数字信息的比特率。用 $k = 1.38 \times 10^{-23} J/K$，$T_0 = 300K$ 代入式 (4.26) 得到

$$P_{r0}(dBW) = -144 + 10\lg f_b(MHz) + N_F(dB) + \frac{E'_S}{N_0}(dB) \tag{4.27}$$

在本系统中，$f_b = 139.264MHz$，$N_F = 5dB$，$E'_S / N_0 = 17.7dB$，代入式 (4.27) 求出：

$$P_{r0} = -144 + 21.4 + 5 + 17.7 = -99.9(dBW) = -69.9(dBm)$$

3. 系统增益

定义系统增益为

$$G = P_T - P_{r0} + 2G_A \tag{4.28}$$

其中，P_T 为发送功率 (dBW)；P_{r0} 为门限接收电平 (dBW)；G_A 为天线增益。

在本系统中，$P_T = -6dBW$，$G_A = 44dB$（2m 口径的抛物面天线），门限接收电平按高误码门限计算，即 $P_{r0} = -99.9dBW$，代入式 (4.28) 得到

$$G = 181.9dB$$

4. 传输损耗和电平余量

自由空间损耗的计算公式：

$$L_S(dB) = 92.4 + 20\lg f(GHz) + 20\lg d(km) \tag{4.29}$$

已知：工作频率 $f = 2GHz$，每跳跨距 $d = 28km$，就可求出：

$$L_S = 127.4dB$$

此外还有馈线损耗 $L_f = 3.5dB$，天线公用器损耗 $L_c = 1dB$，求得在无衰落情况下传播路径的总损耗为

$$L = L_S + 2L_f + 2L_c = 136.4\text{dB}$$

由此算得电平余量:

$$F = G - L = 45.5\text{dB}$$

5. 高码率指标验算

根据式(4.13)计算多径衰落深度超过某个门限值的时间百分数。

$$U = A \times Q \times f^B \times d^C \times 10^{-F/10}$$

按日本的统计结果,取: $A = 0.97 \times 10^{-9}$, $Q = 1$, $B = 1.2$, $C = 3.5$; 又已知本系统 $f = 2\text{GHz}$, $d = 28\text{km}$, $F = 45.5\text{dB}$, 代入求得

$$U = 7 \times 10^{-9} < 0.0025\%$$

满足高误码率时间百分数的要求。

6. 恶化储备量的分配

恶化储备量共 7.3dB,分配给调制器与解调器不理想、信道失真、勤务调频、逻辑运算的误码扩散等,如表 4.6 所示。

表 4.6　误码率为 10^{-3} 时设备不完善引起的恶化量

恶化因子	指标	S/N 恶化量($P_e = 10^{-3}$)/dB
码间干扰	BT = 1.5	1.5
线性振幅失真	$\alpha = 0.4$	0.3
回波失真	—	0.3
时延失真	—	忽略
调制相位误差	$10°$	0.3
载波恢复相位抖动	$\sigma_\Phi \leq 0.2$	0.25
解调相位误差	$10°$	0.13
判决电路电平误差	$\delta_T < 10\%$	0.9
位同步偏离	$25°$	0.2
DPSK 解调相位误差	$34°$	1.6
放大器锁定带宽	—	0.8
温度变化因子	—	0.5
其他因素如老化、勤务调频等	—	0.4
调制幅度失真	AM/PM = $5°$	0.1
总计	—	7.28

7. 干扰储备量

为了考虑衰落的影响,通常把包括热噪声在内的干扰分为两类:凡是和有用信号同时衰落的干扰,其信号干扰功率比不随时间而变化,称为恒定干扰,如同一路径同一频率的

干扰就属于这种情况，凡是不随有用信号同时衰落的干扰，其信号干扰功率比将随着衰落而发生变化，称为变动干扰，如不同传播路径的干扰以及接收机内部热噪声均属此类。本系统的干扰储备量为 2.5dB。

8. 可用性指标验算

可用性指标验算即中断率指标验算，通常指分配给设备故障引起的中断和传播引起的中断，例如，本系统每跳中断率为 10^{-5}。分配给设备故障中断率为 0.25×10^{-5}，传播中断率为 0.75×10^{-5}。

设备故障中断率要根据每跳的简化传输模型，由各个分机或部件的平均可用时间与平均修理时间按可靠性连接方式进行估算。传播中断率可根据有关资料进行估算。

4.3　数字微波中继通信的监控设备

监控设备是保障数字微波中继通信线路正常运行所不可缺少的设备，监控是对微波通信线路和设备进行监视、控制和检测的简称。本节重点介绍微机监控设备，包括监控设备的组成和功能、控制线路类型、监控信号传送方式和提高传输可靠性的措施。

4.3.1　监控设备概述

1. 监控设备的必要性

通常一条较长的微波中继线路有几十个、甚至上百个微波中继站，其中任意一个站发生故障都会造成整个线路中断。现代微波通信对可靠性要求非常高，CCIR 在 557 号建议中规定：在 2500km 的假设参考电路中、在一年或更长的使用时间内，线路有效率应为 99.7%。也就是说允许整条线路的中断率为 0.3%，即线路的中断时间只占使用时间的 3‰。为此，在中继通信中除主用信道外，还有一个或一个以上的备用信道，一旦主用信道出现故障或传播衰落过大，立即自动转入备用信道，主备间的转换要依靠监控设备对线路进行良好的监视与控制。

微波通信距离长、中继站多、设备复杂、技术难度大，要使一条通信线路时刻保持畅通，就必须确保日夜连续工作的、为数众多的微波站全部处于正常工作状态，这也要求有可靠、先进的监控设备随时对全线路上设备的工作状态进行监视、测量，及时进行故障报警和必要的控制，排除故障，防患于未然或不停机维修。

除此，有些中继站是架设在交通不便、条件恶劣的边远地区或高山上，迫切需要实现微波站的无人值守和自动化管理。

所以监控设备虽然是中继通信中的辅助电路，但它却是保障线路畅通必不可少的部分。随着大规模集成电路和微机技术的迅速发展，制造先进、可靠、灵活、智能的微机监控系统已成为现实。

2. 监控的主要内容

监控设备是为保障微波中继通信线路正常运行而设置的，因此监控设备的主要内容包括以下两方面：①监视、测量每个微波站设备的运行情况和本站机房内门窗油机等情况，一旦发现故障能及时实施控制和报警，同时提供本站勤务电话；②对主管一个区间多个中继站的主站（也称主控站），除具备上述功能外，还应能及时掌握所管各站的情况，并实施必要的遥控、遥调，特别是对无人值守的各站。

3. 监控系统的组成与功能

图 4.22 示出监控系统的简单组成框图。

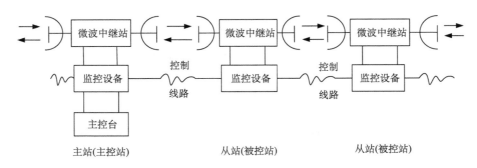

图 4.22　监控系统的简单组成框图

每个站都配备监控设备，主控站另配有显示、打印、控制设备，被控站可以有人值守，也可以无人值守。由主站和若干个被控站的监控设备构成监控系统。

通常监控系统采用集中控制，即在主站借助监控系统的遥信（监视）、遥测（测量）、遥控（控制）和遥调（调谐），对所管各站进行集中监控，显然集中监控便于管理和维修。集中监控把微波通信线路划分成若干区间，每一区间设立一个主站和若干被控站，区间大小视通信设备的可靠性、允许的故障修复时间、监控系统的能力等具体条件而定，区间可以按通信线路的线段划分，也可以按地区划分。采用微机监控系统可以实现三级集中管理，分别为中心站、主站和被控站。

被控站监控设备应完成如下功能：①对本站设备进行开机前闭环自查，对监控设备本身自检；②采集本站重要状态和测量电量；③当状态或电量出现异常时，实施自动切换，接入备份部件并告警；④接受主站查询，及时汇报本站运行情况，并中转其他被控站的监控信号；⑤具有勤务电话，主站监控设备除完成上述功能外，还应能显示、记录本段内各站运行情况，主动查询段内任何站任何项的状态或电量，能对段内任何站实施控制，能与段内任一站勤务通话，若采用三级集中控制，则各主站均向中心站汇报本段内各站运行情况，以便中心站显示、记录全线情况、故障次数、故障部位等。

4. 监控设备实现方法

监控信号可以用音频编码等模拟信号表示，也可以用二进制状态"1""0"表示；监控设备可以用模拟电路实现，也可以用数字电路实现；可以分散管理，也可以集中管理；可以用分布逻辑的方式实现管理，也可以采用单片机或微机实现管理，所有这些取决于通信设备要求。在微机广泛应用的今天，通常采用数字方式由微机实现监控功能。

由于监控系统本身是一种保证主信道正常运行的设备，因此对监控系统的主要要求便是可靠性，在此前提下希望能正确及时判断状态，准确测量电量，迅速无误地实施控制，形象直观地显示、记录各站运行情况。

4.3.2　监控线路

1．监控线路类型

在微波通信中，把传送主信码的线路称为主信道，把传送监控信号的监控线路称为副信道。为了使监控信号可靠传输，原则上希望监控线路与主信道无关，即监控系统独立于主信道而工作，但这样要为监控信号建立独立的信道与传输设备，需要付出较大代价。常用的监控线路主要有复合调制、插入数据通道、微波辅助信道、有线通道和主信道话路信道等类型。其中，复合调制与插入数据通道是目前中小容量数字微波通信中应用最广的类型。

1）复合调制

复合调制是对已调信号进行再调制，使两种信号用同一载波获得各自的通道。在数字微波通信系统中，监控信号可对已调的主信道信号进行再调制来建立监控线路，其原理框图如图 4.23 所示。图中所示是目前采用较多的主信号调相、监控信号对已调相的主信道进行再调频的 PSK-FM 方式。由于主副信道共用同一载波，相互间不可避免地存在干扰。同步解调时，监控码对主信码的干扰可看作造成了主信码相位漂移，如图 4.24(a)所示，该相移随复合调制指数的增大而增加，使接收端再生主信码的眼图随复合调制指数的增大而变小，当复合调制指数大到一定值时，锁相环将失锁产生误码。同时，主信道对监控信道的影响更为严重，这是由于主信道的传输频带总是有限的，一个限带的二相相位键控信号经过平方律器件后不可能完全消除相位调制，在二倍主信码频率附近存在较多的调制谱分量，这些分量会对监控信道产生干扰，尤其是监控解调信号经过微分电路时主信码相位在 0、π 间的跳变将对监控信号产生尖峰干扰，且幅度大于监控信号，如图 4.24(b)所示。显然增大复合调制指数可减少主信码对监控信码的干扰，但却增加了监控信号对主信码的干扰，同时也会使监控信道的非线性失真加大，此外主信道的热噪声也是监控信道的一种干扰源。

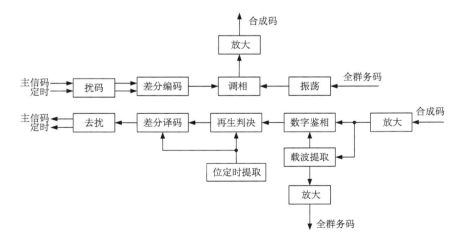

图 4.23　复合调制

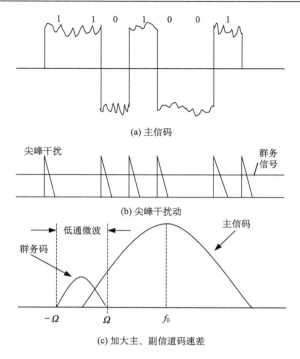

(a) 主信码

(b) 尖峰干扰动

(c) 加大主、副信道码速差

图 4.24　监控码对主控码的干扰

要减小主信道对监控信道的干扰，除调制指数及调制解调电路的合理选择外，一个行之有效的方法是尽量降低监控信码速率，提高主信码速率，在解调基带信号中用低通滤波器滤去主信码的主要频谱分量，这样就大大减小了主信码对监控信号的干扰，又不影响主信码的解调，如图 4.24(c) 所示。若主信码速率为 1024Kbit/s，监控码速率为 1Kbit/s，则主信道对监控信道的干扰可控制在 1dB。

2)插入数据通道

这种方式在频带有效利用和设备的经济性方面较有利，它是在合群或复接过程中插入数字化监控信号，与主信号一起传送，从而建立监控线路，这种形式允许监控信号有较大的容量和较快的传输速度，但对主信道依赖性较大，并使主信道数据传输速率提高。目前，随着 VLSI 的发展，可以将监控信号插入与分解功能用集成电路来实现，如图 4.25 所示，图中发端集成电路承担扰码、复合、产生帧格式等功能，收端集成电路则承担分解、去扰功能。

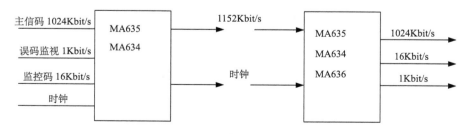

图 4.25　插入数据方式

3) 微波辅助波道

在主信道传输频段上分配波道时，在频段的两端或中央插入窄带的辅助波道作监控线路。图 4.26 是 CCIR 建议的一种辅助波道的分配方式。在 6GHz 频段 500MHz 频带内除了配置 8 对双向主信道外，还分配了 2 对辅助信道，提供了一个四频制双向线路，除天线和主信道共用外，其他设备(微波收、发信机、调制解调器等)都是独立的，但因主、副信道在同频段工作，使用时应注意防止两者间中频干扰，同时监控线路的发信功率不应过大，以免对主信道造成干扰，一般应在 100mV 以下，或为主信道发信功率的 1%左右。这种方式常用于大容量干线通信。

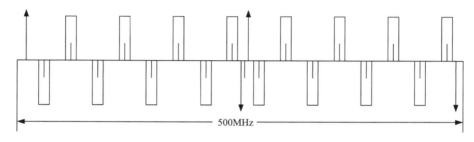

图 4.26　微波辅助波道

4) 有线通道

沿微波中继线并行开设的明线或电缆线路作监控线路，这是比较稳定、可靠、受外界条件影响小的方式，但花费成本高，只能在大容量微波干线或有现成线路可用的情况下才使用。

5) 主信道话路

一些小容量或特殊使用的通信系统，有时直接从主信道取出一个话路作监控线路。这种话路有频带为 0.3～3.4kHz 的模拟话路，也有监控信号与勤务话路合用 64Kbit/s 的数字话路。

2. 监控信号传送方式

监控线路形成便建立了监控信号的传输通道，监控信号的传送方式如下。

1) 共线式和链路式

共线式是指各站监控设备只对本站址的信号进行处理，对非本站址的信号仅作转发；链路式则对所有经过本站址的信号作差错控制，确认传送正确后才接收或转发。共线式传输速度快，但存在误码累积，链路式传输时延大，但不会产生误码累积，通常对反映站内设备运行情况的监视、控制项采用链路式，而中继线上的勤务话则用共线式。

2) 询问和汇报

主控站对被控站实施监控，可以采用询问方式，也可以采用汇报方式。询问方式是由主控站向各被控站依次发出询问指令，或发出遥控命令，被控站收到询问指令后向主控站发回本站所有监视点的状态信号，或执行遥控命令产生相应的开关动作。询问可以是轮询或专站询问。

汇报方式是被控站不停地主动向主控站发出本站状态信号和测量值。询问方式属被动方式，即使发生状态异常或测量故障，也只能在询问到本站时向主控站汇报；汇报方式属主动方式，被控站在任何时候都可以向主控站汇报；但增加了主控站的负担和监控线路的信息流量。

另外，还可采用询问和汇报相结合的方式，即当被控站出现状态异常或故障时能主动汇报，主控站也可在必要时询问被控站，这样主控站既能及时了解情况，又不至于造成监控线路信息流量过大。

3）异步方式和同步方式

主控站的询问指令、遥控命令和被控站的汇报信号，可以用异步方式也可以用同步方式传送。异步方式信息格式如图 4.27 所示。每个字符都是从起始位到停止位由低位到高位逐位传送。检验位可选择奇或偶校验或汉明码，字符间用输出高电平表示“空闲”。图 4.28 是采用异步方式传送时各种命令格式的例子，图 4.28(a)为询问指令，每字符数据位：$S_1S_2S_3S_4$ 为 16 个站址编码，$P_1 = S_3 \oplus S_1 \oplus S'$，$P_2 = S_4 \oplus S_2 \oplus S''$，$S' \oplus S'' = 0$。图 4.28(b)为汇报信号，每字符数据位：$D$ 为监视点状态，如 $D = 1$ 为故障，则 $D = 0$ 为正常，下标 10、11、12、……表示监视点编号，传送时按编号顺序传送。图 4.28(c)为控制命令，每字符数据位：$C_1C_2C_3C_4C_5C_6$ 为 64 种控制命令编码，C_7C_8 为 4 种控制功能编码，P 为校验位，$P_1 = C_1 \oplus C_3 \oplus C_5$，$P_2 = C_2 \oplus C_4 \oplus C_6$。

图 4.27　异步方式信息格式

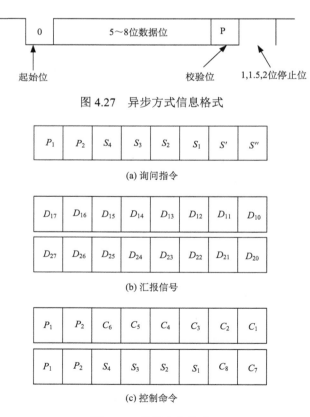

P_1	P_2	S_4	S_3	S_2	S_1	S'	S''

(a) 询问指令

D_{17}	D_{16}	D_{15}	D_{14}	D_{13}	D_{12}	D_{11}	D_{10}
D_{27}	D_{26}	D_{25}	D_{24}	D_{23}	D_{22}	D_{21}	D_{20}

(b) 汇报信号

P_1	P_2	C_6	C_5	C_4	C_3	C_2	C_1
P_1	P_2	S_4	S_3	S_2	S_1	C_8	C_7

(c) 控制命令

图 4.28　各种命令格式

同步方式又有面向字节的同步方式，如单同步、双同步和外同步方式，和面向比特(位)的同步方式如 HDLC 和 SDLC 方式。由于面向比特(位)的同步方式传输可靠、透明、格式统一、扩充性好，被优先采用，HDLC 或 SDLC 方式的帧结构如图 4.29 所示。图中 F 为标志段占 8 位、规定为 7EH；A 为地址段占 8 位，表示次站地址；C 为控制段占 8 位，用于信息传输时的差错控制；I 为信息段任意位，表示所传播的信息；CRC 为循环冗余码检验位 16 位，其生成多项式为 CRC $-16(x^{16} + x^{15} + x^2 + 1)$ 或 CCITT$(x^{16} + x^{12} + x^5 + 1)$。

F	A	C	I	CRC	F
8位	8位	8位	任意位	16位	8位

图 4.29　HDLC 帧结构

采用 HDLC 方式，监控信号编码作为 I 信息段内容被传送，可以用长帧即将监视、测量放在一帧中传送，也可用短帧分帧传送，帧长取决于信道质量，可根据传输可靠性和传输时间折中选取。

3. 监控信号类型

全数字化的监控系统，必须把本站所监视的状态、测量的电量转换成数字信号经监控线路送主控站，同时把主控站来的数字化遥控、遥调命令转换成受控电路能识别和执行的信号去控制或调谐受控电路。目前常用的监控信号可分为遥信、遥测、遥控、遥调。

1）遥信（监视）

遥信是被控站向主控站发送表示本站设备工作状态"正常"或"异常"信号的过程。首先应把表示监视点"正常"或"异常"的信号转换成"1""0"二元信息，然后经接口电路送入本站监控设备，再由监控设备把它组成监视帧输出，从而逐站传送到主控站，其示意图如图 4.30 所示。图中本站监视点是对本站全部设备必须监视的部位进行编号，图中表示共有 24 个监视点。检测电路的作用是把监视点的工作状态变换成逻辑电平"H""L"，即二元信号"1""0"，如发射机末级功放管温度保护电路，当末级功放温度小于 90℃时为"正常"，温度大于或等于 90℃时为"异常"，为此在功放管散热片上安装热敏电阻，通过测量热敏电阻两端电压来监视功放管温度是否正常，检测电路的例子如图 4.31 所示。图中当选择分压比使 $t \geq 90$℃时，U_{Rt} 变小，z_1 输出为"1"，表示异常状态；$t < 90$℃，U_{Rt} 变大，z_1 输出为"0"，表示正常状态。接口电路可以是缓冲存储器，如 74LS244 等，也可以用专用接口电路如 Z80PIO、8255 等。监控微机分别从各接口电路以并行方式读取状态信息存入内存，构成规定的格式以串行方式同步输出。如果需要，也可以在本站显示故障情况。

2）遥测（测量）

遥测是主控站对被控站重要参量进行测量的过程，遥测过程如图 4.32 所示，同样要对本站全部设备全部测试点进行编号。图中表示其有 16 个测试点，先对被测信号检波放大，使之变成符合 ADC 要求的直流电平，然后经 ADC 变换成数字信号，再经接口电路并行送入监控微机，由监控微机构成测量帧串行输出，从而逐站传送到主控站，如对 610～960MHz 发射机输出功率测量的电路如图 4.33 所示，从定向耦合器取出一部分功率，经检波放大送至 ADC（如采用 ADC0809、模拟输入电压范围为 0～5V、参考电压为 5V）。

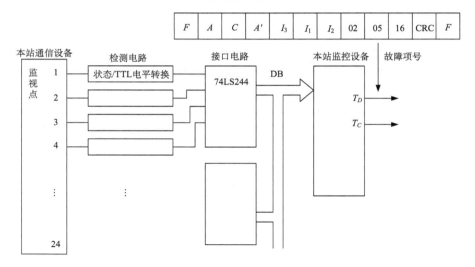

图 4.30　遥信过程

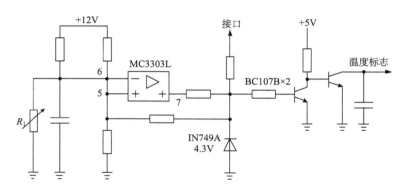

图 4.31　遥信检测电路

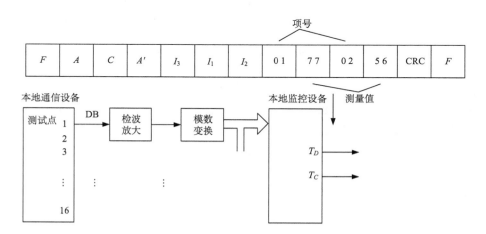

图 4.32　遥测过程

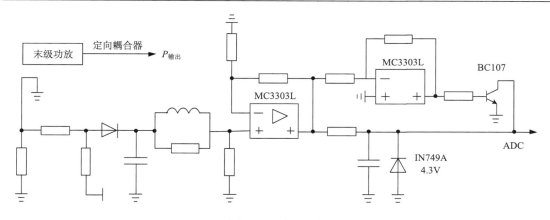

图 4.33　遥测电路

3) 遥控(控制)

遥控是主控站控制被控站的受控点执行某个动作的过程。通常主控站发出的控制命令是一串按一定规则构成的码，经逐站传送到达被控站后，由被控站的监控微机将该码变成"1""0"信号，经控制电路变成受控点的控制信号，其过程如图 4.34 所示。显然，要对每个站的受控点进行编号，假设有 5 个受控点，则可以编成 10 条命令，其关系如表 4.7 所示。表 4.7 中命令项号为 01 表示第 1 个受控点受控，输入信号为"0"。图 4.35 为控制电路的例子，图 3.35(a)表示当输入"1"时，T 导通、继电器吸合、触点 AC 接通；反之当输入"0"时，T 截止、继电器释放、触点 BC 接通。图 3.35(b)表示当输入"1"时，V_0 输出选 B；当输入"0"时，V_0 输出选 A。

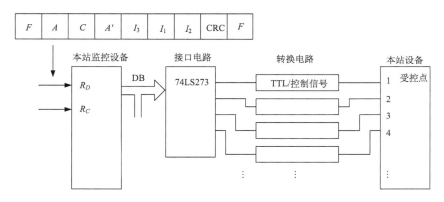

图 4.34　遥控过程

表 4.7　遥控电路对应值

控制命令项号	受控点	受控点输入	控制命令项号	受控点	受控点输入
01	1	0	06	3	1
02	1	1	07	4	0
03	2	0	08	4	1
04	2	1	09	5	0
05	3	0	0A	5	1

4) 遥调(调谐)

遥调与遥控类似，不同的是受控点识别的是模拟信号，为此用数模变换电路代替控制电路，把监控设备收到的数字信号变换成模拟电压。如图 4.36 所示，与遥测类似，发遥调命令时监控微机输出的数字、相应的模拟电压和受控量(如频率值)有一定关系，只要按此关系发遥调命令即可。

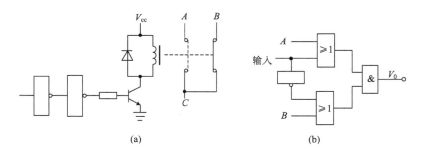

图 4.35　控制电路

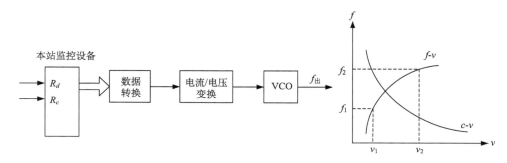

图 4.36　遥调过程

习　　题

4.1　微波通信特点有哪些?

4.2　微波中继通信系统的线路设备主要包括哪些?

4.3　数字微波中继通信系统中间站的转接方式通常有哪几种? 简要说明再生转接方式的过程。

4.4　使用微波在地面上进行长距离通信，必须配置中继站，这是为什么?

4.5　大气对电波传输的影响主要表现在哪些方面?

4.6　微波传播受地面影响主要表现在哪两方面?

4.7　当微波波束中心线刚好擦过障碍物时，电波是否会受到阻挡衰落?

4.8　微波中继通信系统中，发射、接收的直射波离地面障碍物的最小相对余隙大于多少时，附加损耗才可忽略?

4.9　微波中继通信系统中，视距传播的电波存在衰落现象，其两个主要原因是什么?

4.10　当大气条件改变时，折射特性会发生变化，可使微波直射波的传播路径严重偏离正常路径，产生两种严重后果，是哪两种后果？

4.11　什么是分集接收？

4.12　简述频率分集接收方式的含义及主要缺点。

4.13　数字微波中继通信系统中，可用什么指标表示信道的传输质量？

4.14　微波通信系统中，高误码率、低误码率的成因是什么？高误码率、低误码率如何分配？

4.15　微波通信中，采用同波道型的频率再用方案时，要求交叉极化鉴别率 XPD 大于多少？

4.16　什么是平行工作？什么是交叉工作？

4.17　数字微波中继通信系统中，中频频率选择时 K_f 值应为多少？

4.18　微波通信系统常用的监控线路主要有哪几种？

4.19　什么是复合调制？

4.20　在微波监控线路中，对于复合调制是主副信道共用一载波，相互间是否存在干扰？

4.21　什么是微波监控系统中的插入数据通道方式？其对主信道依赖性如何？

4.22　简述监控信号传送方式中，共线式和链路式、询问和汇报的工作方式。

4.23　一条微波线路可允许的业务中断率为每中继段 0.001%。若工作频率为 2GHz 频段，收、发信天线直径为 2.4m，效率为 0.6，中继段的长度为 40km，求所需的系统发射、接收增益(采用美国惯用系数)。

(1)海洋(平滑地面)；

(2)干燥山区(粗糙地面)。

4.24　无分集系统的可靠性指标为每中继段 99.99%。假定这个系统工作于有某些粗糙度的普通地面，载频为 1.8GHz，在系统发射机、接收机增益为 105dB、收发信天线直径为 3m、效率为 0.6 时，计算微波站之间的最大路径长度(采用美国惯用系数)。

第5章 卫星通信系统

5.1 卫星通信基本概念

5.1.1 卫星通信的定义及特点

卫星通信是指利用人造地球卫星作为中继站转发或反射无线电波，在两个或多个地球站之间进行的通信，用于实现通信目的的人造卫星称为通信卫星。由于作为中继站的卫星处于外层空间，这就使卫星通信方式不同于其他地面无线电通信方式，而属于宇宙无线电通信的范畴。

1945 年 10 月，英国空军雷达专家 A.C.Clarke 提出利用人造卫星进行通信的科学设想：在赤道轨道上空，高度为 35768km 处放置一颗卫星，以与地球同样的角速度绕太阳同步旋转，就可实现洲际通信。若在该轨道放置三颗这样的卫星就可以实现全球通信，这就是著名的卫星覆盖通信说。

1957 年 10 月，苏联发射了第一颗人造地球卫星 SPUTNIK（闪电号，图 5.1），揭开了卫星通信的序幕。1964 年 8 月，美国宇航局（NASA）成功发射了第一颗同步卫星 SYNCOM-3（图 5.2），通过它成功地进行了北美与太平洋地区间的电话、电视、传真的传输实验，并于次年转播了东京奥运会。1965 年，国际通信卫星组织（INTELSAT）成立，该组织于 1965 年 4 月发射第一颗商用静止轨道通信卫星 INTELSAT I（图 5.3），开始进行商业通信业务。

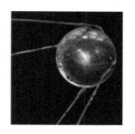
图 5.1　SPUTNIK

图 5.2　SYNCOM-3

图 5.3　INTELSAT I

自从提供商业通信以来，卫星通信现已成为最主要的通信手段之一。概括起来，卫星通信可分为几个发展阶段。

（1）国际卫星通信。20 世纪 60 年代中期至 70 年代中期，卫星通信位于国际通信领域最新、最重要的地位。在这一期间，许多国际卫星组织相继出现，并建立了多种国际卫星通信系统，为国际通信和电视传输增添了新的一页。

（2）国内卫星通信。20 世纪 70 年代中期至 80 年代中期是国内卫星通信领域发展的鼎盛时期。在这一时期里，许多国家都相继建立了自己的国内卫星通信系统，特别对于一些幅员辽阔，自然条件、地理条件恶劣的国家和地区，卫星通信已是其唯一的选择。

（3）甚小孔径终端（Very Small Aperture Terminal，VSAT）。20 世纪 80 年代初至 90 年代

初，卫星通信迎来了一场革命性的变革，那就是 VSAT 系统的出现和推广。VSAT 的诞生为卫星通信的应用开拓了更加广泛的市场。

（4）空间信息高速公路。从 20 世纪 90 年代初至今，移动卫星通信和宽带卫星通信得到发展。随着地面移动通信的飞速发展，人们提出了个人通信的新概念，而要实现个人通信，就需要有无缝隙的通信网。显然，只有卫星通信技术，才能真正实现这一要求。这样，卫星通信就被推进到移动通信的时代。就在同一时期，基于光纤通信的成熟发展，人们又提出了信息高速公路的新设想。起初人们几乎忽略了卫星通信在信息高速公路的建设中可能发挥的作用，但是不久就发现，卫星宽带通信正在悄悄崛起，并形成了卫星通信发展的另一个热点，这就是信息高速公路。

特别是自 20 世纪末开始，多波束天线、星上处理与交换、星间链路、激光通信等各种新技术不断被应用于通信卫星，出现了一批具备新型技术特征和应用能力的卫星通信系统。

由于通信卫星具有其他方式所不可替代的优点，因此卫星通信始终受到各军事强国的高度重视，卫星通信已成为实现信息化作战的重要手段，现代几场高技术局部战争也证明了卫星通信的重要作用。

通信卫星按其结构可分为无源卫星和有源卫星。按其运转轨道可分为：①赤道轨道卫星，其轨道面与赤道面重合；②极轨道卫星，其轨道面与赤道面垂直，这种卫星穿过地球南、北极的上空；③倾斜轨道卫星，其轨道面相对于赤道面是倾斜的，如图 5.4 所示。按卫星离地面最大高度 h 的不同可分为：①低高度卫星，$h<5000$km；②中高度卫星，5000km $< h < 20000$km；③高高度卫星，$h>20000$km。按卫星的运转周期以及卫星与地球上任一点的相对位置关系不同可分为运动卫星（非同步卫星）和静止卫星（同步卫星）。目前，在通信中应用最广泛的是有源静止卫星。静止卫星就是发射到

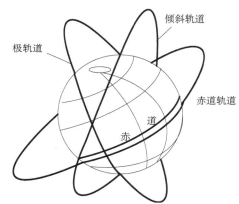

图 5.4　通信卫星的轨道

赤道上空约 35860km 处圆形轨道上的卫星，它运行的方向与地球自转的方向相同，绕地球一周的时间，即公转周期恰好是 24h，和地球的自转周期相等，从地球上看去，如同静止一般。由静止卫星作中继站组成的通信系统称为静止卫星通信系统或称同步卫星通信系统。图 5.5 为一个简单的卫星通信示意图。

由图 5.5 可知，地球站 A 通过定向天线向通信卫星发射的无线电信号，首先被卫星的转发器所接收，经过卫星转发放大和变换后，再由卫星天线转发到地球站 B，当地球站 B 接收到信号后，就完成了从地球站 A 到地球站 B 的信息传递过程。从地球站发射信号到通信卫星所经过的通信路径称为上行线路。同样，地球站 B 也可以向地球站 A 发射信号来传递信息。

图 5.6 是静止卫星配置的几何关系。从卫星向地球引两条切线，切线夹角为 17.34°。两切点间弧线距离为 18101km，其覆盖面积可达地球总面积的 40% 左右，在这颗卫星电波波束覆盖区内的地球站都能通过该卫星的转发器来实现通信。若以 120° 的等间隔在静止卫星轨道上配置三颗卫星，则地球表面除了两极区未被卫星波束覆盖外，其他区域都在覆盖范围内，而且其中部分区域为两个静止卫星波束的重叠地区，因此借助于在重叠区内地球站

的中继(称为跳跃),可以实现在不同卫星覆盖区内地球站之间的通信。由此可见,只要三颗等间隔配置静止卫星就可以实现除地球两极以外的全球通信,这一特点是任何其他通信方式所不具备的。目前,国际卫星通信和绝大多数国家的国内卫星通信大都采用静止卫星通信系统。例如,国际卫星通信组织负责建立的世界卫星通信系统(INTELSAT),简称 IS,就是利用静止卫星按上述原理来实现全球通信的,静止卫星所处的位置分别在太平洋、印度洋和大西洋上空。其中,印度洋卫星能覆盖我国的全部领土,太平洋卫星能覆盖我国的东部地区,即我国东部地区为印度洋卫星和太平洋卫星的重叠覆盖区。

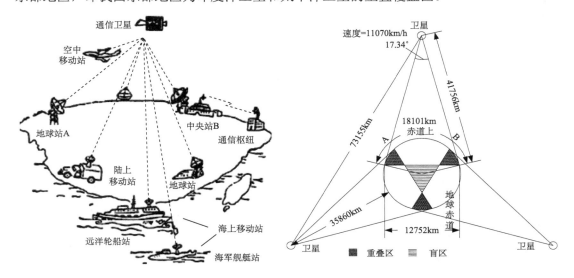

图 5.5 简单的卫星通信示意图   图 5.6 静止卫星配置的几何关系

与其他通信手段相比,卫星通信的主要优点如下。

(1)通信距离远,且费用和通信距离无关。

(2)工作频段宽,通信容量大,适用于多种业务传输。

(3)通信线路稳定可靠,通信质量高。

(4)以广播方式工作,具有大面积覆盖能力,可以实现多址通信和信道的按需分配,因而通信灵活机动。

(5)可以自发自收进行监测。

静止卫星通信也存在如下不足。

(1)两极地区为通信盲区,高纬度地区通信效果不佳。

(2)卫星发射和控制技术比较复杂。

(3)春分和秋分前后存在星蚀(卫星进入地球的阴影区)和日凌中断(卫星处于太阳和地球之间,受强大的太阳噪声影响而使通信中断)现象,如图5.7所示。

(4)有较大的信号延迟和回波干扰。

(5)卫星通信需要有高可靠、长寿命的通信卫星。

(6)卫星通信要求地球站有大功率发射机、高灵敏度接收机和高增益天线。

总而言之,卫星通信有优点,也存在一些缺点,这些缺点与优点相比是次要的,而且有的缺点随着卫星通信技术的发展,已经得到或正在得到解决。

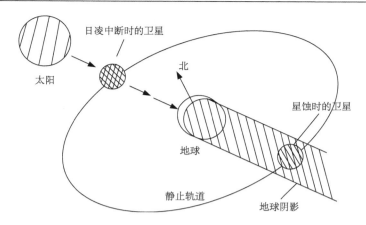

图 5.7　星蚀和日凌中断的示意图

还需指出，在整个卫星通信系统中，需要设立跟踪遥测及指令系统对卫星进行跟踪测量，发射时控制其准确进入静止轨道上的指定位置，并对在轨卫星的轨道、位置及姿态进行监视和校正。同时，为了保证通信卫星的正常运行和工作，还要有监控管理系统对在轨卫星的通信性能及参数进行业务开通前的监测和业务开通后的例行监测与控制。因此，一个完整的卫星通信系统由空间分系统、地球站、跟踪遥测及指令系统和监控管理分系统四大部分构成。

5.1.2　卫星通信系统的组成及网络形式

1. 系统的组成

一个卫星通信系统是由空间分系统、通信地球站分系统、跟踪遥测指令分系统和监控管理分系统四大部分组成，如图 5.8 所示。其中有的直接用来进行通信，有的用来保障通信的进行。

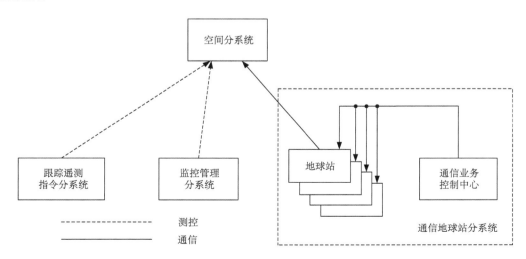

图 5.8　卫星通信系统的基本组成

1) 空间分系统

空间分系统即通信卫星，通信卫星主要是起无线电中继站的作用。它是靠星上通信装置中的转发器和天线来完成的。一个卫星的通信装置可以包括一个或多个转发器，每个转发器能接收和转发多个地球站的信号。显然，当每个转发器所能提供的功率和带宽一定时，转发器越多，卫星的通信容量就越大。

2) 通信地球站分系统

通信地球站分系统一般包括中央站(或中心站)和若干个普通地球站。中央站除具有普通地球站的通信功能外，还负责通信系统中的业务调度与管理，对普通地球站进行监测控制以及业务转接等。

地球站具有收、发信功能，用户通过它们接入卫星线路，进行通信。地球站有大有小，业务形式也多种多样。一般来说，地球站的天线口径越大，发射和接收能力越强，功能也越强。

3) 跟踪遥测指令分系统

跟踪遥测指令分系统也称为测控站，它的任务是对卫星跟踪测量，控制其准确进入静止轨道上的指定位置；待卫星正常运行后，定期对卫星进行轨道修正和位置保持。

4) 监控管理分系统

监控管理分系统也称为监控中心，它的任务是对定点的卫星在业务开通前、后进行通信性能的监测和控制，例如，对卫星转发器功率、卫星天线增益以及各地球站发射的功率、射频频率和带宽、地球站天线方向图等基本通信参数进行监控，以保证正常通信。

2. 网络形式

与地面通信系统一样，每个卫星通信系统都有一定的网络结构，使各地球站通过卫星按一定形式进行联系。由多个地球站构成的通信网络，可以是星形的，也可以是网格形的，如图 5.9 所示。在星形网络中，外围各边远站仅与中心站直接发生联系，各边远站之间不能通过卫星直接相互通信，必要时需经中心站转接才能建立联系。这样，中心站为大站，而众多的边远站可以为尺寸较小的站，以便大幅度降低建设费用。网格形网络中的各站，彼此可经卫星直接沟通。除此之外，也可以是上述两种网络的混合形式。网络的组成形式应根据用户的需要在系统总体设计中加以考虑。

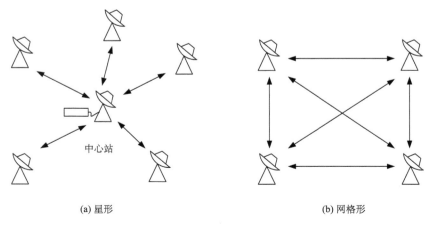

(a) 星形　　　　　　　　　　　　　　　(b) 网格形

图 5.9　卫星通信网络结构

在静止卫星通信系统中，大多是单跳工作，即只经一次卫星转发后就被对方接收。但也有双跳工作的，即发送的信号要经两次卫星转发后才能被对方接收。发生双跳大体有两种场合：一是国际卫星通信系统中，分别位于两个卫星覆盖区内且处于其共视区外的地球站之间的通信，必须经其共视区的中继地球站，构成双跳的卫星接力线路，如图 5.10(a)所示。二是在同一卫星覆盖区内的星形网络中，边远站之间，需经中心站的中继，两次通过同一卫星的转发来沟通通信线路，如图 5.10(b)所示。

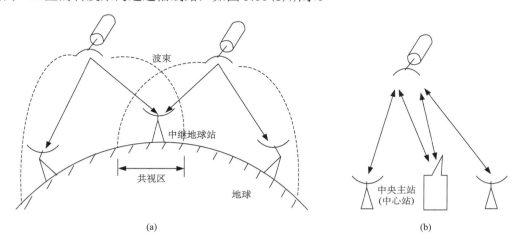

图 5.10　卫星通信双跳工作示意图

5.1.3　卫星通信线路的组成

卫星通信线路，就是卫星通信电波所经过的整个线路，它不仅包括通信卫星和地球站等各主要单元，而且还包括电波在各单元之间的传播途径。图 5.11 为卫星通信线路的组成方框图。下面结合图示来说明各单元部件的工作原理和信息传递的过程。

来自地面通信线路的各种信号(可以是电报、电话、数据或电视信号)，经过地球站 A 的终端设备(可以是模拟终端或数字终端)输出一个对模拟信号采用频率复用、对数字信号采用时间复用的多路复用信号，即基带信号。通过调制器把基带信号调制到中频(如 70MHz)信号上。调制方法通常采用调频(模拟信号)或相移键控(数字信号)。调制器输出的已调中频信号在发射机的上变频器中变成频率更高的发射频率 f_1(如 6GHz 左右)，最后经过发射机的功率放大器放大到足够高的电平(可达约 30dBW)，通过双工器由天线向卫星发射出去。这里的双工器的作用是把发射信号与接收信号分开，使收发信号共用一副天线。

从地球站 A 发射的射频信号，穿过大气层以及自由空间，经过一段相当远的传输距离，才能到达卫星转发器，射频信号在这段上行线路中会有很大的衰减，并且要混进大量的各种噪声。当射频信号传输到卫星时，卫星转发器的接收机首先将接收到的射频信号变成中频信号，并且进行适当的放大(也可以对射频直接进行放大)，然后进行频率转换，变成频率为 f_2(如 4GHz 左右)的射频信号，经过发射机进行功率放大，最后由天线转发。为了使比较强的转发信号不至于通过转发器天线反过来干扰接收信号，转发器发射载波频率与接收频率之间必须有足够的频差。

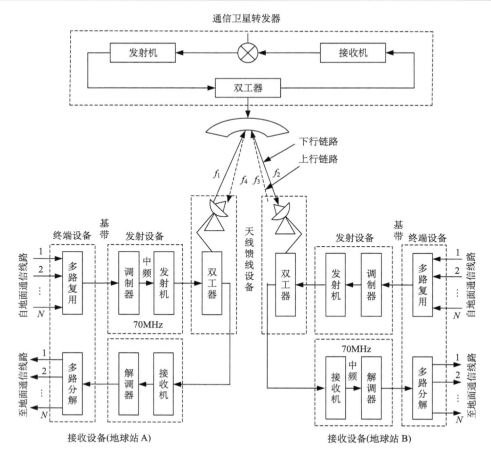

图 5.11　卫星通信线路的组成方框图

由于卫星转发器转发下来的射频信号，同样要经过很长一段传输距离才能到达地球站 B。在这段下行线路中，射频信号同样会有很大的衰减，并且也要混进大量的各种噪声。由于卫星转发器发射的功率比较小，故地球站 B 接收到的信号强度就显得更加微弱了。

地球站 B 的接收机，经天线接收微弱的转发信号，一般先经过低噪声放大器(LNA)加以放大，再变成(在下变频器中)中频信号，进一步放大后经解调器把其基带信号解调出来。最后通过终端设备把基带信号分路，再送到地面其他通信线路。

以上就完成了卫星通信线路的一个单向通信过程。反过来，从地球站 B 向地球站 A 的通信过程也是相似的，这时，上行线路采用与 f_1 稍有差别的频率 f_3，下行线路频率采用与 f_2 稍有差别的频率 f_4(如图 5.11 中虚线所示)，以避免相互干扰。

5.1.4　卫星通信的工作频段

卫星通信工作频段的选择是一个十分重要的问题，它直接影响系统的传输容量、转发器及地球站的发射功率、天线尺寸和设备的复杂程度，还影响与其他通信系统的协调。工作频段的选择主要考虑下列因素：工作频段的电磁波能穿透电离层到达卫星所在的轨道空间；传输损耗和外界噪声要小；应具有较宽的可用频段；与其他无线系统(如地面微波中继通信系统、雷达系统等)之间的相互干扰要尽量小；能充分利用现有技术设备，并便于与现有通信设备配合使用等。

综合考虑上述各方面的因素，应将工作频段选在电波能穿透电离层的特高频或微波频段。

目前，非同步卫星或移动业务的卫星通信主要使用 400/200MHz(UHF 频段)、1.6/1.5GHz(L 频段)。大部分国际、国内卫星使用 6/4GHz(C 频段)，上行线为 5.925~6.425GHz，下行线为 3.7~4.2GHz，转发器带宽可达 500MHz。许多国家的政府和军事卫星用 8/7GHz(X 频段)，上行线为 7.9~8.4GHz，下行线为 7.25~7.75GHz。目前已开发和使用 14/11GHz(Ku 频段)，上行线采用 14~14.5GHz，下行线为 11.7~12.2GHz 或 10.95~11.2GHz，以及 11.45~11.7GHz，并已用于民用卫星通信和广播卫星业务。卫星通信用的频段正在向更高频发展，30/20GHz(Ka 频段)已开始使用，其上行频率为 27.5~31GHz，下行频率为 17.7~21.2GHz。该频段可用带宽达 3.5GHz。

5.2　通信卫星与地球站

5.2.1　通信卫星的组成和功能

在卫星通信系统中，所有地面站发出的信号都是经过卫星转发到对方地面站的。因此，除了要在卫星上配置收、发无线电信号的天线及通信设备外，还要有保证完成通信功能的其他设备。图 5.12 是通信卫星的组成方框图。它是由天线系统、通信系统、遥测指令系统、控制系统及电源系统五大部分组成的。

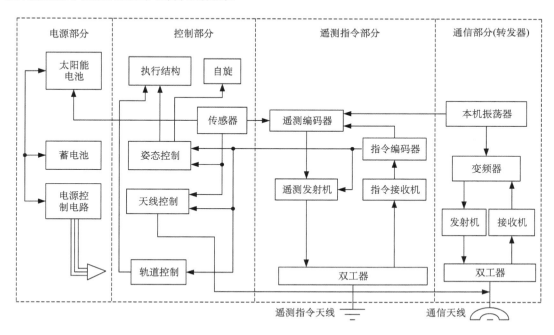

图 5.12　通信卫星的组成方框图

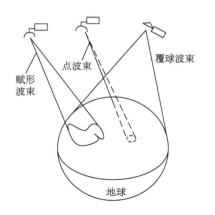

图 5.13 覆球波束、赋形波束和点波束示意图

1. 天线系统

1) 天线的类型

天线系统包括通信用的微波天线和遥测、遥控系统用的高频或甚高频两种天线。后者一般是全向天线，以便在任意卫星姿态可靠地接收遥控指令和向地面发射遥测数据及信标，常用的形式有鞭状天线、螺旋状天线和绕杆天线。通信用的微波天线都采用定向天线，根据波束的宽、窄又分为覆球波束天线、赋形波束天线（区域波束天线）、点波束天线，如图 5.13 所示。

（1）覆球波束天线。也称全球波束天线，或简称球波束天线。其波束恰好能覆盖卫星对地球的整个视区（约为地球总表面积的 40%），波束半功率宽度为 17.4°。

（2）赋形波束天线。覆盖区轮廓不规则，视服务区的边界而定。如覆盖某一国家版图的国内波束天线以及区域波束天线、半球波束天线和多波束天线等。

为使波束成形，有的是通过修改反射器形状，更多的是利用多个馈源从不同方向经反射器产生多波束的组合来实现，如图 5.14 所示。波束截面的形状除与馈源喇叭的位置排列有关外，还取决于馈给各喇叭的信号功率与相位，通常用一个波束成形网络控制。

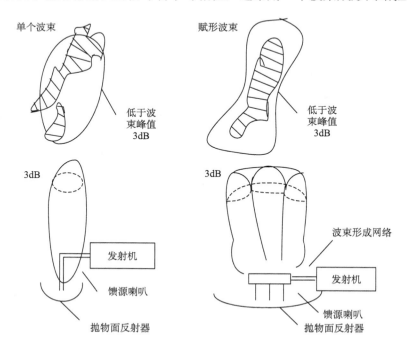

(a) 一个馈源喇叭产生的单个波束　　(b) 多个馈源喇叭得到的赋形波束

图 5.14 赋形波束的形成

(3)点波束天线。它的覆盖面积小，且一般为圆形，其波束半功率宽度只有几度或更小，因此也称窄波束天线。这种天线一般为抛物面天线。由于其波束较窄，因而天线增益高。

2)稳定方式

卫星主要采用三轴稳定法和自旋稳定法使通信天线的波束对准地球上的通信区域。卫星采用三轴稳定方式，星体本身不旋转，故不需要采用消旋天线。对于卫星星体是旋转的(需采用自旋稳定方式以保持卫星的姿态稳定)，要采用消旋天线使波束始终对准要通信的区域。现在就常用的两种方法分别叙述如下。

(1)机械消旋天线。图 5.15(a)是一种典型的机械消旋天线的结构。这种天线装在星体上端的自旋轴上。它由平板反射器、消旋驱动电机、消旋控制以及空间转发器连接的圆波导和接头等组成。漏斗形号角天线的轴与卫星自旋轴方向完全一致，而号角上面的平板反射器则与轴成 45°角。当电波传播到反射器时，就以垂直于卫星轴的平行波束射向地面。并且，当反射板与卫星的自旋速度大小相等，方向相反时，就可以使天线波束始终指向地球了。如果天线的波束指向产生偏差，就由控制系统加以消除。

图 5.15(b)是另外一种机械消旋天线。它是把天线装在消旋平台上，消旋平台由电机驱动。这样，可以在消旋平台上安装更多的天线。

(2)电子消旋天线。电子消旋天线是利用电子线路控制天线波束，使其旋转速度与卫星大小相等，方向相反，从而使波束始终指向地球。

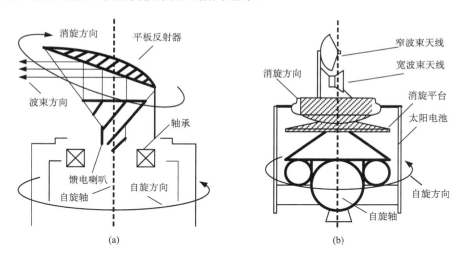

图 5.15　机械消旋天线的结构

2. 通信系统

卫星上的通信系统又称为转发器，其任务是把接收的信号放大，并利用变频器变换成下行频率后再发射出去，它实质上是一部宽频带收、发信机，对它的要求是工作稳定可靠，附加的噪声小。

转发器的电路结构随性能要求而有所不同，为使收、发信号能有效地隔离，上、下行的频率应有所不同，故在转发器中要进行频率变换。使用的方法有两种，即单变频和双变频方式。前一种适用于载波数量多，通信容量大的卫星通信系统。如果上、下行的频率很高，所需频带又较窄，则可采用后一种。

有时还要求转发器对信号有处理功能。此时，输入信号要先解调，经信号处理后再将基带信号调制到输出的载波上，这种转发器称为处理转发器。

1）双变频转发器

这种转发器的组成方框图如图 5.16 所示，它是先把接收的信号变为中频，经放大、限幅，然后变换为发射频率，再经行波管功率放大，最后由天线发向地面站。

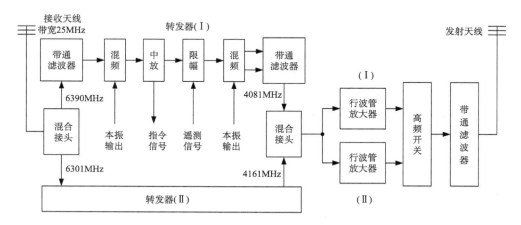

图 5.16　双变频转发器组成方框图

国际通信卫星 IS-I 就是采用这种方案，地面站发来的 6GHz 信号，先送入带宽为 25MHz 的两组转发器中，把它变为中频信号，经中频放大并分离出指令信号，然后以遥测信号对中频信号调相，再经限幅器后，由变频器将它变成 4GHz 的信号，两组信号合在一起经行波管放大后，由天线辐射出去。转发器中的收、发信机本振信号是利用同一个晶振源经不同倍频次数得到的。

双变频转发器的优点是中频增益高，转发器增益可达 80～100dB，电路工作稳定；缺点是中频带宽窄，不适合多载波工作。

2）单变频转发器

这种转发器是先将输入信号进行直接放大，而后变频为下行频率，经功率放大后转发给地面站，它是一种微波式转发器，射频带宽可达 500MHz。由于转发器的输入、输出特性是线性的，所以允许多载波工作，适于多址连接。目前，大都采用此种转发器。

图 5.17 是 IS-V 单变频转发器的组成方框图。由覆球波束天线发射的 6GHz 信号，经环行器加到由 4 级晶体管组成的前置放大器，其增益为 23dB，噪声系数为 5.6dB。混频器由二极管和微带线组成。混频器之后是带通/带阻滤波器以抑制带外信号，输出频率为 3.7～4.2GHz。然后是一个由 3 级晶体管组成的标称频率为 4GHz 的晶体管放大器，它的输出加到可控 PIN 二极管组成的可变衰减器上，衰减范围在 0～7.5dB 内可调。可变衰减器输出的信号加到激励单元中的环行器上，以便与前端单元形成良好的隔离，再通过滤波器加到由 5～6 级晶体管组成的激励放大器中，最后的输出功率为 1.3dBmW。

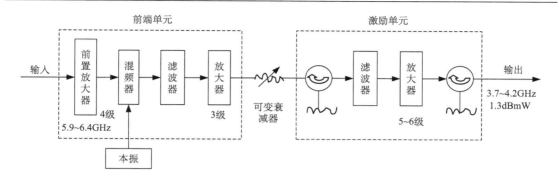

图 5.17　IS-V 单变频转发器组成方框图

3）处理转发器

目前，双变频和单变频转发器主要用于模拟卫星通信系统。在数字卫星通信系统中，还可采用处理转发器。这种转发器的组成方框图如图 5.18 所示。首先，接收到的信号经微波放大和下变频后变为中频信号，进行相干检测和数据处理，从而得到基带数字信号。在发射机中，先将上述基带数字信号调制到某一中频（如 70MHz）上，再上变频到下行频率上，最后由功率放大器经发射天线转发到地面。

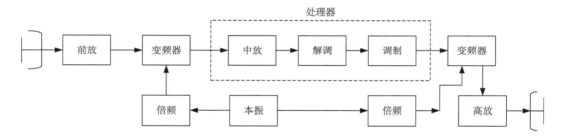

图 5.18　处理转发器组成方框图

在数字卫星通信系统中，采用处理转发器可以消除噪声的积累，因此在保证同样通信质量的情况下，可以减少转发器的发射功率；其次，上行线路和下行线路可以选用不同的调制方式，从而得到最佳传输；另外，还可以在处理转发器中对基带信号进行其他各种处理，以满足不同的需要。当然，处理转发器的设备，相对前两种转发方式而言要复杂一些。

3. 遥测指令系统

这个系统完成三项任务：一是为了使地面站天线能跟踪卫星，卫星要发射一个信标信号。此信号可由卫星内产生，也可由一个地面站产生，经卫星进行频率变换后转发到地面。常用的方法是将遥测信号调制到信标信号上，使遥测信号和信标信号一起发向地面。二是为了保证通信卫星正常运行，需要了解其内部各种设备的工作情况，通过各种传感器和敏感器件，不断测出卫星的在轨位置、姿态、各设备的工作状态（如电流、电压、温度、控制用气体压力等，以及设备是否正常）等数据，经遥测发射设备发给地面的跟踪遥测指令站（TT&C 站），也可称测控站。三是接收测控站发来的控制指令，处理后送给控制分系统执行。

遥测和遥控的基本工作过程是先由遥测部分测得卫星的上述各种数据发给测控站。测控站接收并检测出卫星发来的遥测信号，转送给卫星监控中心进行分析处理；需要实施指令控制时，将指令信号回送给测控站，由测控站向卫星发出有关姿态和位置校正、星体内温度调节、主备用部件切换、转发器增益调整等控制指令信号。卫星上的指令部分收到测控站发来的指令并进行解调与译码后，一方面将其暂存起来，另一方面经遥测设备发回测控站进行校对。测控站核对正确后发出"指令执行"信号，卫星的指令设备正确接收后，才将存储的指令送到控制系统，使有关的执行机构正确地完成控制动作。这样可避免由于指令在传输中受干扰而造成错误动作，确保控制安全可靠。

4. 控制系统

控制系统由一系列机械或电子的可控调整装置组成，如各种喷气推进器、驱动装置、加热及散热装置、各种转换开关等。该系统在地面测控站的指令控制下完成对卫星姿态、轨道位置、工作状态、主备用部件切换等各项功能的调整。其中，姿态控制是使卫星对地球或其他基准物保持正确的姿态。对同步卫星来说，主要是用来保证天线波束始终对准地球以及太阳能电池帆板对准太阳。位置控制系统用来消除摄动的影响，以便使卫星与地球的相对位置固定。

5. 电源系统

通信卫星的电源要求体积小、重量轻和寿命长。它由太阳能电池方阵、蓄电池组(化学电池)、稳压控制电路等组成，如图 5.19 所示。太阳能电池方阵由光电器件组成，一般制成 1cm×2cm 或 2cm×2cm 小片，再按所需的电流、电压大小，经串、并联构成微型组件，在组件下面垫上绝缘薄膜，贴在卫星星体表面上或专用的帆板上，其输出的电压很不稳定，须经电压调节器后才能使用，化学电池大多采用镍镉蓄电池，与太阳能电池方阵并接。平时由太阳能电池方阵供电，同时蓄电池组被充电；当卫星进入地球的阴影区时，由蓄电池组供电，保证卫星不间断工作。图 5.19 中的二极管 V_1 用来阻止蓄电池组放电电流流向太阳能电池方阵；V_2 则为蓄电池组提供放电通路。

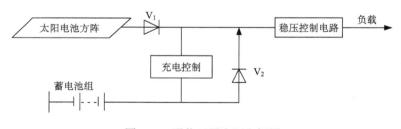

图 5.19　通信卫星电源方框图

5.2.2　通信卫星举例

目前已发射的通信卫星很多，下面主要介绍 IS-V 系列的转发器及与通信有关的部分。

1. IS-V 系统特性

IS-V 是大容量商用通信卫星，在三大洋上空共有六颗同时工作，以沟通 300 多个地面终端。每颗卫星有 12000 路双向电话和两路电视。主要用于国际通信，但也可用于国内和区域通信。该系统的主要特性如表 5.1 所示。

表 5.1 IS-Ⅴ 系统特性（部分数据）

项 目	性 能
总体特征	三轴稳定
星本体尺寸	$(1.66\times2.01\times1.77)\,m^3$
星体高度	6.49m
轨道上重量（寿命结束时）	815kg
覆球波束天线	
发射（4GHz）	18°角喇叭天线
接收（6Hz）	22°角喇叭天线
半球/区域波束天线	
发射（4Hz）	2.44m，抛物面反射器
接收（6GHz）	1.56m，抛物面反射器
点波束天线（收、发共用）	
东向（14/11GHz）	1.12m，抛物面反射器（可控）
西向（14/11GHz）	0.96m，抛物面反射器（可控）
接收机和上变频器	
6～4GHz	11 台（5 台工作）
14～4GHz	4 台（2 台工作）
4～11GHz	10 台（6 台工作）
太阳能电池翼（每翼）	$(6.05\times1.694)\,m^2$
电池片尺寸及数量	$(2.1\times4.04)\,m^2$，共 17568 块
功率	1724W（初期），1270W（末期）
设计寿命	7 年

IS-Ⅴ卫星采用了多种新技术，如点波束天线、正交圆极化隔离、频率多重再用等。此外，还开辟了 14/11GHz 的新频段和第一次使用三轴稳定方式，并获得了较高的姿态和位置控制精度。太阳能电池翼提供了 1270W 以上的功率，在 IS-Ⅴ 系列的最后三颗卫星上还装有专供海上船舶通信用的海事通信转发器。

2. 频率再用与波束配置

卫星通信在 6/4GHz 和 14/11GHz 频段的带宽各约 500MHz，为了充分利用频率资源，IS-Ⅴ卫星使用了频率再用技术，在 6/4GHz 频段复用 4 次，在 14/11GHz 频段复用 2 次，从而把可用带宽增加到 2.137GHz。

IS-Ⅴ卫星在同一副天线上采用空间分割和极化隔离的频率再用技术。在 6/4GHz 波段具有东、西半球波束和区域波束，在 14/11GHz 波段具有东、西点波束。这些波束的形状是根据地面站的分布情况确定的，而以"成形"波束天线来完成。东区点波束为椭圆形，西区点波束为圆形。

　　虽然区域波束是在半球波束以内，但通过极化隔离技术，可将 6/4GHz 波段同时用于上述两种波束。例如，对东半球下行半球波束用右旋圆极化，东半球下行区域波束用左旋圆极化。对上行波束而言，极化方向则正好与上述情况相反。因此，空间分割和极化隔离相结合，使 6/4GHz 波段的下行和上行波束各有 4 个。

　　3. 通信分系统

　　通信分系统的任务是接收和放大地面站发送来的信号，并将它们进行频率和波束转换后发向指定的地区。本分系统有 15 台接收机，其中 7 台工作，8 台备用。可用的射频带宽为 2317MHz，由 140 多个微波开关组成的信道"开关矩阵"，可使信号在收、发波束间进行信道转换，以达到灵活运用的目的。43 只行波管放大器中有 27 只工作，16 只备用。通信分系统的主要性能如表 5.2 所示。

表 5.2　IS-V 通信系统的主要性能

参数	覆盖区与频带			
	覆球波束 6/4GHz	半球波束 6/4GHz	区域波束 6/4GHz	点波束 14/11GHz
饱和通量密度/(dBW/m^2)	$-75\sim-72$	$-75\sim-72$	-72	东 -77 西 -80.3
G/T 值/(dB/K)	-18.6	-11.6	-8.6	东 0 西 3.3
EIRP/dBW	26.5	26	29	东 41.4 西 44.4
极化方式	圆极化	圆极化	圆极化	线极化
极化隔离度/dB	32	27	27	≥27
频带/GHz	收：5.925~6.425 发：3.700~4.200	同左	同左	收：14.00~14.50 发：10.95~11.70

　　IS-V 通信分系统的组成方框图如图 5.20 所示。由给定天线来的接收信号，通过预选滤波器和开关之后，加到接收机中放大，接收机的前置放大器，除 14GHz 为隧道二极管放大器外，其他均为双极晶体管放大器。接收机之后是 7 个输入"波道分离器"，每个覆盖区都有一个，它们给出所需的信道配置。信道分离器由滤波器、群时延均衡器、混合接头和环行器等组成。波道分离器输出的信号加到工作频率为 3.7~4.2GHz 的微波开关矩阵上，从而完成接收信号的波束转换工作。上变频器将开关矩阵送来的信号变为 4GHz 或 11GHz 的下行频率，然后加到行波管放大器上，最后通过相应的输出"波道合成器"送到各自的天线上去。
　　通信分系统发射频率的配置如图 5.21 所示。阴影部分与非阴影部分不同时使用。
　　卫星天线由通信天线、遥测天线、指令天线和信标天线等组成。通信天线包括 4GHz 发射和 6GHz 接收的覆球波束天线；4GHz 发射和 6GHz 接收的半球/区域波束天线；11/14GHz 收、发共用的东、西点波束天线。这些天线的配置如图 5.22 所示。

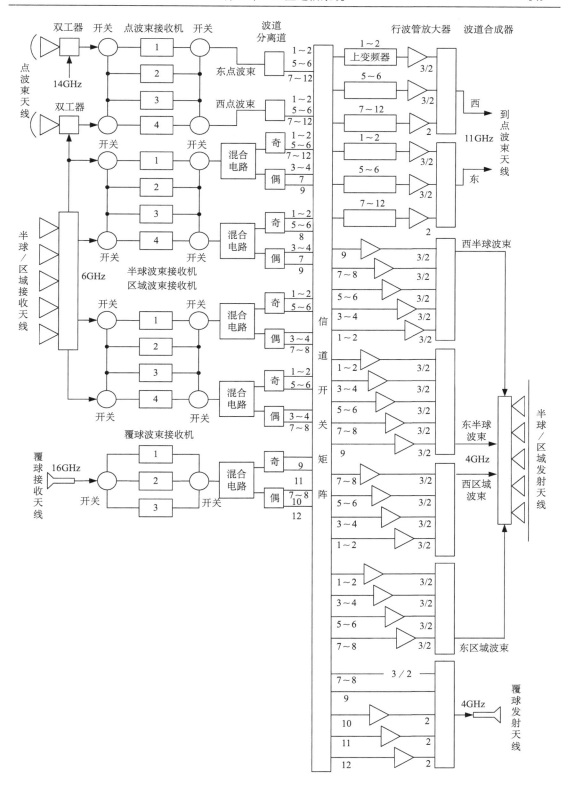

图 5.20　IS-Ⅴ通信分系统组成方框图

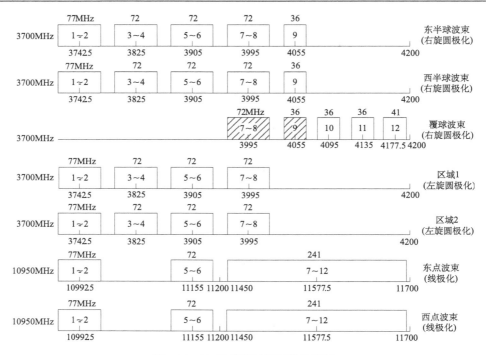

图 5.21　IS-V 系统发射频率的配置

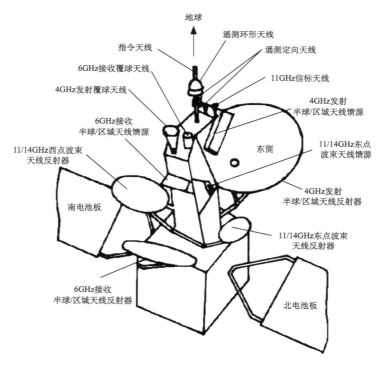

图 5.22　IS-V 卫星天线的配置

5.2.3　卫星通信地球站

1. 地球站的分类与要求

1）地球站分类

地球站是卫星通信系统的重要组成部分。根据安装方式及规模不同，一般可分为固定站和移动站。

地球站也可以根据其天线口径的大小来区分，一般可分为 20～30m 直径的大型站（一般作国际通信的固定站）、7.5～18m 的中型站、6m 以下的小型站和微型站。

地球站按传输信号形式又可分为模拟站（主要用来传输多路模拟电话信号、电视图像信号等）和数字站（主要用来传输高速数据信号和数字电话信号等）。

地球站的分类还可以根据其他特点来进行分类，但目前主要以上面的方法进行分类。

另外，国际卫星通信组织对各种类型的地球站有一个分类标准，如表 5.3 所示。

表 5.3　INTELSAT 地球站标准（1986 年修订）

地球站标准	天线尺寸/m	业务类型	波段/GHz
A（现有）	30～32	国际电话、数据、电视、IBS*、IDR	4/6
A（修订）	15～17	国际电话、数据、电视、IBS、IDR	4/6
B	10～13	国际电话、数据、电视、IBS、IDR	4/6
C（现有）	15～18	国际电话、数据、电视、IBS、IDR	11/14
C（修订）	11～13	国际电话、数据、电视、IBS、IDR	11/14
D1	4.5～5.5	VISTA**（国际或国内）	4/6
D2	1.1	VISTA（国际或国内）	4/6
E1	3.5～4.5	IBS（K 波段）	11/14 和 12/14
E2	5.5～6.5	IBS（K 波段）	11/14 和 12/14
E3	8～10	LDR、IBS（K 波段）	11/14 和 12/14
F1	4.5～5	IBS（C 波段）	4/6
F2	7～8	IBS（C 波段）	4/6
F3	9～10	国际电话、数据、IDR、IDS（C 波段）	4/6
G	全部尺寸	国际租用业务，包括 INTELNET	4/6 和 11/14
Z	全部尺寸	国际租用业务，包括 INTELNET	4/6 和 11/14

IBS*：INTELSAT 商业业务。VISTA**：低密度电话业务。

注：INTELSAT 指出，A 地球站标准站与 C 地球站标准站参数的修订，将不影响现有 A 地球站标准站和 C 地球站标准站的状况。

2）对地球站的一般要求

根据地球站的性能和用途不同，任何一个地球站都有一定的技术要求。一般来说，在电气性能方面，要求地球站能发送稳定的宽频带、大功率信号，同时能可靠地接收卫星转发器的微弱信号；在工作种类方面，不仅要求传输多路电话、电报、传真等信号，而且要求能传输高速数据以及电视等信号；在维护方面，要求能稳定可靠，维护使用方便；在经济成本方面，由于这是一次性投资较大，使用时间较长的工程，要对建设成本和维护费用加以认真考虑。为了有效地利用通信卫星，要求地球站的主要技术指标如下。

(1) 工作频率范围。工作频率范围主要是指地球站正常工作的射频范围。实际上，也就是天线、馈线、低噪声放大器、高功率放大器、上下变频器可工作的频域。例如，工作在 6/4GHz 的卫星通信地面站，应能工作在 5.925～6.425GHz 的上行频率内，按系统的分配，选取其中一个或若干个频率作为本站的发射上行频率，而在 3.700～4.200GHz 的下行频率范围内，根据通信需要，接收卫星转发的一个或若干个射频信号。地面站频率的选取除了满足通信需要外，还应考虑到便于系统的频率规范化或必要时载频的更换，以及便于设计和生产。对于有些小型地面站，下变频器覆盖的频带能容纳一个卫星转发器带宽 (如 36MHz)。

(2) 性能指数 G/T 值。接收机灵敏度常用性能指数 G/T 来表征，地球站的接收灵敏度越高，越能有效地利用通信卫星功率。很明显，地球站接收天线的增益 G 越高，接收系统的等效噪声温度 T 又很低，保证一定通信质量所需的通信卫星功率就越小，或卫星功率一定时，通信容量越大或通信质量越好。从通信线路的设计来说，提高 G 或减小 T，其效果是相同的，前者需要增大天线口径尺寸，后者需要低噪声接收机，两者如何配合，既满足性能指标，又节省投资，是地球站设计中的重要问题。

(3) 有效全向辐射功率 (EIRP) 及其稳定度。地球站天线的发射增益与馈入功率之积称为有效全向辐射功率。它是表征地球站发射能力的一项重要指标。这一指标数值越大，标志着地球站的发射能力越强，但也意味着该站的体积越大，成本越高，故对此必须进行合理的选择。

一般要求地面站的发射功率非常稳定，即 EIRP 不能有大幅度的变动，否则影响系统的通信质量。为此，通常要求 EIRP 值的变化在额定值的 ±0.5dB 以内。

(4) 载波频率的准确度和稳定度。载波频率的准确度是指其实测值 f_1 与规定值 f_0 的最大差值，记为 $\Delta f_{10}(\Delta f_{10}=f_1-f_0)$。而载波频率的稳定度是指一定时间间隔内由于各种因素的变化而引起的载频漂移量的最大值。这两个指标对保证卫星通信线路的正常工作有着重要的影响，否则与 EIRP 不稳定一样，也会在转发器中产生交调干扰，造成能量损失和对其他相邻频道的干扰。国际卫星通信组织规定：FDM/FM 载波稳定度为 ±150kHz/月以内，电视载波稳定度为 ±250kHz/月以内，SCPC 载波稳定度为 ±250Hz/月以内。

(5) 互调引起的带外辐射及寄生辐射的允许电平。为了防止同其他地球站和微波系统的相互干扰，地球站发射机的带外辐射和寄生辐射应有足够的抑制能力。一般对这两者的要求分别为 23dBW/4kHz 和 4dBW/4kHz 以下。

2. 地球站站址的选择

建造卫星地球站时，站址的选择要考虑许多因素，比较各种条件，并解决一系列技术上的问题，如地理位置、信号干扰、地质和气象条件等，其他如水源、供电、交通和生活环境等因素，也必须加以考虑。

1）地球站与微波通信系统的相互干扰

目前，卫星通信系统与地面微波通信系统是共用同一频段。为了避免这两种系统的相互干扰，双方必须进行技术协调（包括国际协调），以便都能正常工作。这种相互干扰有四种可能的途径，如图 5.23 所示。其中，A 与 B 表示地面微波站与通信卫星间的相互干扰，为了防止这种干扰，必须限制通信卫星的辐射功率和限制地面微波站的发射功率与方向才能把这种干扰减小到可以允许的程度，对此，CCIR 在 1979 年已作了明确规定（读者可参阅《无线电规则》(WARC-79) 第Ⅷ章 27 条Ⅳ节和(N25)Ⅰ、Ⅱ节)。C 和 D 表示微波站与地面站之间的干扰。必须适当选择站址，使两者之间干扰波的传输损耗大于允许的最小值 L_b，即

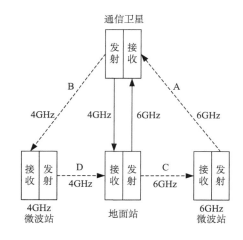

图 5.23 卫星通信系统与微波通信系统之间的干扰

$$L_b = P_t + G_t + G_r - F_s - P_r \tag{5.1}$$

其中，P_t 是干扰站的发射功率(dBW)；G_t 是干扰站发射天线在被干扰站方向的增益(dB)；F_s 是干扰站或被干扰站的场地屏蔽系数(dB)，即在无屏蔽和有屏蔽的条件下，地球站对同一干扰源所收到的干扰信号功率之比的分贝数；P_r 是被干扰站的接收机输入端所允许的最大干扰电平(dBW)；G_r 是被干扰站的接收天线在干扰源方向上的增益。

如果 P_t、G_t、G_r 和 P_r 各值已根据卫星通信线路和微波通信线路的设计确定，由式(5.1)可以看出，要满足规定的传输损耗 L_b，必须有一个与之对应的 F_s 存在，要求干扰站或被干扰站的场地屏蔽系数必须大于(或等于)这个值，才能避免相互干扰。

2）地球站位置

选择地球站站址时，必须考虑地球站在对准通信卫星的方向上有很大的视野范围，又应尽可能减少干扰源及其影响。这可以由适当的地平线仰角（又称山棱线仰角）来保证，它是山棱线与天线的连线与水平线的夹角 α，如图 5.24 所示。从增加场地的自然屏蔽以防止干扰来看，地平线仰角越大越好。但是，α 增大与天线仰角 θ（天线中心轴线指向卫星的角度）之间的差值将会减小，使天线系统的噪声温度增加，从而使地球站的性能指数 G/T 值下降。为此，希望地平线仰角选择低些。

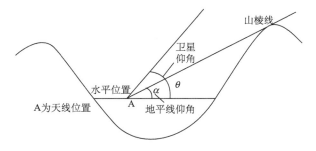

图 5.24 地平线仰角

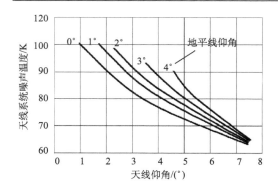

图 5.25　天线系统噪声温度与天线仰角和地平线
仰角之间的关系

图 5.25 表示出了天线系统噪声温度与地平线仰角、天线仰角之间的关系。从图中可见，当天线仰角一定时，天线系统的噪声温度将随地平线仰角加大而增大。因此，只要能避免与微波站的干扰，地平线仰角应选择低些。

基于以上原因，同时考虑到卫星有一定的经度和纬度漂移，所以指向卫星的天线仰角与地平线仰角之差最好大于 10°，不可小于 5°，并应留有适当的余量。

大型的地球站对场地土质结构有要求，在选址时应考察地质结构是否符合要求。站址不能选在滑坡、下沉和地层变动频繁的地区，还应了解站址待选区的地震史，以便采取相应的措施。

另外，站址应选在交通便利、水源和电源充足处。同时与通信交换中心的距离要近，以减少地面传输设备的投资。一般地球站离城市不宜太远。

3）气象条件

坏的天气将使卫星信道的传输损耗和噪声增大，导致线路性能下降，甚至不能正常工作。气象条件的恶化主要是大风和暴雨，北方地区还应考虑积雪。如对于大、中型地球站，天线主波束宽度为 0.1°～0.4°，由于风的影响，天线束偏移量超过主束宽度的 1/10 时，就可能影响通信质量。故在选择时，要详细调查当地大风等的历史资料，以便采取合理的措施。

目前，有一些小型地球站直接架设在用户点。在干扰允许的条件下，为节省资金，地球站可设置在楼顶，但必须考虑风负载对楼顶的压力和拔力。

3. 地球站的组成和各部分的功能

由于具体的工作频段、服务对象、业务类型、通信体制以及通信系统总体特性等方面的不同，在各种卫星通信系统中所用的地球站是多种多样的。但是，从地球站设备基本的组成及工作过程来看，它们的共性还是主要的。一般地说，一个典型的双工地球站设备包括天线分系统、大功率发射分系统、高灵敏度接收分系统、终端分系统、电源分系统和监控分系统等六部分，如图 5.26 所示。

一个完整的地球站不仅能发射稳定的、宽频带的大功率信号（几十瓦至几千瓦），而且能可靠地接收卫星转发器转发下来的微弱信号（10^{-5}PW 数量级），并且引进的噪声和失真又应相当小。同时，地球站还应能够进行多种通信业务，如多路模拟电话、传真、电视、高速数据和数字电话等。此外，还要求地球站具有很高的可靠性和维护使用方便等。

1）天线分系统

天线分系统是地球站的重要设备之一。天馈线的优劣不但关系到地球站的发射性能指标 EIRP，而且关系到地球站的接收性能指标$(G/T)_E$，因而直接影响卫星通信质量的优劣和系统容量的大小。另外，从经济上来看，天线分系统的价格约占地球站通信设备总价的 1/3，故天线分系统在地球站中的地位和作用是十分重要的。

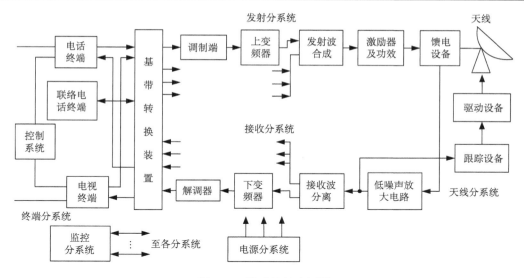

图 5.26　地球站组成框图

（1）天线分系统的基本组成及要求。

天线分系统主要包括天线主体设备、馈电设备和天线跟踪设备（即天线伺服系统）三部分，如图 5.27 所示。

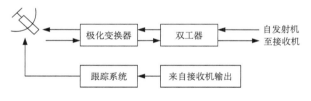

图 5.27　天线分系统组成

天线的基本功能是辐射和接收电磁波，馈电设备主要起着传输能量和分离电波的作用，天线跟踪设备则主要是为了保证天线始终对准使用的卫星。

为了确保天线分系统能够完成上述主要功能，对天线分系统设备提出以下要求。

① 天线增益高。为了提高 EIRP 和 G/T 值，要求天线增益尽量高。为此，一是增大天线口径，二是选用高效率天线，效率 η 一般为 60%～80%。

② 低噪声温度。为了降低接收系统的总噪声，除了减少馈线损耗外，还要减小进入天线的等效噪声温度。天线仰角为 5° 时，T_a 为 50K 左右；天线仰角为 90° 时，T_a 约为 25K。

③ 宽频带特性。收、发信设备在 500MHz 的频带范围内部应具有增益高和匹配好的特性。

④ 馈电系统应具有损耗小，频带宽，匹配好，收、发通道之间的隔离度大等优点，对发射通道还要求能耐受发射机最大的输出功率。

⑤ 天线波束宽度窄，旁瓣电平低。这主要是从相邻卫星通信系统之间及其与地面微中继通信系统之间电磁兼容性（抗干扰）来考虑的，一般要求天线：

$$G \leqslant -14\text{dB} \quad (\theta > 48°)$$
$$G \leqslant 29 - 25\lg\theta\text{dB} \quad (1° \leqslant \theta \leqslant 48°)$$

⑥ 旋转性好。由于要求天线波束方向能在很广的范围内变化，为此地球站天线应能转动，其方位角为±90°，仰角为0°～70°。

⑦ 机械精度要高。从天线理论知道，天线半功率点波束宽度可按式(5.2)计算：

$$\theta_{1/2} \approx 70\lambda / D(°) \tag{5.2}$$

通常，要求天线的指向精度在波束宽度的1/10以内。按此要求计算，对于 λ=7.5cm，D=27.5m 的天线来说，波束宽度 $\theta_{1/2}$=0.2°，则指向误差不能超过 0.02°。故机械精度要求是比较高的。

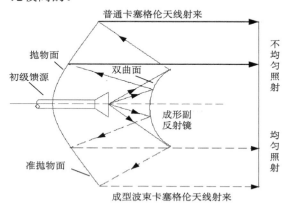

图 5.28　卡塞格伦天线原理图

(2) 天线分系统主体设备。

地球站一般可以采用抛物面天线，喇叭天线和喇叭抛物面天线等多种形式。但是，目前能够比较满足上述要求的是一种双反射面式微波天线，它是根据卡塞格伦天文望远镜的原理研制的，一般称为卡塞格伦天线。

图 5.28 是卡塞格伦天线的原理图，它包括一个抛物面形的主反射面和一个双曲面形的副反射面。副反射面放在主反射面的焦点处。由一次辐射器(馈源喇叭)辐射出来的电波，首先发射到副反射面上，而副反射面又将电波反射到主反射面上，主反射面把副反射面射来的波束变成平行波束反射出去，也就是把四面八方辐射的球面波变成了朝一定方向辐射的平面波，这就显著地增加了方向性。接收时，电波路径与上述相反。

卡塞格伦天线的主要优点是把大功率发射机或低噪声接收机直接与馈源喇叭相连，从而降低了因馈电波导过长而引起的损耗噪声，同时从馈源喇叭辐射出来经副反射面边缘漏出去的电波是朝向天空而不像抛物面天线那样射向地面，因此降低了大地反射噪声。

(3) 馈电设备。

馈电设备接在天线主体设备与发射机和接收机之间，它的作用是把发射机输出的射频电信号馈送给天线或把天线收到的电波馈送给接收机，也就是起着传输能量和分离电波的作用。为了能高效率传输能量，馈电设备的损耗必须很小。

典型的馈线设备由馈源喇叭、波导元件和馈线所组成。

馈源喇叭(一次辐射器)装在馈电设备的最前端，负责向天线(副反射面)辐射能量和从天线收集电波，它的形式有圆锥喇叭、喇叭形辐射器和波纹喇叭等。对馈源喇叭的主要要求是能产生与旋转轴对称的尖锐辐射图形。

接在馈源喇叭之后的波导元件大部分属于定向耦合器、极化变换器和双工器等，它们用来分离电波和变换电波极化方式，目的是使收、发信电波之间既不相互干扰又能高效率地进行传输。

双工器用来解决收、发共用一副天线的问题。实际上，一是利用发送波和接收波因极化正交而产生的隔离作用，二是利用发送波和接收波的频率不同(如发 6GHz，收 4GHz)而产生的隔离作用来达到收、发共用一副天线。连接接收机、发射机和波导元件的馈线通常是一些矩形波导、椭圆形波导等。

（4）天线跟踪设备。

地球站天线对准卫星的跟踪方法有三种。第一种是根据事先知道的与时间相对应的卫星轨道和位置数据，通过人工操作来按时调整天线的指向，这就是手工跟踪。第二种是将预知卫星轨道数据和天线指向角度数据都编成时间程序，然后通过电子计算机调整天线指向，这就是程序跟踪。由于地球密度不均匀和其他干扰的影响，一般很难算出较长时间内的精确轨道数据，这就使上述两种方法都不能对卫星实现连续精确跟踪。第三种方法是自动跟踪。平时卫星一直向地球站发射一个低电平的微波信标信号，地球站通过跟踪接收机将这个信标信号接收下来。如果地球站天线对准了卫星方向，那么跟踪接收机就没有误差信号输出。相反，如果天线轴偏离了卫星方向，就产生一个与偏离角度成正比的误差信号。通过跟踪接收机将误差信号放大、检波、变成直流控制信号，去控制天线驱动装置，调整天线的指向。自动跟踪方法与前两种方法不同，它能够连续地对卫星进行跟踪，精度比较高。故目前在大、中型地球站中，基本上是以自动跟踪为主要方式，而手动和程序跟踪为辅助方式。

2）大功率发射分系统

（1）大功率发射分系统组成及要求。

地球站大功率发射分系统主要设备方框图如图 5.29 所示。来自终端的经过变换处理的基带信号，送到调制器，变成 70MHz 的已调信号，接着在中频放大器和中频滤波器中对它们进行放大并滤除干扰信号，然后送到上变频器，变换成微波频段（如 6GHz）的射频信号，最后由功率放大器放大到所需的发射电平，经由馈电设备送到天线发射出去。

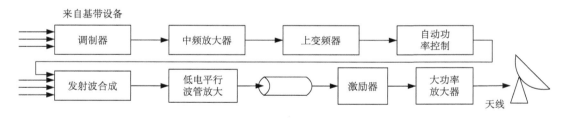

图 5.29　发射分系统主要设备方框图

对于大功率发射系统一般有以下主要技术要求。

① 功率高。发射系统的发射功率主要取决于卫星转发器的 G/T 值和转发器所需的激励电平，同时也与地球站所需的信道数量和类型以及地球站天线增益等有关。由于目前卫星转发器 G/T 值比较小，一般要求地球站必须辐射足够大的射频功率，并随容量的增加而增加。

② 频带宽。为适应多址通信的特点和卫星转发器的技术性能，要求地球站大功率发射系统具有很宽的频带。在 C 波段，一般能在 500MHz 宽的频带内工作。

③ 增益稳定性要高。为了避免使与本地球站通信的对方地球站性能变坏，除恶劣气候条件外，卫星方向的 EIRP 值应保持在额定值±0.5dB 范围内。这样，对发射系统的放大器增益的稳定度要求就更高（小于±0.5dB），因而大多数地球站的发射系统都装有自动功率控制电路。

④ 放大器线性好。为了减少频分多址方式中多载波产生的交调干扰，大功率放大器的线性要好。

（2）大功率放大设备。

如图 5.30 所示，大功率放大设备是由中小功率的激励器、行波管大功率放大器、自动功率控制、冷却装置（水冷或风冷）、监测保护电路等系统组成的。

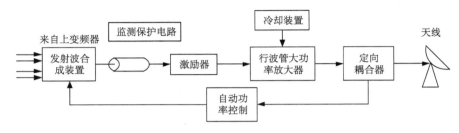

图 5.30　大功率放大设备方框图

激励器是一个中小功率高增益的放大器，位于上变频器和行波管大功率放大器之间，为高功率放大器提供一个必需的激励电平。为了保护大功率放大器，在激励器上还有二极管电子开关，防止大功率放大器的过载信号进入激励器。目前，激励器一般多采用行波管放大器和固态场效应管放大器，带宽约为 500MHz，增益为 40dB 左右。

目前，大功率放大器主要采用行波管和速调管放大器。行波管与速调管相比，具有 500MHz 的宽频带，但装置复杂，对电源要求高，电源消耗功率大，价格昂贵。速调管工作频带窄（40～50MHz），使用上受通信容量增加的限制，但它装置简单，功率转换率较高，而且经济，故目前在地球站中应用较多。

自动功率控制电路是用来将高功率速调管放大器输出电平的波动值控制在 ±0.5dB 以内。监测保护电路可以检查出波导内的闪耀、电弧、反射波增大、冷却不足以及电流过大等故障，并能高速切断高压电源。

大功率速调管放大器工作时，由于高电压大电流通过收集极，使收集极急剧发热，为了确保速调管的正常工作和使用寿命，必须采取冷却措施，一般多采用风冷方式，通过向风管中吹风和抽风将速调管的热量带走。

（3）上变频器（DC）。

它的作用是把中频已调信号变为发射频段的微波信号（如把中频变为 6GHz 频段中的某一射频）。因为是将中频变为射频，因此称为上变频器。上变频器中一般采用频率稳定度高、频率更改方便的微波频率合成器作为本振源，因而能很好地满足地球站发射设备的要求。

（4）调制器（MOD）。

它的作用是将终端设备送来的基带信号对中频（如 70MHz）进行调制。模拟制常用调频，数字制则用移相键控或其他数字调制方式。

3）高灵敏度接收系统

（1）接收系统的组成及要求。

接收系统的作用是从噪声中接收来自卫星转发器的微弱信号。图 5.31 为地球站接收系统的主要设备组成框图，由图可以看出，接收系统的各个组成设备是与发射系统相对应的，但作用是相反的。

图 5.31　接收系统组成框图

　　由地球站天线接收到来自卫星转发器的微弱信号，经过馈电设备，首先加到低噪声放大器进行放大，从低噪声放大器输出的信号，经过低损耗射频电缆传输给接收系统下变频器。为了补偿传输损耗，在信号到达下变频器之前，还需要经过晶体管放大器（晶放）进一步放大。如果接收多个载波，那么还要经过接收波分离器装置分配到不同的下变频器。下变频器把接收的射频载波变成中频信号，再经过中频放大器和滤波器等，加到解调器，解调出基带信号。

　　对于接收系统的一般要求如下。

　　① 高增益。因卫星下发功率有限，且下行损耗极大，要求接收机具有很高的增益，一般为 65dB 左右。

　　② 低噪声。接收设备仅有高增益是不够的，实际上，如果噪声太大，会"淹没"微弱信号，这样即使增益再高，放大后输出的只是一片噪声，或者是受到噪声严重干扰的信号。故当信号强度一定时，接收微弱信号的能力主要取决于噪声的大小。根据不同接收系统的需要，一般噪声温度为 20～85K。

　　③ 工作频带宽。卫星通信的最显著特点是能实现多址连接和大容量通信。因此，要求接收系统的工作频带宽，一般低噪声放大器必须具备 500MHz 以上的带宽。

　　④ 其他要求。为了保证卫星通信系统的通信质量，要求低噪声放大器增益稳定（±0.3dB/天）、相位稳定、带内频率特性平坦和互调干扰产物要小、设备可靠性高等。

　　(2) 低噪声放大器（LNA）。

　　在微波段的低噪声放大器有参量放大器、场效应晶体管放大器（FETA）、隧道二极管放大器（隧放）等。

　　早期的低噪声放大器采用液氮制冷的参量放大器。这种放大器的优点是产生的噪声极低，等效噪声温度仅为 17～20K；增益高，由 2～3 级组成的放大器的总增益可达 50～60dB；频带宽，达 500MHz。但液氮制冷设备比较复杂，冷却到正常工作温度的时间较长，操作维护很不方便。后来基本上被电制冷（半导体热偶制冷）的参量放大器取代。这种放大器等效噪声温度为 30～45K，设备较简单，易于维护，性能稳定。近年来，又广泛使用一种新的常温低噪声砷化镓场效应管放大器，其等效噪声温度已达到 45K，并正在改进，使等效噪声温度进一步降低。它比电制冷参量放大器更简单实用，有取代电制冷参量放大器的趋势。

　　(3) 下变频器（DC）。下变频器主要由中频滤波器、混频器、本振等组成。下变频器的作用是将经低噪声放大器放大到一定程度的微波信号变为中频（如 70MHz）信号，并送到中频放大器继续放大到一定电平后再解调。

　　(4) 解调器（DEMOD）。解调器的作用是对中频已调信号进行解调，还原为基带信号送给终端设备。

4）终端分系统

地球站终端设备的种类很多，每个站需要配置哪些终端设备是由其通信业务种类和通信体制决定的。终端分系统的作用是：上行分别用相应的终端设备对经地面接口线路传来的各种用户信号进行转换、编排及其他基带处理，形成适合卫星信道传输的基带信号；下行将接收分系统收到并解调的基带信号进行与上行相反的处理，然后经地面接口线路送到各有关用户。

5）电源设备

地球站电源设备担负着供应全站的设备所需电能的任务，因此是确保地球站能可靠正常运行的重要条件。

地球站为了避免杂散电磁干扰，在卫星通信的方向上不应有大的障碍物，故它的站址一般离大城市总是有一段较远的距离。由于市电经较长距离的传输而引进许多杂散干扰，而且市电本身的电压也会出现较大的波动，故地球站使用市电时，对电源必须进行稳压和滤除杂散干扰。由于种种原因，市电还会出现偶然断电，这对地球站的影响就更严重了。对大型站来说，停电 1s，会导致比这长得多的线路中断时间，如停电超过 60s，那么大功率发射机就不可能重新自动恢复了。所以，地球站所需的电源必须是电压稳定、电源频率稳定、可靠性高的不中断电源。

一般能满足地球站供电要求的电源设备有两种：一种是应急电源设备，另一种是交流不间断电源（UPS）设备。目前，大部分地球站，采用的是后一种供电电源系统。

另外，为了确保电源设备的安全以及减少噪声、交流声的来源，所有的电源设备及通信设备都应用良好的接地装置。

6）监控分系统

为使操作人员随时掌握各种设备的运行状态，及时有效地对设备进行维护管理，就要对各部分设备的有关参数、现象等进行测试、监视和控制。监控分系统主要由监视设备、控制设备和测试设备等组成。地球站一般采用集中监视方式，即将主要设备的指示、告警和控制都集中到监控台上，操作人员通过监控台监控各种设备的工作情况。这种方式便于操作控制，对于设备分设于几个机房的地球站，多数设备机房可实行无人值守，只在必要时才进机房维护检修。

地球站需要监控分系统监视和控制的项目很多，如各种设备是否发生故障、工作参数是否正常等，这些通过监视仪表、告警灯和声响告警装置等在监控台显示出来；监控台的控制部分能对高功率放大器的输出功率、天线仰角和方位角以及设备的主备用倒换等进行控制与调整。

4. 地球站设备举例——CVSD/SCPC/PSK 地球站设备简介

这里介绍加拿大斯巴（SPAR）公司的连续可变斜率增益调制（CVSD）卫星通信地球站设备。这种制式的地球站设备在我国和其他许多国家的卫星通信中得到了广泛的应用。

SCPC 通信系统的方框图如图 5.32 所示，它分为射频、中频及话音调制解调三部分。地球站的射频部分主要指在 6GHz 及 4GHz 的射频频率上工作的高功率放大器、低噪声放大器以及上、下变频器部分。对 SCPC 系统，射频部分就只有上、下变频器两部分。上变频器如图 5.33 所示，它采用两次变频方式，即将输入的 70MHz 信号首先变成 735MHz 的中频信号，再变成 6GHz 信号。下变频器的结构原理与上变频器类似，如图 5.34 所示。

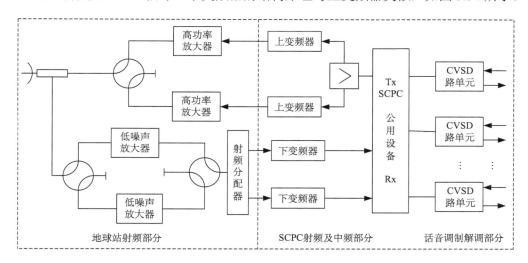

图 5.32　SCPC 系统方框图

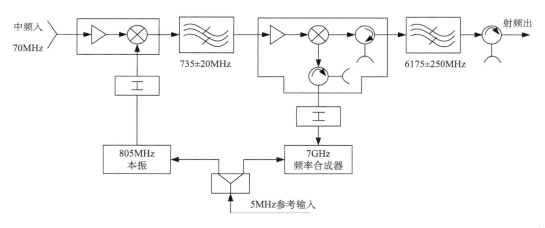

图 5.33　上变频器组成图

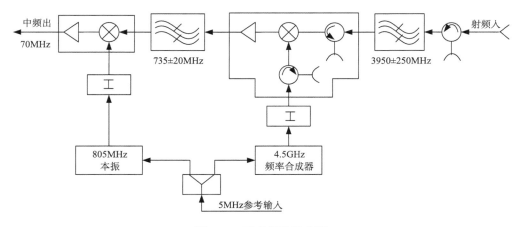

图 5.34　下变频器组成图

　　选择中频为 735MHz 可以使收、发频段内即使有本振的谐波干扰也不会成为收、发信的镜像。

　　变频器采用锁相环路类的微波频率合成器，它提供以 1MHz 为一档的输出频率，使用混合脉冲分频技术减小相位噪声，以达到 SCPC 使用的水平。由于 SCPC 在 6GHz 频段上每路仅 45kHz 的间隔，电路要求频率稳定度高。所以系统采用了统一的 5MHz 参考频率源。其他如变频器部分的放大器、混频器和相关器件都使用了宽带元件，因而在使用频率上群时延失真都很小(735MHz 滤波器的群时延低于 0.01ns/MHz)，为此变频器部分不考虑时延均衡，而只考虑卫星端的均衡问题。

　　与变频器部分相接的是 SCPC 公用设备部分，其方框图如图 5.35 所示。图中，公用设备是全部信道单元的共用电路，可以分成发射单元、接收单元和 5MHz 参考振荡器三部分。发射部分由中频合路器和带通滤波器组成。合路器把路单元信号进行功率合成，组成 52.0225～87.9775MHz 的发射频谱。滤波器(70±20MHz)用来滤除带外噪声。

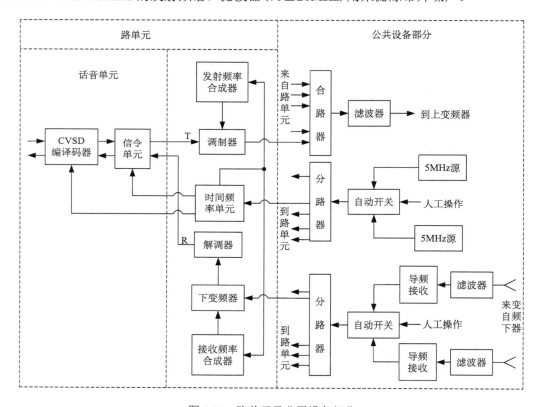

图 5.35　路单元及公用设备部分

　　接收部分与发射部分相反。先经过滤波器，再送入导频接收机，导频接收机采用 1∶1 备份，并可自动倒换。导频接收机内有 AGC(自动增益控制)电路，可使导频输出电平保持在一定的范围内。机内还有 AFC(自动频率控制)电路，通过导频与本地参考频率的比较，使 SCPC 频谱中心保持在准确的 70MHz 中频，以补偿下变频器及卫星线路(包括多普勒频移)造成的频率偏移，中频分路器则用来把收到的频谱分配到全部路单元。

公用设备单元还包含一对互为备用的 5MHz 参考振荡器，它是整个 SCPS 系统的心脏，它既是每个路单元产生发射和接收频率的参考源，同时也是上、下变频器中微波频率合成器的参考源。

图 5.35 中的路单元部分主要由话音单元和调制解调器组成，下面分别从发、收两方面来说明工作情况。由局终端送到编译器的话音信号，经过连续可变斜率增量调制（CVSD）后变成 32Kbit/s 的不归零数据流，这里采用了 3bit 检测以扩大信号的输入动态范围。由于以单路单载频方式工作，为了节省卫星功率，减少交调干扰，在路单元中有一个话音激活开关，当话音电平超过门限时（-48dBm），此开关就送出信号激活中频载频，当没有话音信号时，就不发送载频信号。

信令信号单元可以把电话信令变成便于收、发的格式，这里以 2600Hz 单频或 E.M 信令两种方式中的一种方式工作，若采用 2600Hz 单频信令方式，可以节省两条传输线。

调制器单元把来自编码器的 32Kbit/s 不归零比特流用二相调制（BPSK）变成调制载频，然后与信道发送频率合成器来的具有高频谱纯度及低相位噪声的本振频率混频产生 70±20MHz 范围内的信道频率。在调制单元中，还采用了预调制滤波器（38kHz 低通滤波器），在频带受限的数字通信中，这能控制频谱能量，取得最佳误码率。

信道发送频率合成器可以在频带内产生 1599 个间隔为 22.5kHz 的不同频率。频率可以由指轮开关方便地选择，1599 个不同的信道频率提供了 1599 个 SCPC 信道工作的可能性，但由于采用了 BPSK 方式调制的话音信道间隔是 45kHz，因而只有 800 个工作频率是实用的，定时频率单元产生全部信道单元所要求的工作频率，其参考的基准频率取自公用设备单元中的 5MHz 频率源。

接收频率合成器与发送频率合成器在设计上相同，只是在使用上两者频率是互相对应的，就是说，发送频率合成器的第 1 路频率与接收频率合成器的第 1599 路频率相同。

解调器采用相干 PSK 解调，它包括载频恢复及定时恢复电路，解调器可以脉冲工作也可以连续工作，解调器的输出是信号数据流并含有 32kHz 的时钟，将其送到 CVSD 解调器中解调出话音和信令信息。

在这样的路单元中，可以传送电话信号、复用的电报和传真信号。

路单元也能作为高速数据通信使用，只要把增量调制板和信令信号板用数据接口单元及前向纠错（FEC）编码器来代替即可。例如，欲发送 56Kbit/s 的数据，可以使用编码效率为 7/8 的 FEC 编码器，发送 48Kbit/s 的数据，可以使用编码效率为 3/4 的 FEC 编码器。

5.3　卫星通信体制

通信系统的基本任务是传输和交换载有信息的信号。通信体制就是指通信系统为了完成一定的通信任务而采用的信号传输方式和信号的交换方式。不同的通信系统，其通信体制的内容和特点也不尽相同。对卫星通信系统来说，它的通信体制主要是以下几个基本问题。

（1）基带信号的传输方式。基带信号的传输方式指信源是模拟的还是数字的；采用模拟方式传输还是采用数字方式传输；话音数字化采用 PCM 还是 ΔM。

（2）调制方式。调制方式指采用频率调制（FM）还是相移键控（PSK）等。

（3）多址联结方式。多址联结方式指地球站采用何种方式建立各自的通信线路，是频分多址、时分多址、空分多址还是码分多址等。

(4) 信道的分配与交换制度。信道的分配与交换制度指如何分配卫星信道，是预分配还是按需分配；转发器有无交换功能；如何交换等。

5.3.1 卫星通信体制概述

1. 基带信号和纠错方式

数字卫星通信方式是卫星通信的一种重要方式，它传递的信号可以是数据，也可以是已经数字化的话音信号。模拟话音信号的数字化在卫星通信中一般采用 PCM 和 ΔM 以及它们的改进型。PCM 主要用在民用大容量的数字卫星通信系统，如 IS-V 的数字通信部分。一路 PCM 话音的数码率为 64Kbit/s。目前，国内外的军用卫星通信系统一般都采用 ΔM 及其改进型，例如，连续可变斜率 ΔM(CVSD)。它又称为音节压扩自适应 ΔM 方式，电路已集成化，在 $P_e=10^{-3}$ 时仍能保持良好的性能，在 $P_e=10^{-2}$ 时的性能也可以接受，甚至 P_e 高达 10^{-1} 时仍能得到可懂的话音，只是噪声较大。自适应差分脉码调制(32Kbit/s ADPCM)是 CCITT 推荐使用的系统，其动态范围和信噪比性能均接近于 64Kbit/s PCM。由于它具有良好的性能，且信道利用率高，目前在国内外均已得到应用。但其设备复杂，适用于大容量的卫星通信系统。如中速率数据业务(IDR)系统即采用了 32Kbit/s 的 ADPCM 编码技术来提高话音质量和信道利用率。

在数字卫星通信中，广泛采用了纠错编码技术，以提高系统抗干扰性和在卫星功率受限情况下提高通信容量。卫星信道基本上是高斯白噪声信道，差错主要是随机出现的，只有少量突发性差错。因此，纠错编码以纠随机错误为主。由于卫星通信传输时延大，所以大都采用前向纠错(FEC)。而自动重传请求(ARQ)主要用于卫星信道的数据传输。FEC 的两大类，即分组码(主要是 BCH 码)和卷积码在卫星通信中均有应用。例如，IS-V 即采用(127，112)BCH 码。国内卫星通信的 CVSD 地球站则采用了编码效率为 3/4 和 7/8 的两种卷积编译码。

2. 调制制式

目前，模拟卫星通信主要采用调频(FM)制，这是因为 FM 已被大量应用，技术成熟，传输质量好，能得到较高的信噪比。在这种系统中，一般采用预加重技术、门限扩展技术和话音压扩技术来改善系统性能。近年来，由于卫星通信的迅速发展，频带问题成为主要矛盾，因此人们又提出了采用压扩单边带调制来传输电话信号，这种方式所占频带较窄，可以提高通信容量。在数字卫星通信中，主要采用 PSK 调制。这是因为卫星信道基本上可视为恒参信道，因此可以考虑采用最佳调制和检测方式，即选用在加性高斯白噪声信道中抗干扰性能力最强的调制方式。同时，由于卫星通信的频带受限，选择调制方式时，还应考虑提高频谱利用率。另外，由于转发器功率、效率和非线性等因素的限制，以及对交调干扰等方面的考虑，ASK 的混合调制一般不宜采用，而宜采用恒包络调制式方式。虽然 FSK 和 PSK 都是恒包络调制，但 PSK 可以获得最佳接收性能，且比 FSK 能更有效地利用卫星频带，因此，数字卫星通信主要采用 PSK。其中除 BPSK 外，目前绝大多数系统均采用 QPSK。此外，为了改善已调波的频谱特性，人们还提出了许多新的调制方法，OQPSK(SQPSK)、

MSK 等。目的是使在码元转换时刻已调波的相位不发生大的跃变甚至能连续变化，从而使已调波的频谱更加集中，频带利用率得到提高。

3. 多址联结方式

多址联结是卫星通信的显著特点之一，它是指多个地球站通过共同的卫星，同时建立各自的通道，从而实现各地球站相互之间通信的一种方式。多址方式的出现，大大提高了卫星通信线路的利用率和通信联结的灵活性。

设计一个良好的多址系统是一件复杂的工作。一般要考虑如下因素：容量要求、卫星频带的有效利用、卫星功率的有效利用、互联能力要求、对业务量和网络增长的自适应能力、处理各种不同业务的能力、技术与经济因素等。多址联结方式和实现的技术是多种多样的。目前常用的多址方式有 FDMA、TDMA、CDMA 和 SDMA（空间分割多址）以及它们的组合形式。此外，还有利用正交极化分割的多址联系方式，即频率再用技术。由于计算机与通信的结合，多址技术仍在发展。

另外，多址联结技术不只是应用在卫星通信上，在地面通信网中，多个通信台、站利用同一个射频信道进行相互间的多边通信，也需要多址联结技术。例如，一点对多点微波通信，扩频通信以及移动通信等。

4. 信道分配技术

卫星通信中，和多址联结方式密切相关的还有一个信道分配问题。它与基带复用方式、调制方式、多址联结方式互相结合，共同决定转发器和各地球站的信道配置、信道工作效率、线路组成及整个系统的通信容量，以及对用户的服务质量和设备复杂程度等。

在信道分配技术中，"信道"一词的含义，在 FDMA 中，是指各地球站占用的转发器频段，在 TDMA 中，是指各站占用的时隙，在 CDMA 中，是指各站使用的码型。常用的分配制度如下。

（1）预分配方式（PA）。在 FDMA 系统中，卫星信道（频带、载波）事先分配给各地球站。业务量大的地球站，分配的信道数多一些，反之少一些。在 TDMA 系统中，事先把转发器的时帧分成若干分帧，并分配给各地球站，业务量大的站分的分帧长度长，反之分的分帧长度短。

为了减小固定预分配（FPA）的不灵活性，还可以采用按时预分配制（TPA）。它是一种修正性的，基本上仍是固定分配的制度。它可根据网中各站业务量的重大变化规律，事先约定进行几次站间信道重分。

（2）按需分配方式（DA）。这种方式是所有信道归各站共用，当某地球站需要与另一个地球站通信时，首先提出申请，通过控制系统分配一对空闲信道供其使用。一旦通信结束，这对信道又归共用。由于各站之间可以互相调剂使用信道，因而可以用较少的信道为较多的站服务，信道利用率高，但其控制系统比较复杂。

（3）随机分配方式。随机分配是面向用户需要而选取信道的方法，通信网中的每个用户可以随机地选取（占用）信道。因数据通信一般发送数据的时间是随机的、间断的，通常传送数据的时间很短促，对于这种"突发式"的业务，如果仍使用预分配甚至按需分配，则信道利用率很低。采用随机占用信道方式可大大提高信道利用率。如果这时每逢两个以上用户同时争用信道时，势必发生"碰撞"。因此，必须采取措施减少或避免"碰撞"并重发已遭"碰撞"的数据。

5.3.2　频分多址（FDMA）方式

当多个地球站共用卫星转发器时，若根据配置的载波频率的不同来区分地球站的站址，这种多址联结方式称频分多址。其基本特征是把卫星转发器的可用射频带宽分割成若干互不重叠的部分，分配给各地球站作为所要发送信号的载波使用。由于各载波的射频频率不同，因此可以相互区分开。频分多址有以下三种处理方式：①单址载波方式，每个地球站在规定的频带内可发多个载波，每个载波代表一个通信方向；②多址载波方式，每个地球站只发送一个载波，而利用基带中的多路复用，如 FDM、TDM 方式，可将不同的群落或时隙划分给有关的目的地球站；③单路单载波（SCPC）方式，每个载波只传送一路话或数据，可根据需要，每个通信方向分配若干个载波。

FDMA 的主要优点是：技术成熟、设备简单、不需要网同步、工作可靠、可直接与地面频分制线路接口、工作于大容量线路时效率较高，特别适用站少而容量大的场合。因此，它是目前国际、国内卫星通信广泛采用的一种多址形式。但它也有一些不可忽视的缺点：转发器要同时放大多个载波，容易形成交调干扰。为了减少交调产物，转发器要降低功率运用，因而降低了卫星通信容量；各上行功率电平要求基本一致，否则会引起强信号抑制弱信号的现象，因此大小站不易兼容；需要保护频带，故频带利用不充分。

1. 预分配—频分多址方式

最早使用的频分多址方式是预分配频分复用—调频—频分多址（FDM—FM—FDMA）。它是按频率划分，把各地球站发射的信号配置在卫星频带的指定位置上。为了使各载波间互不干扰，它们的中心频率必须有足够的间隔，而且要留有保护频带。

实现方法是：给每个地球站分配一个专用的载波，把所有需要向其他地球站发射的信号按 FDM 方式安排在基带内不同的基群内，再调制到一个载波上发射到卫星上。其他站接收时，经解调后用滤波器取出只与本站有关的信号。不难看出，任一地球站为了能接收其他所有地球站的信号，都必须设有能接收其他所有站经卫星转发后的下行频率的电路。

2. 单路单载波—频分多址方式（SCPC/FDMA）

SCPC/FDMA 方式是在每一载波上只传输一路电话，或相当于一路电话的数据或电报，并采用"话音激活"（又称"话音开关"）技术，不讲话时关闭所用载波，有话音时才发射载波，从而节省卫星功率，增加卫星通信容量。通过对大量通话系统的统计研究表明，同一时间只有 25%~40%的话路处于工作状态，也就是说每路话只有 25%~40%的工作概率。采用"话音激活"后，可使转发器容量提高 2.5~4 倍。此外，由于载波时通时断，转发器内载波排列具有某种随机性，可减小交调影响。

单路单载波系统可以采用数字调制 SCPC—PCM（或 ΔM）—PSK—FDMA 方式，也可采用模拟调制 SCPC—FM—FDMA 方式。由于各载波独立工作，可以在一部分载波中用模拟调制，另一部分载波中用数字调制，实现数模兼容，提高使用的灵活性。由于这种系统设备简单、经济灵活、线路易于改动，特别适合在站址多、业务量少（轻路由）的场合使用，因此不仅国际通信卫星系统采用，近年来，许多国家对这种系统也很重视，广泛用于数据专用通信和船舶、飞机等移动卫星通信中。

单路单载波系统既可以采用预分配方式，也可采用按需分配方式。SPADE 系统就属于后一种。预分配 SCPC 系统的频率配置可以采用与国际通信卫星 SPADE 系统相同的方法，不同点是预分配不需要公用信号信道(CSC)。

3. 按需分配—频分多址(SPADE)方式

目前已研究出多种按需分配多址(DAMA)方案。最典型的是"单路单载波—脉码调制—按需分配—频分多址"(SPADE)系统。其频率配置如图 5.36 所示。它把一个转发器的 36MHz 带宽以 45kHz 的等间隔划分为 800 个信道。这些信道以导频为中心在其两侧对称配置，导频左右两个间隔 18.045MHz 的信道配对使用构成一条双向线路。这样配对的结果在地球站设备中收、发可共用一个频率源。其中，1-1′、2-2′和 400-400′三对信道闲置不用，余下的 794 个信道提供 397 条双向线路。通信采用 64Kbit/s PCM 调制，载波调制采用 QPSK。每信道带宽为 38kHz。各地球站均以某个地球站发射的导频为基准进行自动频率控制。

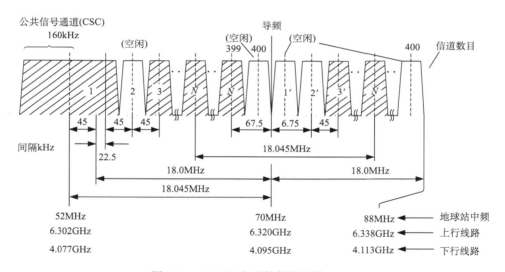

图 5.36　SPADE 方式的频率配置

SPADE 系统采用分散控制。按需分配控制信号(如信道的分配信息)通过一个公用信号信道(CSC)来传递。CSC 安排在转发器频带的低端，其载频距导频为 18.045MHz，带宽为 160kHz。CSC 采用 BPSK，速率为 128Kbit/s，误码率为 10^{-7}。所有地球站的申请和信道分配都通过 CSC 来完成。在 SPADE 系统中 CSC 采用时分多址。TDMA 时帧长度为 50ms，1ms 为一分帧。第一个分帧(基准分帧(RB))供帧同步用，第二个分帧供测试用，其余 48 个分帧供多址联结用，如图 5.37 所示。每个地址每隔 50ms 可以向信道申请一次。为了减少这种仍属频分多址的 SPADE 系统的交调干扰，采用话音控制载波技术，从而使卫星转发器中同时存在的有效载波数减少。根据话音功率检测的结果，可获得 40dB 平均功率。因为在忙时任一瞬间，话音信道只有 40%的话音机会，相当于在该系统的 800 个载波中，同时在卫星转发器内进行放大的约为 320 个载波，于是，能使最坏的交调干扰减少 3dB。

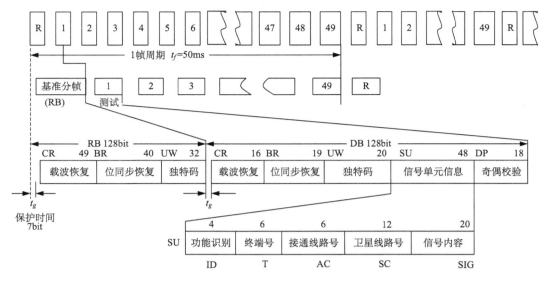

图 5.37　公用信号信道的信号格式

　　这种方式的信号流程和工作过程是这样的:假定 A 站地区电话用户呼叫 B 站地区用户,即 A 站申请建立到 B 站的一条卫星线路。首先是 A 站的电话用户拨号呼叫,市话局根据呼叫号码自动地接到长话局,长话局把申请者发出的呼叫信号传到 A 地球站,并送入 A 站"按需分配的信号和转换单元"内。这个装置平时就通过卫星的公用信号信道来掌握所有地面站正在使用的公共载波频率的分配情况,并用载波频率忙闲表记录下来。当它收到呼叫 B 站的申请信号后,就从频率忙闲表中选出一对空闲的载频率,作为 A、B 两站之间发、收信号之用。同时, A 站还将占用这对频率的信号,通过公用信号信道发到所有地面站去。其他所有地面站收到该信号后,便在各自的频率忙闲表中记录下这时刚被分配占用的载波频率,而被呼叫的 B 站,若在此之前没有接到其他站使用这一对频率的呼叫,便立即发出应答信号,并通过 B 站的"按需分配信号和转换装置",把线路分配控制信号加到接收频率合成器,产生这对频率,并且通过 B 站的接口装置连接至该站地区的长话局,根据传至长话局的呼叫拨号,经该局长途自动电话交换机自动地(或人工地)连接到被叫用户所属的市话局,再由市话局呼叫到被叫用户。一个按需分配的卫星通信(双向)线路就沟通了。从 A 站向 B 站发出申请频率开始,到接到 B 站的回答时间约 600ms。在这个时间内, A 站一直监视着公用信号信道装置。如果申请的频率被其他站提前占用,那么 A 站就在自己的频率忙闲表中记录下该频率,同时重新申请其他频率,直到连通线路为止。在 A 站和 B 站之间建立通信线路后,按需分配信号和转换单元可以继续办理到来的或发出的另外的申请。当 A 站与 B 站通信结束时,通过卫星就在公用信号信道上向所有地球站发送终止信号。于是,所有地球都记下这一频率,以备再分配。

　　图 5.38 为 SPADE 终端设备方框图。其中,地面接口单元是在 SPADE 终端与地面线路之间完成信号的变换、缓冲、中转等功能。信道单元主要提供通信业务,完成通信信号的编译码、调制、解调等功能,话音检测器对信道内容进行检测,根据话音"有、无"的判断,选通和断开载波。信道同步器对 PCM 编译码器的输入和输出比特流执行定时、缓冲和成帧任务。按需分配信号和转换单元的功能是发送和接收 CSC 信号,监视和存储卫星线路

的使用情况，以便根据需要分配线路、发送与接收交换信号。中频单元是 SPADE 终端与地球站上、下变频器的接口部分。其功能是合路和分离来自信道单元的信号与来自按需分配信号和转换单元的 CSC 信号及 CSC 基准站发来的导频和其他信号，并具有自动频率控制和自动增益控制功能。定时和频率单元向按需分配信号与转换单元提供调制解调载波，并向信道单元提供所需要的基准频率和定时信号。

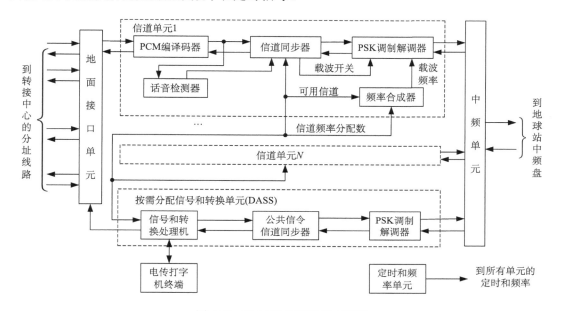

图 5.38　SPADE 终端设备方框图

4. 频分多址方式的交调干扰与能量扩散

FDMA 系统存在一个严重的问题，就是产生交调(又称互调)干扰，它给线路设计增加了许多麻烦，而且影响线路的通信质量。产生交调干扰的主要原因是，当卫星转发器的行波管放大器(TWTA)同时放大多个不同频率的信号时，由于输入、输出特性和调幅/调相转换特性的非线性，输出信号中出现各种组合频率成分。当这些组合频率成分落在工作频带内时，就会造成干扰。

1)输入-输出特性非线性引起的交调干扰

为了充分和高效率地利用转发器的功率，总是希望行波管(TWT)在饱和点附近工作。但是这时行波管具有非线性特性。当行波管同时放大 f_1、f_2 等多个不同频率的信号时，就会因输入-输出特性的非线性，输出信号中出现 $nf_1\pm mf_2$(n、m 为正整数)形式的许多组合频率成分，并干扰被放大的信号。这种现象的存在，既影响了通信质量，又浪费了卫星功率。有些频带不得不因之禁用，这又造成了频带的浪费。另外，如果被放大的各载波信号强度不同(如大、小站的信号同时被放大)，还会产生强信号抑制弱信号的现象，不利于大小站兼容。

分析结果表明，因行波管输入-输出特性非线性引起的交调产物，在三阶交调中如($2f_1-f_2$)和($f_1+f_2-f_3$)的形式会落入频带内；在五阶交调干扰中，$3f_1-2f_2$ 形式会落入频带内，形成严重的交调干扰，产生波形失真或误码。同时，交调产物的幅度随载波数的增加而减小。当载波数 $n>4$ 时，则载波数 n 增加一倍，三阶交调干扰将减小 9dB 左右。而且，三阶交调干扰中 $f_1+f_2-f_3$ 形式的干扰比 $2f_1-f_2$ 形式的干扰约大 6dB。五阶交调干扰与三阶交调干扰相比，当载波数目增加时将会显著减弱，故可忽略不计。

2) 调幅-调相(AM-PM)转换引起的交调干扰

载波通过行波管慢波系统时要产生相移。注入的信号功率不同，所产生的射频相移也不同。测试结果表明，射频相移是包络功率的函数。而当输入多载波时，其合成信号包络必定会有幅度变化。这样，必然在每个载波中产生一附加相移，它随总输入功率变化而变化。在一定条件下，相位变化转化为频率变化，即产生新的频率分量，这就是 AM-PM 转换。与幅度非线性的影响一样，它可能形成对有用信号的干扰，其中主要是三阶交调干扰。三阶交调的大小与输出有用信号之比及输入载波数 n 成反比。若 n 增加一倍，则载波与交调干扰之比要改善 6dB。

3) 各阶交调产物的数目及其分布

假设非线性器件共有 n 个载波输入，则根据排列组合原理，容易求得各阶交调产物的总数。例如，对于 $2f_1-f_2$ 型产物，就相当于从 n 个载波中取出 2 个来进行排列，故总的交调产物数目为 $A_n^2=n(n-1)$。对于 $f_1+f_2-f_3$ 型产物，相当于从 n 个载波中取出 3 个来进行排列，而 $f_1+f_2-f_3$ 和 $f_2+f_1-f_3$ 是一样的，故总的交调产物数目为 $A_n^3/2=n(n-1)(n-2)/2$，依次类推，便可求出各阶交调产物的总数目。

利用数学归纳法可推出，等间隔的 n 个载波所产生的三阶交调产物，落在第 r 个载波上的数目为

$$(f_1+f_2-f_3):\frac{1}{2}r(n-r+1)+\frac{1}{4}[(n-3)^2-5]-\frac{1}{8}[1-(-1)^n]\times(-1)^{n+r}$$

$$(2f_1-f_2):\frac{1}{2}\{n-2-\frac{1}{2}[1-(-1)^n](-1)^r\}$$

计算表明，$2f_1-f_2$ 形式的交调产物在载波群的频带内分布比较均匀。而 $f_1+f_2-f_3$ 形式的交调产物在载波群的中央部分分布密度较大。

4) 减少交调干扰的方法

(1) 载波不等间隔排列。

当载波等间隔配置时，交调产物会在各个载波上形成严重干扰，因此，在频带富裕条件下，可以不等间隔地配置载波，让交调产物落在有用载波频带之外。选择载波间隔的方法很多，这里只介绍利用表 5.4 所示的一种较好的配置载波的方法。例如，要求安排三个载波时，根据表 5.4，应在整个卫星频带内均匀地划分四个位置(0、1、2、3)，三个载波分别安排在 0、1、3 三个位置上。再如，要求安排四个载波时，这时应在整个卫星频带内均匀地划分 7 个位置(0，1，2，3，4，5，6)，四个载波分别配置在 0、1、4、6 四个位置上。其他载波数的情况，可依次类推。这样就可最大限度地减少交调干扰。

表 5.4 指的是各载波的幅度和带宽都相等的情况。实际上进入卫星的多个载波大部分情况是幅度和带宽并不相等，这情况当然要复杂一些，但仍能找出最佳的载波配置方案。

(2) 对上行线路载波功率进行控制。

为了避免出现强信号抑制弱信号现象，必须严格控制地球站发射的各种载波功率，使

其限制在允许的范围内。为了使交调影响降到容许的程度，多载波工作的行波管的工作点要从饱和点退后一定数值。

表 5.4　三阶交调不落入频带内的载波配置法

总载波数	各个载波对应位置安排									
	载波 1	载波 2	载波 3	载波 4	载波 5	载波 6	载波 7	载波 8	载波 9	载波 10
1	0	—	—	—	—	—	—	—	—	—
2	0	1	—	—	—	—	—	—	—	—
3	0	1	3	—	—	—	—	—	—	—
4	0	1	4	6	—	—	—	—	—	—
5	0	1	4	9	11	—	—	—	—	—
6	0	1	4	10	15	17	—	—	—	—
7	0	1	4	10	18	23	25	—	—	—
8	0	1	4	10	21	29	34	36	—	—
9	0	1	4	10	22	33	41	46	48	—
10	0	1	4	10	22	38	49	57	62	64

(3) 加能量扩散信号。

在 FDMA 方式中，当 FM 多路电话线路负荷很轻(不通话或通话路数很少)时，它们的载波频谱就会出现能量集中分布的高峰。这样，地球站和卫星转发器发射的调频载波就会对工作在相同频段的地面微波线路形成干扰。同时，在卫星转发器内会形成高电平的三阶和五阶交调干扰。所以当通话路数减少，接近未调波时，用适当的调制信号对载波予以附加调制，就能使交调干扰噪声广为扩散，从而防止交调干扰噪声增加。为此目的所加的调制信号称为能量扩散信号。

能量扩散信号的波形以对称三角波最为稳定。图 5.39 示出了对称三角波的频偏及用对称三角波调制的调频波的频谱。

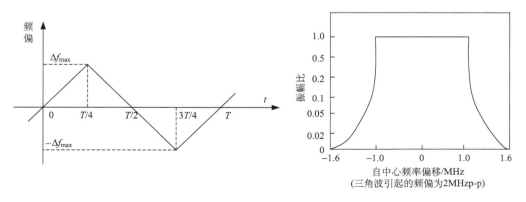

图 5.39　对称三角波调频

从图 5.39 中可以看出，当调制指数很大时，在三角波调制的频偏范围内，能量密度均匀分布，在此之外的频率范围内，能量密度大致为零。国际通信卫星组织规定使用的能量扩散信号，对多路电话载波来说是频率为 25～150Hz 的对称三角波。为得到良好的扩散效果，对使用同一卫星的各载波，其扩散信号频率并不相同。作为能量扩散信号的三角波幅度，受基带信号电平的控制。当话务量减小时，基带信号电平下降，此时三角波幅度自动增加，以保持一定频偏。而当话务量增加时，三角波幅度又能自动减小，以免在满负荷时造成过频偏。

在接收端，由于三角波频率(25～150Hz)是在基带低端频率 4kHz 以下(4～12kHz 用于勤务电路，4kHz 以下不用)，故只要用 4kHz 的高通滤波器便可将三角波滤除。

5.3.3　时分多址(TDMA)方式

1. TDMA 方式的基本原理

在 TDMA 方式中，分配给各地球站的不再是特定频率的载波，而是一个特定的时间间隔(简称时隙)。各地球站在定时同步系统的控制下，只能在指定的时隙内向卫星发射信号，而且时间上互不重叠。在任何时刻转发器转发的仅是某一个地球站的信号，这就允许各站使用相同的载波频率，并且都可以利用转发器的整个带宽。采用单载波工作时，不存在 FDMA 方式的交调问题，因而允许行波管工作在饱和状态，更有效地利用卫星功率和容量。

图 5.40 示出了 TDMA 系统工作的示意图，图中画了四个地球站，其中有一个站为基准站，它的任务是为系统中各地球站提供一个共同的标准时间。基准站通常由某一通信站兼任，为了保证系统的可靠性，一般还指定另一通信站作为备份站。

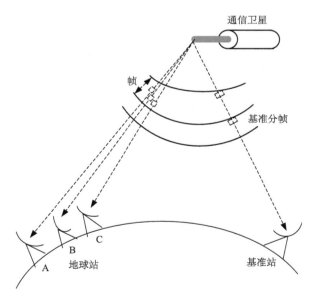

图 5.40　TDMA 系统工作示意图

在 TDMA 系统中，基准站相继两次发射基准信号的时间间隔称为一帧。每个地球站占有的时隙称为分帧(或子帧)。不同的系统其帧结构可能不同，但其完成的任务是相似的。图 5.41 所示为一种典型的帧结构。帧周期 T_f 一般取为 PCM 的取样周期(125μs)或其整数倍。卫星的一帧由参加卫星通信的所有地球站分帧(包括基准分帧)组成。各地球站分帧的长度可一样也可以不一样，根据业务量而定。它们均由前置码和信息数据两部分组成。前置码包括载波恢复（CR）和比特定时（BTR）、独特码（UW）、站址识别（SIC）信号、指令信号（OW）、勤务（SC）信号。载波恢复和比特定时脉冲主要用来在接收端提供 PSK 信号相干解调载波和定时同步（位同步）信息。独特码是一种特殊的不容易为随机比特所仿造而造成错误检测的码组，以此作为该突发的时间基准。由独特码检出的脉冲称为示位脉冲，由此判断出数据部分开始的时间。站址识别信号用来区别通信站。有的报头结构中不单独使用站址识别码，而用独特码兼任，这就要求各站发送的独特码彼此都不相同。指令信号传送通道分配等指令。勤务信号用于各站之间的通信联络。总之，只要接收站检测到前置码，就可在其控制下，正确地进行 PSK 信号的解调，并正确地选出与本站有关的信号。信息数据部分包含发往各地球站的数字话音或其他数据信号。发往不同地球站的信息数据安排在数据部分的不同时隙内。如果分配给各站的时隙位置与对方地球站的时间关系固定不变，就是预分配制。如果它们随着每次电话呼叫而改变就是按需分配。

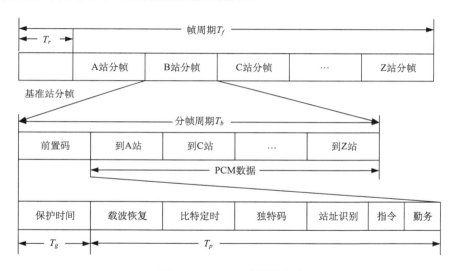

图 5.41　TDMA 系统帧结构

2. TDMA 方式的系统效率

在 TDMA 方式中，通常把 PCM 数据信号占用的时间与帧周期之比值定义为系统的效率 η。设各站分帧均等，则由图 5.41 可得

$$\eta = \frac{T_f - (T_r + m(T_g + T_p))}{T_f} \tag{5.3}$$

式中，m 为地球站（分帧）数；T_r 为基准分帧长度。可见，T_r、T_p、T_g、m 一定时，T_f 越长效率越高。但分析表明 T_f 增大到一定程度后，帧效率的改善不会超过 10%。

3. TDMA 终端设备的构成

典型的 TDMA 终端设备的简化方框图如图 5.42 所示。现以多路电话信号为例说明整个 TDMA 地面终端的工作过程。

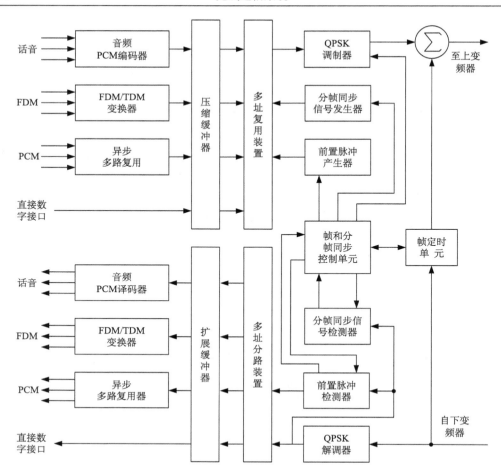

图 5.42　地球站 TDMA 终端设备简化方框图

　　在发射端，发往其他地球站的多路模拟话音信号经 PCM 编码器按已同步的时钟变成数字话音信号，并经时分复用，存储在压缩缓冲器内，然后在定时系统的控制下，通过发射多址复用装置，按分配给本站的时隙依次读出，并在数据前加上前置码，便组成了分帧。最后经 QPSK 调制器和发射机发射出去。一般送至地球站的信号都是不同用户经多路复用的速率较低的连续比特流，而发往卫星的信号是高速的。因此，为了将每个地球站一帧连续的低速数据压缩为在某时隙发射的高速数据分帧，需要有一个存储一帧的压缩存储器，将一帧连续的低速数据压缩成高速数据分帧。与此相反，在接收端则需要一个扩展存储器。实际上，缓冲存储器是一个速率变换器。

　　在接收端，信号经接收机和 QPSK 解调器，在取出信号的同时利用前置脉冲检测器检出前置码，在前置码的控制下，经分路装置和扩展缓冲器选出各地球站发给本站的信号。为了比较清楚地理解发送与接收信号的变换过程，如图 5.43 所示。该系统共有 5 个站，现以 A 站向其他各站分别发送一路电话，并接收其他各站发来的一路电话为例。

　　如果交换局送来的各路信号是已实现 PCM 编码的话音信号和其他数字信号，则由接口处设置的数字异步多路复接器，先把各路信号进行复接，然后送到压缩缓冲存储器作变速处理。

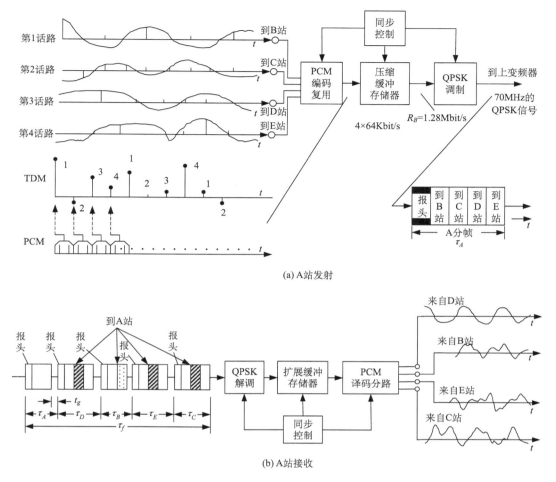

(a) A站发射

(b) A站接收

图 5.43 TDMA 通信系统工作过程示意图

在实际的 TDMA 系统中，常采用 PCM 话音插空技术来提高信道的利用率，还常在差分编码变换后加扰乱码器，把原数字序列中的连"1"或连"0"码变为非连"1"、连"0"码，使 PSK 调制器输入端的信号频谱接近白噪声的情况，以防止卫星通信对工作在相同频段的地面微波线路干扰。常用的扰码的方法是把数字信号序列和一个伪随机码序列作"模2"运算操作。

4. TDMA 的网同步

一个 TDMA 卫星通信系统中有许多地球站，如何保证每个地球站在开始发射信号时，能准确地进入转发器指定的时隙，而不会误入其他时隙造成干扰？在正常工作情况下，即地球站发射的突发信号进入正确的时间位置并处于稳态情况后，如何保证该分帧与其他分帧维持正确的时间关系而不会发生重叠造成相互间的干扰？前者就是所谓的初始捕获问题，后者则是所谓的分帧同步问题。两者统称为 TDMA 的网同步问题。可以说，TDMA 方式能否实现，很大程度上取决于能否解决网同步问题。

通常，各地球站与卫星的距离是不相同的，因而传输时延也不相同，又由于静止卫星不可能是理想静止的，传输时延还在不断地发生不同程度的变化。根据目前卫星发射的水平，由于卫星摄动而引起的地球站接收信号在 1s 内的时延变化约 2ns，这在传输速率较高的 TDMA 通信系统中是不允许的。下面介绍一些网同步的常用方法。

1）初始捕获

目前常用的初始捕获方法有多种，它们的本质是测距和瞄准，并在反馈过程中完成。对初始捕获的要求是速度快、精度高、设备简单。

（1）计算机轨道预测法。

计算机轨道预测法是把监控站所提供的卫星运动轨迹数据及本站地理位置数据送入计算机，计算出目前和未来卫星与本站的距离、距离变化率以及单程传输时延等数据，再根据所接收到的基准站突发时间基准及预先分配给本站的时隙，定出发射的时间。这些都是以独特码作为时间基准进行比较的。在本站初射时，发射时间选在预定分帧时隙的中央，先只发报头部分，这样不易影响前后相邻站分帧的工作。通过比较基准突发和本站所发报头的独特码所形成的示位脉冲，调整本站发射时间，逐步将所发报头移到预定位置，进入锁定状态，本站才发出完整的突发，此时初始捕获过程结束，进入通信阶段。当通信网中站网较多时，用这种方法是不经济的。

（2）相对测距法。

相对测距法的基本思路是在不影响其他站通信的条件下，先用无线电探测方法测出本站到卫星的传播时延及变化情况，然后根据接收到的基准突发的示位脉冲、本站所发突发应占位置及传播时延数据，定出本站发射的时间。探测的具体方法主要有如下三种。

① 带外测距法。将转发器的频带划分成两部分：一部分供 TDMA 方式通信用，另一部分专供网中各站测距用。由于是在通信用频带之外测距，故可以用全功率发射，测量精确，又不会影响通信。带外测距法的缺点是多占用了频带，还要有专门的收、发设备。

② 带内低电平测距法。为了避免带外测距的缺点，采用带内低电平测距方法，即所发测距信号占用通信所用的转发器频带，这时的测距电平比通信信号低 20～30dB，从而不至于对通信引起严重的干扰。测距信号电平低，带来了对其检测的困难，好在测距信号的信息量小，可以通过适当的信号设计来提高其信噪比。常用信号设计方案有以下两种。

a. 带内低电平宽脉冲法。这种方案是用比通信所用码元宽几十到上百倍的宽脉冲做测距信号，重复周期等于帧长 T_f。虽然是低电平，但由于其频带很窄，接收时可用窄带带通滤波器来提取，从而大大滤除了通信信号分量及噪声，获得较高的信噪比。

b. 带内低电平 PN 序列法。它是用伪噪声序列（Pseudo Noise Sequence，PN 序列）作为测距信号，序列长度等于帧长 T_f。接收时，虽是低电平，但利用 PN 序列的相关性进行相关检测，可获得较高的信噪比。这种方法所用设备复杂，但捕获精度高，捕获速度也快，故使用较多。

这两种带内测距法的捕获过程大致是：以接收到的基准突发独特码所形成的示位脉冲作时间标准，以低于正常功率 20～25dB 的功率发射的 PN 序列或宽脉冲测距信号，将接收到的测距信号的前沿与时间基准作比较，并调整本站发射时间，使测距信号前沿恰好出现在本站应发、突发的起始时间位置，接着就以此时间发射低电平的报头并停发测距信号，作进一步调整后将发射时间置于锁定状态，然后就以全功率发出全部突发，开始正常通信。

③ 被动同步法。被动同步法的基本思路是，在网中设有一个中心控制站，该中心站一

方面起基准站作用，发送基准突发供网中各站作时间基准用；另一方面在监控站的协助下，广播含有卫星精确位置信息的控制数据，各站根据此信息及本站的地理位置，用插入法来确定本站的传播时延，并按照时间基准定出本站确切的发射时间。

实验证明，用此法测距精度可达 1 毫微秒，系统定时误差在 ±10 毫微秒范围内。只是中心控制站的设备要稍复杂一些，但其他各站均可以做得相当简单。因为它们不需要再用所接收的本站独特码来作时间比较，所以受到重视。

2) 分帧同步

分帧同步是指完成初始捕获，进入锁定后，保证稳态情况下分帧之间的正确时间关系，不至于造成分帧之间相互重叠。图 5.44 为一种分帧同步方案的简化框图。它采用锁相方法使本站时基跟踪基准站时基。其中，本站 B 不断接收基准站时基信号，同时向卫星发射本站时基信号，并接收卫星转发下来的本站分帧时基信号，然后两者在锁相环内进行比较。若相位正确(分帧位置正确)，就通过定时脉冲产生器产生本站发射系统的定时脉冲信号，同时启动 PCM 编码器和前置码产生器，并立即向卫星发射分帧信号。若分帧位置不正确，则由误差信号去较正 VCO 的频率，从而改变定时脉冲产生器输出的脉冲频率和相位，直到二者频率相同、相位符合要求为止。其他站也是同样情况。

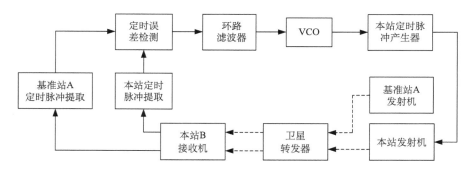

图 5.44　闭环分帧同步系统原理方框图

5.3.4　码分多址(CDMA)方式

前面所介绍的 FDMA 和 TDMA 方式是目前国际和国内卫星系统正在运用的多址方式，它们的主要优点是适合于大容量或中等容量的干线通信。对于容量小又要求与其他许多地球站进行通信的系统(如军事应用、飞机和舰艇等通信)来说，采用码分多址则比较适合。

在 CDMA 方式中，各地面站所发射的信号往往占用转发器的全部频带，而发射时间是任意的，而各站发射的频率和时间可以互相重叠，这时信号的区分是依据各站的码型不同来实现的。某一地球站发出的信号，只能用与它匹配的接收机才能检测出来。

在 CDMA 方式中，目前较适用的有两种类型：一种是伪随机码扩频多址方式(CDMA/DS)，又称为直接序列码分多址方式；另一种是跳频码分多址方式(CDMA/FH)。

1. 伪随机码扩频多址方式(CDMA/DS)

在 CDMA/DS 方式中，分别给各站分配一个特殊的编码信号，称为地址码。地址码的区分是利用编码信号码型结构上的正交性来实现的。在实际的码分多址方式中，由于同步等方面的考虑，通常采用准正交的伪随机码(PN 码)作地址码。

图 5.45 为伪随机码扩频多址方式的原理方框图。该系统共可传送 n 个载波：$c_1(t)$, $c_2(t)$, $\cdots$, $c_i(t)$, $\cdots$, $c_n(t)$。相应地，共需 n 个地址码：$a_1(t), a_2(t), \cdots, a_i(t), \cdots, a_n(t)$。图中只画出第 i 个载波 $c_i(t)$ 的发送端与接收端的基本组成。发送端由基带单元、扩频调制器、信息调制器、发射机等部分组成。对用户送来的二进制信码在发送基带单元中进行均衡、再生、时分多路复用及纠错编码等处理后送到扩频调制单元，采用模 2 加方式对 PN 码进行调制后送到信息调制单元，再利用已调的 PN 码序列对中频载波进行 PSK 调制，最后在发射机中进行上变频，变到射频频率后，经高功率放大器及馈线、天线等设备将足够大功率的射频已调载波 $c_i(t)$ 发向卫星。

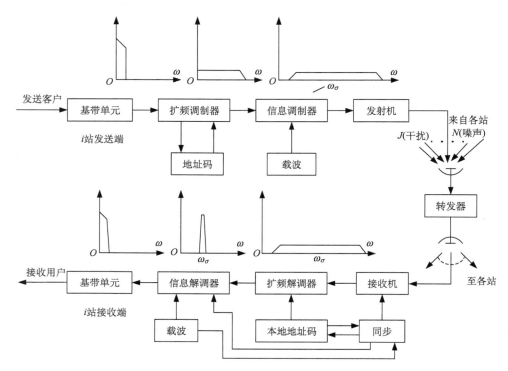

图 5.45　CDMA/DS 方式示意图

接收端由接收机、扩频解调单元、信息解调单元、接收基带单元等部分组成。接收机主要包括天线、馈线、低噪声放大器、下变频器等设备，它把收到的全部射频信号，包括外来干扰 $J(t)$ 和信道噪声 $N(t)$ 进行充分放大并变为中频输出。扩频解调单元用来完成本地地址码与所收信号的乘法运算，同步电路以保证本地地址码与 $c_i(t)$ 中的地址码之间的同步以及本地载波与 $c_i(t)$ 中的载波间的同步，保证相关解扩以及后面的相干解调的需要。信息解调单元是完成信息的相干 PSK 解调。接收基带单元是用来完成同发送端相反的基带处理，然后把还原的信号输出给收端的用户。

至于其他地面站发来的信号，虽然也可以加入接收机，但由于没有相应的地址码，因而仅表现为背景噪声，它们可以被后面的电路去掉。

2. 跳频码分多址方式(CDMA/FH)

与 CDMA/DS 相比，其主要差别是发射频谱的产生方式不同。如图 5.46 所示，在发端，利用 PN 码去控制频率合成器，使之在一个宽范围内的规定频率上伪随机地跳动，然后与信码调制过的中频混频，从而达到扩展频谱的目的。跳频图案和跳频速率分别由 PN 序列和 PN 序列的速率决定。信码一般采用小频偏 FSK 调制。在接收端，本地 PN 码产生器提供一个和发端相同的 PN 码，驱动本地频率合成器产生同样规律的频率跳变，和接收信号混频后获得固定中频的已调信号，通过解调器还原出原始信号。

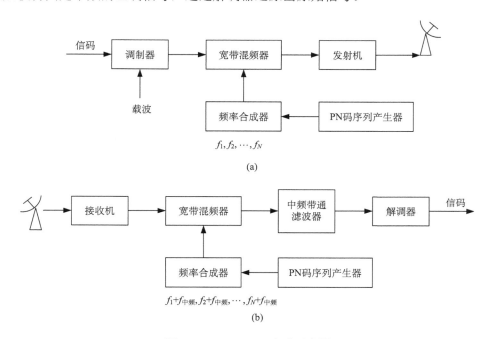

图 5.46　CDMA/FH 方式示意图

5.3.5　空分多址(SDMA)方式

空分多址就是多个地球站利用天线的方向性来分割信号。各站发出的射频信号在时间上、频带上都相同，但它们在卫星上不会混淆。这是因为不同站的信号将瞄准不同的卫星点波束天线，利用多个点波束天线对信号的空间参量作正交分割，即信号在卫星转发器天线阵空间内位于不同的方位。在卫星上，则根据各站要发往的方向，即时地把这些信号分别转接至相应的卫星发射天线，地面站通过用窄波束天线就只收到本站的信号。在这种空分系统中，卫星具有类似于自动交换机的作用，所以有"空中交换站"之称。

由于各站的射频信号在空间上互不重叠，因此各站射频信号的频率和时间即使相同也不会互相干扰。这样，同样的频带就可以容纳更多的用户，起到了"频率再用"(多次运用同一频率)的效果。这在卫星频带严重不足而卫星功率富裕的场合，可以成倍地扩展通信容量。

5.4 卫星通信线路的设计

5.4.1 卫星通信线路的模型及标准

在计算和设计卫星通信线路时，首先必须给出自地球站 A 经由通信卫星至地球站 B 的卫星区间所要求的线路标准。由于卫星通信线路是国际通信网和国内通信网的组成部分，所以其线路性能标准必须具有国际和国内规定的普遍性。一般在制定线路标准时，先制定一个具有典型结构的假设线路作为标准模型，再对该标准线路规定性能标准。

1. 标准线路模型

标准线路模型由地球站 A—通信卫星—地球站 B 所组成，如图 5.47 所示。因为标准线路可能是国际电路的一部分，所以必须按可能有二次或三次"跳跃"串联的情况来判定线路标准。另外，标准线路中包含有基带–射频变换和射频–基带变换的信道调制器和解调器，但不包含多路电话终端和电视标准制式变换设备等。

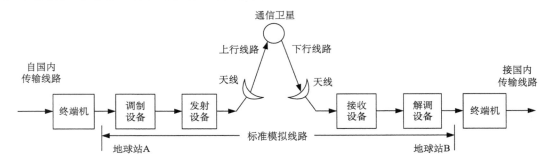

图 5.47　标准线路模型

2. 线路标准

1) 模拟制电话线路标准

CCIR 对于卫星通信系统标准模拟线路在电话通路零相对电平点（参考点信号功率 1mW 为 0dBm）允许的噪声作如下建议。

(1) 每小时的平均噪声功率不超过 10000pW（加权值）。

(2) 1min 的平均噪声功率，在一个月的 20% 以上的时间，不超过 10000pW（加权值）。

(3) 1min 的平均噪声功率，在一个月的 0.3% 以上的时间，不超过 50000pW（加权值）。

(4) 积分时间 5ms 的噪声功率，在一个月的 0.03% 以上的时间，不超过 1000000pW（无加权值）。

此外，还规定在测定噪声功率时（加权值），使用 CCIR 建议的加权网络。电话电路里所产生的噪声可看作具有平坦频率特性（均匀分布性）。但人的听觉及电话机是具有一定的频率特性的，不同频率的噪声，对人的听觉的影响是不同的，所以在评价实际感受到的噪声时，必须对测量值进行修正。考虑到这一点，CCITT 规定了如图 5.48 所示特性的加权网络。若用计算的方法来求电话通路在传输频带 0.3～3.4kHz 内无加权噪声时，通常使用

–2.5dB 的加权修正系数。

在 CCIR 制定的噪声标准中，50000pW 及 1000000pW 是针对降雨和强风等气象条件引起线路质量下降的情况而定的线路设计的依据。国际卫星通信组织把线路噪声为 50000pW 时的接收信号功率与噪声功率之比(C/N)定义为接收门限电平。按照下行线路对此电平有 6dB 的降雨储备量的要求决定地球站的标准性能及卫星功率的分配。然而这 6dB 的降雨储备量是否满足要求，还要看各地球站的气象条件、天线有无天线罩而定。

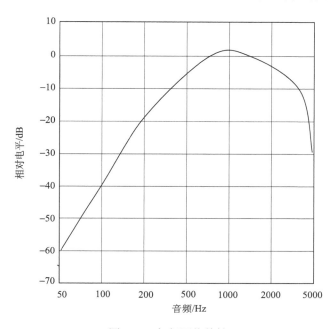

图 5.48　加权网络特性

2) 数字线路标准

数字线路标准是采用误码率 P_e 来表示的。在数字式 PCM-PSK 线路中，产生误码的主要原因有热噪声、码间干扰、比特失步和再生载波相位跳动等。目前，国际卫星通信组织暂定误码率 10^{-4} 为临界条件。这和 FM 模拟线路噪声为 50000pW 的情况相对应。

5.4.2　线路设计

1. 卫星通信线路载波功率的计算

1) 天线增益 G

在卫星通信中，一般使用定向天线，把电磁能量聚集在某个方向上辐射。设天线开口面积为 A，天线效率为 η，波长为 λ，D 为天线直径，则天线增益为

$$G = \frac{4\pi A}{\lambda^2} \times \eta = \left(\frac{\pi D}{\lambda}\right)^2 \times \eta \tag{5.4}$$

2) 有效全向辐射功率

通常把卫星和地球站发射天线在波束中心轴向上辐射的功率称为发送设备的有效全向

辐射功率(EIRP)。它是天线发射功率 P_t 与天线增益 G_t 的乘积,即

$$\text{EIRP} = P_t \times G_t = \frac{P_0 G_t}{L_{FT}} \ (\text{W}) \tag{5.5}$$

其中,P_0 为发射机末级功放输出功率;L_{FT} 为馈线损耗($L_{FT}>1$)。用分贝表示:

$$[\text{EIRP}] = [P_0] + [G_t] - [L_{FT}] \ (\text{dB}) \tag{5.6}$$

注:以后式中,方括号表示取其 dB 值。

3)传输损耗

卫星通信线路的传输损耗包括自由空间传播损耗、大气吸收损耗、天线指向误差损耗、极化损耗和降雨损耗等,其中主要是自由空间传播损耗。这是由于卫星通信中电波主要是在大气层以外的自由空间传播,自由空间的损耗在整个传输损耗中占绝大部分。至于其他因素引起的损耗,可以在考虑自由空间损耗的基础上加以修正。

自由空间传播损耗 L_p 如式(5.7)所示:

$$L_p = \left(\frac{4\pi d}{\lambda}\right)^2 \tag{5.7}$$

其中,d 为传输距离(km);λ 为波长。通常用分贝表示为

$$[L_p] = 92.44 + 20\lg d \ (\text{km}) + 20\lg f \ (\text{GHz}) \tag{5.8}$$

地球站至同步卫星的距离因地球站直视卫星的仰角不同而不同,在 35900(仰角 90°)~42000km 之间。计算时一般可取 $d=40000$km。

大气吸收现象引起的损耗与频率和仰角有关,表 5.5 的数据可作参考。

表 5.5 晴朗天气大气损耗值

工作频率/GHz	仰角/(°)	可用损耗值/dB	工作频率/GHz	仰角/(°)	可用损耗值/dB
4	天顶角至 20	0.1	12	10	0.6
4	10	0.2	18	45	0.6
4	5	0.4	30	45	1.1

地球站天线指向误差产生的损耗一般为 0.25dB。极化损耗一般可取 0.25dB。降雨对信号的影响较大,线路设计时,通常先以晴天为基础进行计算,然后留一定的富余量,以保证下雨、降雪等情况仍能满足通信质量的要求,这个富余量称为降雨富余量。

4)载波接收功率

卫星或地球站接收机输入端的载波功率一般称为载波接收功率,记作 C,通常 C 用 dBW 表示。

设发射机的有效全向辐射功率为 EIRP (dBW)。接收天线增益为 G_r (dB),接收馈线损耗为 L_{FR} (dB),大气损耗为 L_a (dB),自由空间传播损耗为 L_p (dB),其他损耗为 L_r (dB),则接收机输入端的载波接收功率 C(dBW)可以表示为

$$\begin{aligned}[C] &= [\text{EIRP}] + [G_r] - [L_a] - [L_p] - [L_r] - [L_{FR}] \\ &= [P_0] - [L_{FT}] + [G_t] + [G_r] - [L_a] - [L_p] - [L_r] - [L_{FR}]\end{aligned} \tag{5.9}$$

2. 卫星通信线路噪声功率的计算

1）卫星通信线路的噪声

卫星通信线路中，地球站接收的信号极其微弱，并且在接收信号的同时，还有各种噪声进入接收系统。由于地球站使用了低噪声放大器，接收机内部噪声影响已很小，所以，各种外部噪声就必须加以考虑。地球站接收系统的噪声来源如图 5.49 所示。其中，有些是由天线从其他辐射源的辐射中接收到的，如宇宙噪声、大气噪声、降雨噪声、太阳噪声、天电噪声、地面噪声等。若天线有天线罩则还有天线罩的介质损耗引起的噪声，这些噪声与天线本身的热噪声一起统称为天线噪声。还有些噪声是通过卫星产生的，如上行线路噪声、转发器的交调噪声等。以上这些都属于接收系统外部噪声，接收系统的内部噪声主要来自馈线、放大器和变频器等。

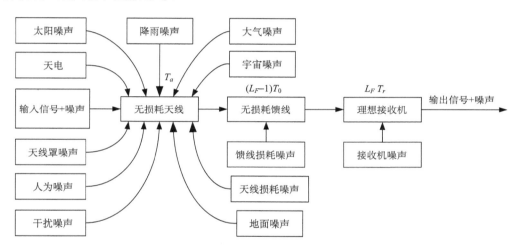

图 5.49　地球站接收系统的噪声来源

2）噪声功率和等效噪声温度

对于一个放大器来说，一般是以放大器输入端信噪比与输出端信噪比之比定义的噪声系数 F 来表示其噪声性能，如图 5.50 所示。放大器输出端噪声是输入端噪声与放大器内部噪声之和。一般将放大器的内部噪声换算成输入端的噪声，用 T_e 来表示，T_e 即放大器的等效噪声温度。如果放大器增益为 G，输入端信噪比为 S_i/N_i，输入端匹配电路温度为 T'，根据噪声系数定义，则噪声系数 F 与噪声温度 T_e 之间的关系为

$$F = \frac{S_i/N_i}{S_{\text{out}}/N_{\text{out}}} = \frac{S_i/N_i}{GS_i/(KT'BG + KT_eBG)} = 1 + \frac{T_e}{T'} \tag{5.10}$$

一般 T' 为常温 T_0，通常取 $T_0=290\sim300\text{K}$。

由式（5.10）可得

$$T_e = (F-1)T_0 \tag{5.11}$$

对于馈线来讲，由于它是一个无源网络，其噪声系数之值等于它的衰减，即

$$F_F = L_F, \quad L_F > 1$$

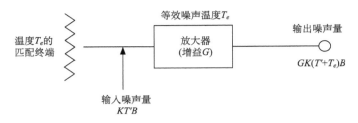

图 5.50　噪声系数说明图

折算到馈线输入端的等效噪声温度 T_F 为

$$T_F = (L_F - 1)T_0 \tag{5.12}$$

在多级级联放大器情况下，多级放大器噪声系数为

$$F = F_1 + \frac{F_2 - 1}{G_1} + \frac{F_3 - 1}{G_1 G_2} + \cdots \tag{5.13}$$

其中，F_1，F_2，$\cdots$分别为第一级、第二级、$\cdots\cdots$的噪声系数；G_1，G_2，$\cdots$分别为第一级、第二级、$\cdots\cdots$放大器的功率增益。多级放大器的等效噪声温度为

$$T_e = T_{e1} + \frac{T_{e2}}{G_1} + \frac{T_{e3}}{G_1 G_2} + \cdots \tag{5.14}$$

3) 卫星通信线路的噪声分配

对于多路电话传输，CCIR 建议在标准模拟线路内每一话路的总噪声应在 10000pW 以下。表 5.6 列出了国际卫星 IS-IV 中噪声的分配情况。表中，地球站设备内部噪声主要包括热噪声、大功率放大器所产生的交调噪声、调制和解调设备非线性所引起的不可懂串话噪声、地球站中频放大器等的相位畸变所引起的不可懂串话噪声等。这里热噪声主要是发射机内产生的热噪声，接收机所产生的热噪声包括在下行线路热噪声内。此外，还包括中频电缆或馈线中因失配造成的波形畸变所引起的不可懂串话噪声。

表 5.6　IS-IV　FM/FDMA 系统噪声分配表

项目	噪声功率/pW
上行线路热噪声	1130
卫星内部交调噪声	2160
下行线路热噪声	4210
地球站设备内部噪声	1500
来自其他系统的干扰噪声	1000
总计	10000

上行线路的噪声由卫星转发器的噪声温度决定，因为在卫星上不使用特殊设备，所以其输入端噪声温度为 3000K 左右。

卫星通信线路的噪声分配中，分配给下行线路的噪声较多，这是因为上行线路可以利用地球站的大功率发射机、高增益设备和对其他业务干扰可能性小的窄波束天线。而下行线路则可能对地面业务产生干扰，所以辐射功率受到严格限制。因此下行线路对地球站设计起着制约作用，它的噪声在很大程度上决定了地球站接收天线和低噪声放大器的设计。

3. 卫星通信线路中载波功率与噪声功率比

在卫星通信中，接收机收到的信号，不是调频信号就是数字键控信号。因此，接收机收到的信号功率可以用其载波功率 C 来表示。这是因为，对于调频信号，载波功率就等于调频信号各频谱成分功率之和；对于数字键控信号，载波功率就是其平均功率。

1)上行线路载噪比与卫星品质因数

在计算上行线路载噪比时，地球站为发射系统，卫星为接收系统。设地球站有效全向辐射功率为 $(\text{EIRP})_E$，上行线路传输损耗为 L_P，卫星转发器接收天线增益为 G_{RS}，卫星转发器接收系统馈线损耗为 L_{FRS}，大气损耗为 L_a，则卫星转发器接收机输入端的载噪比为

$$\left[\frac{C}{N}\right]_U = [\text{EIRP}]_E - [L_P] + [G_{RS}] - [L_{\text{FRS}}] - [L_a] - 10\lg(KT_{\text{sat}}B_{\text{sat}}) \tag{5.15}$$

其中，T_{sat} 为卫星转发器输入端等效噪声温度；B_{sat} 为卫星转发器接收机带宽。

如果将 L_{FRS} 计入 G_{RS} 之内，称为有效天线增益，将 L_a 和 L_P 合并为 L_U，则可写成：

$$\left[\frac{C}{N}\right]_U = [\text{EIRP}]_E - [L_U] + [G_{RS}] - 10\lg(KT_{\text{sat}}B_{\text{sat}}) \tag{5.16}$$

由于载噪比 C/N 是带宽 B 的函数，因此这种表示方法缺乏一般性，对不同带宽的系统不便于比较。所以常采用载波功率与等效噪声温度之比 C/T 来表示，即

$$\left[\frac{C}{T}\right]_U = [\text{EIRP}]_E - [L_U] + \left[\frac{G_{RS}}{T_{\text{sat}}}\right] \tag{5.17}$$

由式(5.17)可看出，G_{RS}/T_{sat} 值的大小，直接关系到卫星接收性能的好坏，故把它称为卫星接收机性能指数，也称为卫星接收机的品质因数。通常简写为 G/T 值。G/T 值越大，C/T 值越大，接收性能越好。

为了说明上行线路 C/T 值与转发器输入信号功率的关系，引入转发器灵敏度的概念，其定义是：当使卫星转发器达到最大饱和输出时，转发器输入端所需要的信号功率，就是转发器灵敏度。通常用功率密度 W_s 表示，即以单位面积上的有效全向辐射功率表示，即

$$W_s = \frac{(\text{EIRP})_E}{4\pi d^2} = \frac{4\pi}{\lambda^2} \cdot \frac{(\text{EIRP})_E}{\left(\frac{4\pi d}{\lambda}\right)^2} = \frac{(\text{EIRP})_E}{L_U} \cdot \frac{4\pi}{\lambda^2} \tag{5.18}$$

或

$$[W_s] = [\text{EIRP}]_E - [L_U] + 10\lg(4\pi/\lambda^2) \tag{5.19}$$

以上是卫星转发器只放大一个载波的情况，当一个转发器要同时放大多个载波时，为了抑制因交调所引起的噪声，需要使总输入信号功率从饱和点减小一定数值，即进行输入补偿。因而由各地球站所发射的 EIRP 总和，将比单波工作使转发器饱和时地球站所发射的 EIRP 小一个输入补偿值 $[\text{BO}]_I$。若以 $[\text{EIRP}]_{ES}$ 表示转发器在单波工作时地球站的有效全向辐射功率，那么多载波工作时地球站的有效全向辐射功率的总和应为

$$[\text{EIRP}]_{EM} = [\text{EIRP}]_{ES} - [\text{BO}]_I \tag{5.20}$$

将式(5.19)代入式(5.20)中，可得

$$[\text{EIRP}]_{EM} = [W_s] - [BO]_I + [L_U] - 10\lg\left(\frac{4\pi}{\lambda^2}\right) \tag{5.21}$$

与之对应的 $[C/T]_U$ 值用 $[C/T]_{UM}$ 表示，即

$$\left[\frac{C}{T}\right]_{UM} = [\text{EIRP}]_{EM} - [L_U] + \left[\frac{G_{RS}}{T_{\text{sat}}}\right]$$

$$= [W_s] - [\text{BO}]_I + \left[\frac{G_{RS}}{T_{\text{sat}}}\right] - 10\lg\left(\frac{4\pi}{\lambda^2}\right) \tag{5.22}$$

显然，它是$[W_s]$、$[\text{BO}]_I$ 和$[G_{RS}/T_{\text{sat}}]$的函数。如果保持$[\text{BO}]_I$ 和$[G_{RS}/T_{\text{sat}}]$不变，降低转发器的灵敏度，便意味着要使转发器达到同样大的输出，应该加大 W_s，或加大地球站发射功率。当然这时$[C/T]_{UM}$也将相应提高。

因此，在卫星转发器(如 IS-IV 和 IS-V)上一般都装有可由地面控制的衰减器，以便调节它的输入，使$[C/T]_{UM}$与地球站的$[\text{EIRP}]_E$ 得到合理的数值。

当星上行波管放大多载波时，以$[C/T]_{UM}$表示与各载波的总功率相对应的 C/T 值，以区别于$[C/T]_U$。

2) 下行线路载噪比与地球站品质因数

这时卫星转发器为发射系统，地球站为接收系统，与上行线路类似，可按式(5.23)求得下行线路的 C/T 值：

$$\left[\frac{C}{T}\right]_D = [\text{EIRP}]_S - [L_D] + \left[\frac{G_{RE}}{T_E}\right] \tag{5.23}$$

其中，$[C/T]_D$ 为下行线路的$[C/T]$；G_{RE} 为地球站接收天线的有效增益；T_E 为地球站接收机输入端等效噪声温度；L_D 为下行线路损耗；$[G_{RE}/T_E]$为地球站性能指数(品质因数)，常用$[G_R/T_D]$表示，其中，T_D 为下行线路噪声温度；$[\text{EIRP}]_S$ 为卫星转发器有效全向辐射功率。

若卫星转发器同时放大多个载波，为了减小交调噪声，行波管放大器进行输入功率退回的同时，输出功率也应有一定退回量。因此多载波工作的有效全向辐射功率为

$$[\text{EIRP}]_{SM} = [\text{EIRP}]_S - [\text{BO}]_o \tag{5.24}$$

其中，$[\text{EIRP}]_S$为卫星转发器在单载波饱和工作时的$[\text{EIRP}]$，将式(5.24)代入式(5.23)得

$$\left[\frac{C}{T}\right]_{DM} = [\text{EIRP}]_S - [\text{BO}]_o - [L_D] + \left[\frac{G_R}{T_D}\right] \tag{5.25}$$

其中，$[BO]_o$表示输出补偿值。

3) 卫星转发器载波功率和交调噪声功率比

如果近似认为交调噪声是均匀分布的，可采用和热噪声类似的处理方法，求得载噪比，也可用$[C/N]_I$ 或$[C/T]_I$ 来表示。

$$\left[\frac{C}{T}\right]_I = \left[\frac{C}{N}\right]_I + 10\lg K + 10\lg B = \left[\frac{C}{N}\right]_I - 228.6 + 10\lg B \tag{5.26}$$

由于交调噪声的频率分布及功率大小与行波管的输入、输出特性、工作点、各信号载波的排列情况及各载波的功率大小、受调制的情况等许多因素有关，一般采用实验方法或计算机模拟方法来求其载噪比。

4) 卫星通信线路的总载噪比

当求出了上行线路噪声、下行线路噪声和交调噪声的 C/T 值以后，便可求得整个卫星线路的 C/T 值。整个卫星线路噪声是由上行线路噪声、下行线路噪声和交调噪声三部分组

成的。虽然这三部分噪声到达接收站接收机输入端时，已混合在一起，但因各部分噪声之间彼此独立，故在计算接收机输入端噪声功率时，可将三部分相加，即

$$N_T = N_U + N_I + N_D = K(T_U + T_I + T_D)B = KT_T B \qquad (5.27)$$

$$T_T = T_U + T_I + T_D = (1 + \gamma)T_D \qquad (5.28)$$

式中

$$\gamma = \frac{T_I + T_U}{T_D}$$

整个卫星线路的总载噪比为

$$\left[\frac{C}{N}\right]_T = [\text{EIRP}]_S - [L_D] + [G_R] - 10\lg(KT_T B)$$

$$= [\text{EIRP}]_S - [L_D] - [K] - [B] + \left[\frac{G_R}{(\gamma + 1)T_D}\right] \qquad (5.29)$$

$$\left[\frac{C}{T}\right]_T = [\text{EIRP}]_S - [L_D] + \left[\frac{G_R}{(\gamma + 1)T_D}\right] \qquad (5.30)$$

因此

$$\left(\frac{C}{T}\right)_T^{-1} = \left(\frac{C}{T}\right)_U^{-1} + \left(\frac{C}{T}\right)_I^{-1} + \left(\frac{C}{T}\right)_D^{-1} \qquad (5.31)$$

或

$$\left[\frac{C}{T}\right]_T = -10\lg\left(10^{\frac{-[C/T]_U}{10}} + 10^{\frac{-[C/T]_I}{10}} + 10^{\frac{-[C/T]_D}{10}}\right) \qquad (5.32)$$

5）门限富余量与降雨富余量

如果对通信系统的传输质量提出了一定的要求，则可以求出满足该质量标准要求的最小 C/N 或 C/T 值，通常把容许的最低的 C/N 或 C/T 值称为门限，并以 $[C/N]_{\text{TH}}$ 或 $[C/T]_{\text{TH}}$ 表示。在设计卫星线路时，应合理地选择线路中各部分电路的组成，使实际可能达到的 C/T 值超过门限值 $[C/T]_{\text{TH}}$。

任何一条线路建立后，其参数不可能始终不变，而且经常会受到气候条件、转发器和地球站设备某些不稳定因素及天线指向误差等方面的影响。为了在这些因素变化后仍能使质量满足要求，它必须留有一定的富余量，这个富余量称为"门限富余量"。

在气候条件变化中，影响最大的是雨和雪等引起的传播损耗和噪声的增加。为了弥补这种影响，在线路设计时必须留有一定的富余量，以保证在降雨时仍能满足对线路质量的要求，这个余量称为降雨富余量。

降雨主要是对下行线路的影响最为显著。设已知不降雨时噪声功率总和为

$$T_T = T_U + T_I + T_D = (\gamma + 1)T_D \qquad (5.33)$$

则

$$\left(\frac{C}{T}\right)_T = \frac{C}{(\gamma + 1)T_D} \qquad (5.34)$$

假设由于降雨影响，使下行线路噪声增加到原有噪声的 m 倍，地球站接收系统 C/T 值正好降到门限值，则

$$T'_T = T_U + T_I + mT_D = (\gamma + m)T_D \tag{5.35}$$

$$\left(\frac{C}{T}\right)_{\text{TH}} = \frac{C}{(\gamma + m)T_D} = \left(\frac{C}{T}\right)_T \cdot \frac{1 + \gamma}{\gamma + m} \tag{5.36}$$

用分贝表示，则

$$\left[\frac{C}{T}\right]_{\text{TH}} = \left[\frac{C}{T}\right]_T - 10\lg\frac{\gamma + m}{\gamma + 1} \tag{5.37}$$

式 (5.37) 说明，降雨使总载噪比比不降雨时降低 $10\lg((r+m)/(1+r))$ dB。因此，为了保证通信可靠，质量符合要求，设计通信线路时，应留有门限富余量 E 为

$$E = 10\lg\frac{\gamma + m}{\gamma + 1} = \left[\frac{C}{T}\right]_T - \left[\frac{C}{T}\right]_{\text{TH}} \tag{5.38}$$

E 代表正常气候条件下 $[C/T]_T$ 超过门限值的分贝数，m 为降雨富余量，用分贝表示时，写成

$$M = 10\lg m \tag{5.39}$$

在卫星通信中，一般取 M=4～6dB。

4. 数字卫星通信线路设计

1）数字卫星通信线路标准

目前，国际卫星通信组织暂定 P_e 为 10^{-4} 作为线路标准。这和 FM 模拟线路噪声为 50000pW 的情况相对应。

2）主要通信参数的确定

(1) 归一化信噪比 E_b/n_0。接收数字信号时，载波接收功率与噪声功率之比 C/N 可以写成

$$\frac{C}{N} = \frac{E_b R_b}{n_0 B} = \frac{E_S R_S}{n_0 B} = \frac{(E_b \log_2 M) R_S}{n_0 B} \tag{5.40}$$

其中，E_b 为每单位比特信息能量；E_S 为每个数字波形能量，对于 M 进制，则有 $E_S = E_b\log_2 M$；R_S 为码元传输速率（波特率）；R_b 为比特速率，且 $R_b = R_S\log_2 M$；B 为接收系统等效带宽；n_0 为单边噪声功率谱密度。

(2) 误码率与归一化信噪比的关系。对于 2PSK 或 QPSK，有

$$P_e = \frac{1}{2}\left(1 - \text{erf}\sqrt{\frac{E_b}{n_0}}\right) \tag{5.41}$$

当 P_e=10^{-4} 时，测得归一化理想门限信噪比为

$$\left[\frac{E_b}{n_0}\right]_{\text{TH}} = 8.4 \text{ dB} \tag{5.42}$$

$$\left[\frac{C}{T}\right]_{\text{TH}} = \left[\frac{E_b}{n_0}\right] + 10\lg K + 10\lg R_b \tag{5.43}$$

(3) 门限富余量。当仅考虑热噪声时，为保证误码率 P_e=10^{-4}，必需的理想门限归一化

信噪比为 8.4dB，则门限富余量 E 可由式 (5.44) 确定：

$$E = \left[\frac{C}{N}\right]_T - \left[\frac{C}{N}\right]_{TH} = \left[\frac{E_b}{n_b}\right] - \left[\frac{E_b}{n_b}\right]_{TH} = \left[\frac{E_b}{n_b}\right] - 8.4 \tag{5.44}$$

门限富余量是为了考虑 TDMA 地球站接收系统和卫星转发器等设备特性不完善所引起的性能恶化而采取的保护措施。

(4) 接收系统最佳频带宽度 B 的确定。接收系统的频带特性是根据误码率最小的原则确定的。根据奈奎斯特速率准则，在频带宽度为 B 的理想信道中，无码间串扰时码字的极限传输速率为 $2B$ 波特。由于 PSK 信号具有对称的两个边带，其频带宽度为基带信号频带宽度的 2 倍。因此，为了实现对 PSK 信号的理想解调，系统理想带宽应等于波形传输速率 (波特速率) R_S。但从减少码间干扰的角度考虑，一般要求选取较大的频带宽度。因此取最佳带宽为

$$B = (1.05 \sim 1.25) R_S = \frac{(1.05 \sim 1.25) R_b}{\log_2 M} \tag{5.45}$$

(5) 满足传输速率和误码要求所需的 C/T 值的确定。

$$\left(\frac{C}{T}\right)_T = \left(\frac{C}{N}\right)_T \cdot K \cdot B = \frac{E_b}{n_0} \cdot K \cdot R_b \tag{5.46}$$

用分贝表示为

$$\left[\frac{C}{T}\right]_T = \left[\frac{E_b}{n_0}\right] + 10\lg K + 10\lg R_b \tag{5.47}$$

例 5.1　已知：工作频率为 6/4GHz，利用 IS-IV 号卫星，卫星转发器 $[G/T]_S = -17.6\text{dB/K}$，$[W_s] = -67\text{dBW/m}^2$，$[\text{EIRP}]_S = 22.5\text{dBW}$；标准地球站 $[G_R/T_D] = 40.7\text{dB/K}$，线路标准取误码率 $P_e \leqslant 10^{-4}$，取 $d = 40000\text{km}$，$R_b = 60\text{Mbit/s}$，试计算 QPSK-TDMA 数字线路参数。

解　(1) 求接收系统最佳带宽 B：

$$B = \frac{(1.05 \sim 1.25) \times 60}{2} = (31.5 \sim 37.5) \ (\text{MHz})$$

取 $B = 35\text{MHz}$。

(2) 确定满足传输速率和误码率要求所需的 $[C/T]_{TH}$ 值。当要求 $P_e \leqslant 10^{-4}$ 时，有

$$\left[\frac{E_b}{N_0}\right] \geqslant 8.4 \ \text{dB}$$

设取 $[E_b/n_0] = 10.4\text{dB}$，则

$$\left[\frac{C}{T}\right]_{TH} = \left[\frac{E_b}{n_0}\right] + 10\lg K + 10\lg R_b$$

$$= 10.4 - 228.6 + 77.8 = -140.4 \ (\text{dBW/K})$$

(3) 计算卫星线路实际能达到的 C/T 值。

① 求地球站和卫星有效全向辐射功率。TDMA 方式不存在多载波工作造成的交调问题，但末级行波管 AM/PM 转换等非线性特性的影响会使误码率变坏。因此，为了得到最佳工

作点，必须采取某种程度的补偿。

设取$[BO]_I=7dB$，$[BO]_o=2dB$，则由式(5.21)可得

$$[EIRP]_E = -67 - 7 + 200.6 - 37 = 89.6\ (dBW)$$

$$[EIRP]_S = 22.5 - 2 = 20.5\ (dBW)$$

②求C/T值。由式(5.22)和式(5.23)可得

$$\left[\frac{C}{T}\right]_U = 89.6 - 200.6 - 17.6 = -128.6\ (dBW/K)$$

$$\left[\frac{C}{T}\right]_D = 20.5 - 196.6 + 40.7 = -135.4\ (dBW/K)$$

由式(5.32)得

$$\left[\frac{C}{T}\right]_T = -10\lg\left(10^{12.86} + 10^{13.54}\right) = -136.2\ (dBW/K)$$

门限富余量

$$E = \left[\frac{C}{T}\right]_T - \left[\frac{C}{T}\right]_{TH} = -136.2 + 140.4 = 4.2\ (dB)$$

习　题

5.1　什么是卫星通信？

5.2　若要实现全球通信，最少需要在赤道上空的同步轨道上配置几颗等间隔静止卫星？

5.3　卫星通信有何特点？

5.4　简述卫星通信系统主要由哪几大部分组成。

5.5　在静止卫星通信系统中，有时需工作在双跳方式，请举两个例子。

5.6　简述通信卫星主要由哪几大部分组成。

5.7　卫星的控制系统主要包括哪两种控制设备？

5.8　卫星通信系统中，对地球站，最主要的发射性能指标是什么，最主要的接收性能指标是什么？它们各自的含义是什么？

5.9　一个典型的双工地球站设备主要包括哪几个部分？

5.10　地球站天线分系统主要有哪三部分组成，它们的功能分别是什么？

5.11　简述卫星通信体制的四个基本问题。

5.12　卫星通信中，大都采用什么纠错，为什么？

5.13　简述卫星通信中频分多址方式产生交调干扰的主要原因。

5.14　简述卫星通信中频分多址方式解决交调干扰问题的常用方法主要有哪几种。

5.15　卫星通信线路的传输损耗主要包括哪些？其中主要是什么传输损耗？

5.16　设$d=40000km$。试计算f分别为3950MHz、4200MHz、6175MHz、6425MHz时自由空间的传输损耗L_p为多少？（计算结果保留小数点后一位）

5.17　设某卫星$[EIRP]_S=32dBW$，下行频率为4GHz，$d=40000km$，地球站接收天线直径$D=25m$，效率为0.7，试计算地球站接收信号的功率。

5.18　设地球站发射机末级输出功率为 2kW，天线直径为 15m，发射频率为 14GHz，天线效率为 0.7，馈线损耗为 0.5dB，试计算 EIRP。

5.19　设地球站发射天线增益为 63dB，损耗为 3dB，有效全向辐射功率为 87.7dBW，试求发射机输出功率。

5.20　设地球站发射机输出功率为 3kW，发射馈线损耗为 0.5dB，发射天线直径为 25m，天线效率为 0.7，上行频率为 6GHz，$d = 40000$km，卫星接收天线增益为 5dB，接收馈线损耗为 1dB，若忽略大气损耗，试计算卫星接收机输入信号功率为多少 dBW？

第6章 短波通信系统

按照国际无线电咨询委员会(CCIR)的划分，短波是指波长在 10～100m，频率为 3～30MHz 的电磁波。利用短波进行的无线电通信称为短波通信，又称高频(HF)通信。实际上，为了充分利用短波通信的优点，短波通信实际使用的频率范围为 1.5～30MHz。短波通信被广泛地用于军事、气象、通信导航等领域，尤其在军事领域，它是军事指挥远距离通信的重要手段之一。本章首先讨论了短波信道的特征，在此基础上论述了短波自适应通信与短波通信系统的组网。

6.1 短 波 信 道

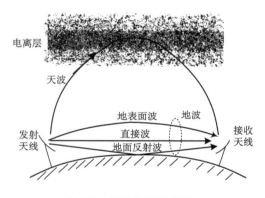

图 6.1 短波传播示意图

短波频段的电波传播主要有两种形式，如图 6.1 所示。

第一种形式是地波传播，即电磁波沿地球表面进行传播，由于地面对短波衰减较大，所以地波只能近距离传播。地波传播情况主要取决于地面条件。地面条件的影响主要表现在以下两个方面。

(1)地面的不平坦性，其对电波的影响视电波的波长而不同。对长波长来说，除了高山都可将地面看成平坦的；而对于分米波、厘米波来说，即使水面上的波浪或田野上丛生的植物，也应看成地面有严重的不平度，其对电波传播起着不同程度的障碍作用。因此，地波传播形式主要应用于长波、中波和短波频段低端的 1.5～5MHz 频率范围。

(2)地面的地质情况，它是从土壤的电气性质来研究对电波传播的影响。因为地表面导电特性在短时间内变化小，故电波传播特性稳定可靠，基本上与昼夜和季节的变化无关。由于地球表面是有电阻的导体，当电波在它上面行进时，有一部分电磁能量被消耗，而且随着频率的增高，地波损耗也逐渐增大。

对于短波通信，当天线架设较低，且其最大辐射方向沿地面时，主要是地波传播。地波又由地表面波、直接波和地面反射波三种分量构成。地表面波沿地球表面传播，直接波为视线传输，地面反射波经地面反射传播。在讨论地面波传播问题时，电离层的影响不予考虑，而主要考虑地球表面对电波传播的影响。

短波沿陆地传播时衰减很快，只有距离发射天线较近的地方才能收到，即使使用 1000W 的发射机，陆地上传播距离也仅为 100km 左右。而沿海面传播的距离远远超过陆地的传播距离，在海上通信能够覆盖 1000km 以上的范围。由此可见，短波的地波传播形式一般不宜用作无线电广播和远距离陆地通信，而多用于海上通信、海岸电台与船舶电台之间的通信以及近距离的陆地无线电话通信。

第二种形式是天波传播，即依靠电离层反射来传播，可以实现远距离的传播。短波通信主要靠电离层反射的天波传播达到通信的目的。由于电离层的时变性，信号传播存在多种衰落和多径延时，其接收信号存在随机性和不稳定性。从短波的实际通信效果来看，接收信号时强时弱，背景噪声较大，信噪比低，这些特性与电离层密切相关。地波传播即无线电波沿地面传播。

天波传播是指电波经高空电离层反射而到达地面接收点的一种传播方式。它的传播损耗小，因此用较小的功率、较低的成本，就能进行远距离的通信和广播，其距离可达数百千米或上千千米。一般情况下，对于短波通信线路，天波传播具有更重要的意义。因为天波不仅可以进行远距离传播，可以跨越丘陵地带，而且还可以在非常近的距离内建立无线电通信。短波广播至今仍是国际广播的主要手段，短波波段也是现代业余无线电通信常用的波段。

6.1.1　电离层

从地面到 1000km 的高空均有各种气体存在，这一区域称为大气层，包围地球的大气层的空气密度是随着地面高度的增加而减少的。一般，离地面大约 20km 以下，空气密度比较大，各种大气现象，如风、雨、雪等都是在这一区域内产生的。大气层的这一部分称为对流层。在接近地面的空间里，由于对流作用，成分基本稳定，是各种气体的混合体。在离地面 60~90km 以上的高空，对流作用很小，不同成分的气体不再混合在一起，按重量的不同分成若干层，而且就每一层而言，由于重力作用，分子或原子的密度是上疏下密的。大气层在太阳辐射和宇宙射线辐射等的作用下，分子或原子中的一个或若干个电子游离出来成为自由电子而发生电离，使高空形成了一个厚度为几百千米的电离现象显著的区域，这个区域称为电离层。

电离层电子密度呈不均匀分布，按照电子密度随高度变化的情况，可以把它们依次分为 D 层、E 层、F_1 层和 F_2 层，如图 6.2 所示。F_2 层的电子密度最大，F_1 层次之，D 层电子密度最小。就每层而言，电子密度也不是均匀的，而是在每层中的适当高度上出现最大值。

这些导电层对于短波传播具有重要的影响，现分别说明如下。

1. D 层

D 层是最低层，出现在地球上空 60~90km 的高处，最大电子密度发生在 80km 处。D 层出现在太阳升起时，消失在太阳降落后，所以在夜间，不再对短波通信产生影响。D 层的电子密度不足以反射短波，因而短波以天波传播时，将穿过 D 层。不过，在穿过 D 层时，电波将遭受严重的衰减，频率越低，衰减越大。而且在 D 层中的衰减量远大于 E 层、F 层，所以也称 D 层为吸收层。在白天，D 层决定了短波传播的距离以及为了获得良好的传输所必需的发射机功率和天线增益。最近的研究表明，在白天 D 层有可能反射频率为 2~5MHz 的短波。在 1000km 距离的信道实验中，通过测量所得到的衰减值和计算值比较一致。

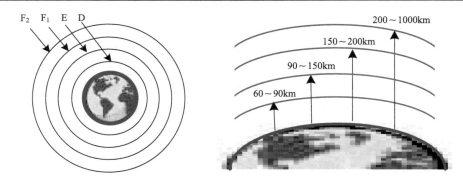

图 6.2　电离层示意图

2. E 层

E 层出现在地球上空 90～150km 的高度处，最大电子密度发生在 110km 处，在白天认为基本不变。在通信线路设计和计算时，通常都以 110km 作为 E 层的高度。与 D 层一样，E 层出现在太阳升起时，而且在中午时电离达到最大值，而后逐渐减小，在太阳降落后，E 层实际上对短波传播已不起作用。在电离开始后，E 层可以反射高于 1.5MHz 频率的电波。

Es 层称为偶发 E 层，是偶尔发生在地球上空 120km 高度处的电离层。Es 层虽然只是偶尔存在，但是由于它具有很高的电子密度，甚至能将高于短波波段频率的电波反射回来，因而目前在短波通信中，许多人都希望能选用它来作为反射层。当然，对 Es 层的采用应十分谨慎，否则有可能使通信中断。

3. F 层

对短波传播，F 层是最重要的。在一般情况下，远距离短波通信都选用 F 层作反射层。这是由于和其他导电层相比，F 层具有最高的高度。因而可以允许传播最远的距离，所以习惯上称 F 层为反射层。

F 层的第一部分是 F_1 层。F_1 层只在白天存在，地面高度为 150～200km，其高度与季节变化和某时刻的太阳位置有关。

F 层的第二部分是 F_2 层。F_2 层位于地面高度 200～1000km，该层的高度与一天中的时刻和季节有关，同样是在日间，冬季高度最低，夏季高度最高。F_2 层主要出现在白天，但它和其他层不同，日落之后并不完全消失，残余电离仍然存在的原因在于电子浓度低，故复合减慢，以及黑暗之后数小时仍然有粒子辐射。夜间，残留电离仍允许传输短波某一频段的电波，但能够传输的频率比日间可用频率要低许多。

由此可以粗略看出，如要保持昼夜通信，其工作频率必须昼夜更换，而且一般情况下，夜间的工作频率低于白天的工作频率。这是因为高的频率能穿过低电子密度的电离层，只在高电子密度的导电层反射。所以昼夜不改变工作频率（例如，夜间仍使用白天的频率）的结果，有可能是电波穿出电离层，造成通信中断。图 6.3 所示为白天和夜间电离层电子密度 N 随高度 h 变化的典型值。从图中可以看出：在白天，电离层包含有 D 层、E 层、F_1 层和 F_2 层；而晚上，D 层和 F_1 层消失，仅存在 E 层和 F_2 层。

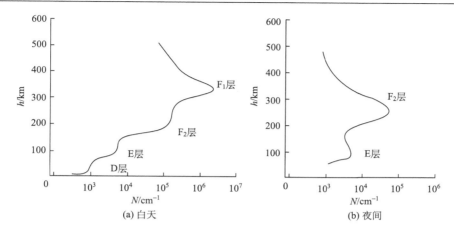

图 6.3　电离层日夜变化

电离层的变化分为规则变化和不规则变化。电离层的规则变化包括：

(1) 日夜变化。由于日夜太阳的照射不同，故白天电子密度比夜间大；中午的电子密度又比早晚大；D 层在日落之后很快消失，而 E 层和 F 层的电子密度减少。到了日出之后，各层的电子密度开始增长，到正午时到达到最大值，以后又开始减少。

(2) 季节变化。由于在不同季节，太阳的照射不同，故一般夏季的电子密度大于冬季，但是 F_2 层例外，F_2 层冬天的电子密度反而比夏天大。

(3) 11 年周期变化。太阳活动一般用太阳一年的平均黑子数来代表，黑子数目增加时，太阳所辐射的能量增强，因而各层电子密度增大。黑子的数目每年都在变化，但是根据长期观测证明，它的变化也是有一定规律的，太阳黑子的变化周期大约为 11 年，因此电离层的电子密度也与这 11 年变化周期有关。

(4) 随地理位置变化。电离层的特性随地理位置不同也是有变化的。这是因为，不同地点的上空受太阳的辐射不一样，赤道附近太阳照射强，南北极弱，因此赤道附近电子密度大，南北极最小。

在电离层中除了上述几种规则变化外，有时还发生一些电离状态随机的、非周期的、突发的急剧变化，称这些变化为不规则变化，主要包括以下几种。

(1) 突发 E 层。它是发生在 E 区高度上的一种常见的较为稳定的不均匀结构。Es 层的出现是偶然的，但是形成后在一定时间内很稳定。在中纬度地区，Es 层夏季出现较多，白天和晚上出现的概率相差不大。

(2) 电离层暴。太阳黑子数目增多时，太阳辐射的电磁波和带电微粒都极大地增强，正常的电离层状态遭到破坏，这种电离层的异常变化称为电离层暴或电离层骚扰。电离层暴在 F_2 区表现最为明显。

(3) 电离层突然骚扰。当太阳发生耀斑时，常常辐射出大量的 X 射线，以光速到达地球(时间约为 8min18s)，当穿透高层大气到达 D 区所在高度时，会使 D 区的电离度突然大大增强，这种现象称为电离层突然骚扰。它的持续时间为几分钟到几小时。由于 D 区的电子密度大大增强，使通过 D 区反射的短波信号遭到强烈吸收，甚至通信中断，这种现象称为"短波消逝"。此外，D 区的高度也有明显的下降(有时下降可达 15km)，因而使 D 区反射信号的相位发生突然变化，这种现象称为"相位突然异常"，利用这一现象可以得知太阳耀斑的发生。

6.1.2 短波信道传输特性

1. 传输模式

电波到达电离层，可能发生三种情况：被电离层完全吸收、折射回地球、穿过电离层进入外层空间。这些情况的发生与频率密切相关。低频端的吸收程度较大，并且随着电离层电离密度的增大而增大。

天波传播的情形如图 6.4 所示。电波进入电离层的角度称为入射角。入射角对通信距离有很大的影响。对于较远距离的通信，应用较大的入射角，反之，应用较小的入射角。但是，如果入射角太小，电波会穿过电离层而不会折射回地面，如果入射角太大，电波在到达电离密度大的较高电离层前会被吸收。因此，入射角应选择在保证电波能返回地面而又不被吸收的范围。天波传播中，往往存在多跳模式，如图 6.4(b) 所示。在短波传播中，存在地面波和天波均不能到达的区域，这个区域通常称为寂静区，如图 6.4(b) 所示。

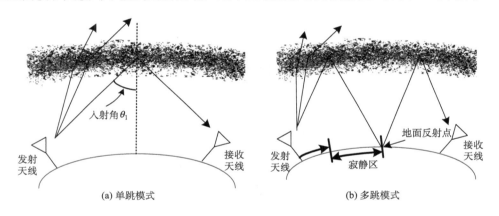

图 6.4 短波通信天波传播示意图

2. 最高可用频率

远距离通信中，电波都是斜射至电离层的，这时存在一个最大的反射频率，即最高可用频率(MUF)。它是指实际通信中，在给定通信距离下的最高可用频率，是电波能被电离层反射而返回地面和穿出电离层的临界值，如果选用的工作频率高于此临界值，则电波将穿过电离层，不再返回地面。所以确定通信线路的 MUF 是线路设计要确定的重要参数之一，而且是计算其他参数的基础。对于 MUF 有如下重要概念。

（1）MUF 和反射层的电离密度有关，所以凡影响电离密度的诸因素，都将影响 MUF 的值。

（2）MUF 是指给定通信距离下的最高可用频率。若通信距离改变了，则相应的 MUF 值也将改变。

（3）当通信线路选用 MUF 作为工作频率时，由于只有一条传播路径，所以一般情况下，有可能获得最佳接收。

（4）MUF 是电波能返回地面和穿出电离层的临界值。考虑到电离层的结构随时间的变化和保证获得长期稳定的接收，在确定线路的工作频率时，不是取预报的 MUF 值，而是取低于 MUF 的频率 OWF，OWF 称为最佳工作频率，一般情况下：

$$OWF = 0.85 MUF \tag{6.1}$$

选用 OWF 之后，能保证通信线路有 90%的可通率。由于工作频率较 MUF 下降了 15%，接收点的场强较工作在 MUF 时损失了 10～20dB，可见为此付出的代价也是很大的。

（5）MUF 在全天中将随时间的变化而变化，图 6.5 画出了全天 MUF 随时间变化的曲线。取 OWF=0.85MUF，则可画出 OWF 随时间变化的曲线。实际上，一条通信线路不需要频繁地改变工作频率，一般情况下，白天选用一个较高的频率，夜间选用 1～2 个较低的频率即可。图 6.5 中也画出了建议日、夜选用的频率曲线。日频选用 9MHz，夜频选用 4.5MHz。

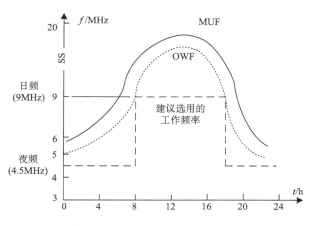

图 6.5 MUF 随时间变化的曲线

必须指出，按照 MUF 日变化曲线来确定的工作频率，实际上仍不能保证通信线路处于优质状态下工作。这是由于通过计算得到的 MUF 日变化曲线，实际上适用于电离层参数的月中值，显然这不能适应电离层参数的随机变化，更不能适应电离层的突然骚扰、爆变等异常情况。这就是实时选频问题，实时选频将在后面做专题讨论。

3. 多径传播

多径传播是指来自发射源的电波信号经过不同的途径、以不同的时间延迟到达远方接收端的现象。这些经过不同途径到达接收端的信号，因时延不同致使相位不一致，并且因各自传播途径中的衰减量不同使电场强度也不同。

作为无线通信的一种，短波通信存在多径问题。图 6.6 给出了短波传播的两种多径情形。

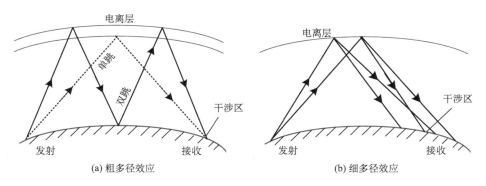

图 6.6 短波多径传播示意图

如图 6.6(a) 所示，短波电波传播时，有经过电离层一次反射到达接收端的一次跳跃情况，也可能有先经过电离层反射到地面再反射上去，再经过电离层反射到达接收端的二次跳跃情况。甚至可能有经过三跳、四跳后才到达接收端的情况。也就是说，虽然在发射端发射的电波只有一个，但在接收端却可以收到由多个不同途径反射而来的同一发射源电波，这种现象称为"粗多径效应"。据统计，短波信道中 2～4 条路径约占 85%，其中，3 条最多，2 条、4 条次之，5 条以上可以忽略。

另外，由于电离层不可能完全像一面反射镜，电离层不均匀性对信号来说呈现多个散射体，电波射入时经过多个散射体反射出现了多个反射波，这就是无线电波束的漫反射现象，如图 6.6(b) 所示。这时在接收端收到多个来自同一发射源电波的现象，这种现象称为"细多径效应"。

多径传播主要带来两个问题：一是延时，二是衰落。

信号经过不同路径到达接收端的时间是不同的，多径延时是指多径中最大的传输延时与最小的传输延时之差。多径延时与通信距离（信号传输的距离）、工作频率（信号频率）和工作时刻有密切关系。多径延时随工作频率偏离 MUF 的增大而增大。多径延时现象在日出和日落时刻最为严重、最为复杂，中午和子夜时刻多径延时一般较小而且稳定。多径延时随时间的变化，其原因是电离层的电子密度随时间变化，从而使 MUF 随时间变化。电子密度变化越剧烈，多径延时的变化越严重。一般来说，短波通信中多径时延等于或大于 1.5ms 的占 99.5%，等于或大于 2.4ms 的占 50%，超过 5ms 的仅占 0.5%。

衰落现象是指接收端信号强度随机变化的一种现象。在短波通信中，即使在电离层的平静时期，也不可能获得稳定的信号。在接收端信号振幅总是呈现忽大忽小的随机变化，这种现象称为衰落。

在短波传输中，衰落又有快衰落和慢衰落之分。慢衰落周期从几分钟到几小时，甚至更长的时间，而快衰落的周期是从十分之几秒到几十秒不等。

1) 慢衰落

慢衰落是由 D 层衰减特性的慢变化引起的。它与电离层电子浓度及其高度的变化有关，其时间最长可以持续 1h 或更长。它是电离层吸收发生变化所导致的，所以也称吸收衰落。吸收衰落具有下列特征。

(1) 接收点信号幅度的变化比较缓慢，其周期从几分钟到几小时（包括日变化）。

(2) 对短波整个频段的影响程度是相同的。如果不考虑磁暴和电离层骚扰，衰落深度有可能达到低于中值 10dB。

通常，电离层骚扰也可以归结到慢衰落，即吸收衰落。太阳黑子区域常常发生耀斑爆发，此时有极强的 X 射线和紫外线辐射，并以光速向外传播，使白昼时电离层的电离增强，D 层的电子密度可能比正常值大 10 倍以上，不仅把中波吸收，而且把短波大部分甚至全部吸收，以至通信中断。通常这种骚扰的持续时间从几分钟到 1h。

2) 快衰落

快衰落是一种干涉性衰落，它是由多径传播现象引起的。由于多径传播，到达接收端的电波射线不是一根而是多根，这些电波射线通过不同的路径，到达接收端的时间是不同的。由于电离层的电子密度、高度均是随机变化的，故电波射线轨迹也随之变化，这就使得由多径传播到达接收端的同一信号之间不能保持固定的相位差，使合成的信号振幅随机起伏。这种由到达接收端的若干个信号的干涉所造成的衰落也称"干涉衰落"。干涉衰落具有下列特征。

（1）具有明显的频率选择性。也就是说，干涉衰落只对某一单个频率或一个几百赫兹的窄频带信号产生影响。对一个受调制的高频信号，由于它所包含的各种频率分量，在电波传播中具有不同的多径传播条件，所以在调制频带内，即使在一个窄频段内也会发生信号失真，甚至严重衰落。遭受衰落的频段宽度不会超过 300Hz。同时，通过实验也可证明，两个频率差值大于 400Hz 后，它们的衰落特性的相关性就很小了。由于干涉衰落具有频率选择性，故也称"选择性衰落"。

（2）通过长期观察证实了遭受快衰落的电场强度振幅服从瑞利分布。

（3）大量测量值表明：干涉衰落的速率（也称衰落速率）为 10～20 次/min，衰落深度可达 40dB，偶尔达 80dB。衰落连续时间通常为 4～20ms，它和慢衰落有明显的差别。持续时间的长短可以用来判别是快衰落还是慢衰落。

快衰落现象对电波传播的可靠度和通信质量有严重的影响，对付快衰落的有效办法是采用分集接收技术。

实际上快衰落与慢衰落往往是叠加在一起的，在短的观测时间内，慢衰落不易被察觉。克服慢衰落（吸收衰落），除了正确地选择发射频率外，在设计短波线路时，只能靠加大发射功率，留功率余量来补偿电离层吸收的增大。

4. 多普勒频移

利用天波传播短波信号时，不仅存在由于衰落所造成的信号振幅的起伏，而且还存在由于传播中多普勒效应所造成的发射信号频率的漂移，这种漂移称为多普勒频移。

短波传播中所存在的多径效应，不仅使接收点的信号振幅随机变化，而且也使信号的相位起伏不定。必须指出，只存在一根射线，也就是单一模式传播的条件下，由于电离层经常性地快速运动，以及反射层高度的快速变化，传播路径的长度不断地变化，信号的相位也随之产生起伏不定的变化。这种相位的起伏变化，可以看成电离层不规则运动引起的高频载波的多普勒频移。此时，发射信号的频率结构发生了变化，频谱产生了畸变。若从时间域的角度观察这一现象，这将意味着短波传播中存在时间选择性衰落。

多普勒频移在日出和日落期间呈现出较大的数值，此时有可能影响采用小频移的窄带电波的传输。当电离层处于平静的夜间时，不存在多普勒效应，而在其他时间，当电波以单跳模式传输时，多普勒频移在 1～2Hz 的范围内，当发生磁暴时，频移最高可达 6Hz。若电波以多跳模式传播，则总频移值按式（6.2）计算：

$$\Delta f_{tot} = n\Delta f \tag{6.2}$$

其中，n 为跳数；Δf 为单跳多普勒频移；Δf_{tot} 为总频移。

相位起伏所表现的客观事实也反映在频率的起伏上。当相位随时间而变化时，必然产生频率的起伏。此时，信道输出信号的频谱比输入信号的频谱有所展宽。这种现象称为频谱扩散。一般情况下频谱扩散约为 1Hz，最大可达 10Hz。在核爆炸上空，电离层随机运动十分剧烈，因而频谱扩展可达 40Hz。

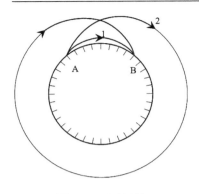

图 6.7　环球回波

5. 环球回波

有时短波传播即使在很大的距离也只有较小的衰减。因此，在一定条件下，电波会连续地在地面与电离层之间来回反射，有可能环绕地球后再度到达接收端，这种电波称为环球回波，如图 6.7 所示。

环球回波可以环绕地球许多次，而环绕地球 1 次的滞后时间约为 0.13s。滞后时间较大的回波信号，可以在电报和电话接收中用人耳察觉出来。当环球回波信号的强度与原始信号强度相差不大时，就会在电报接收中出现误点，或在电话通信中出现经久不息的回响，这些都是不允许的。

6. 短波传播中的寂静区

短波传播还有一个重要的特点就是寂静区的存在。当采用无方向天线时，寂静区是围绕发射点的一个环形地域，如图 6.8 所示。寂静区的形成是由于在短波传播中，地波衰减很快，在离开发射机不太远的地点，就无法接收到地波。而电离层对一定频率的电波反射只能在一定的距离(跳距)以外才能收到。这样就形成了既收不到地波又收不到天波的寂静区，如图 6.8(b)所示。

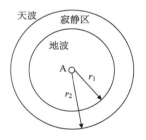

(a) 天线无方向性时短波传播的寂静区

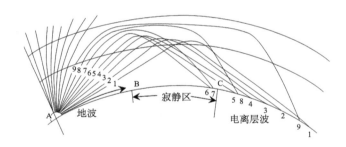

(b) 电波在不同的入射角下的传播轨道

图 6.8　短波传播的寂静区

显然，图 6.8(a)所示寂静区的大小决定于其内半径 r_1 和外半径 r_2。内半径 r_1 由地波的传播条件来决定，与昼夜时间无关。当频率增加时，地波衰减增加，r_1 就减小。外半径与昼夜时间及频率都有关系。白天由于反射层电子浓度大，可用较大的仰角发射电波，故 r_2 较小；对于不同的频率，为了保证电波能从电离层反射回来，随着频率的增高，发射的仰角应减小，因此 r_2 较大。

综上，缩小寂静区的办法有两种：一是加大电台功率以延长地波传播距离；二是常用的有效方法，选用高仰角天线(也称"高射天线"或"喷泉天线")，减小电波到达电离层的入射角，缩短天波第一跳落地的距离，同时选用较低的工作频率，以使得在入射角较小时，电波不至于穿透电离层。仰角是指天线辐射波瓣与地面之间的夹角。仰角越高，电波第一跳落地的距离越短，盲区越少，当仰角接近 90°时，盲区基本上就不存在了。例如，为了保障 300km 以内近距离的通信，常使用较低频率及高射天线(能量大部分向高仰角方向辐射的天线)，以解决寂静区的问题。

7. 短波信道中的无线电干扰

由于在短波通信中对信号传输产生影响的主要是外部干扰，所以此处不讨论内部干扰。短波信道的外部干扰主要包括大气噪声、工业干扰以及电台干扰等。

1)大气噪声

在短波波段，大气噪声主要是天电干扰。它具有以下几个特征。

(1)天电干扰是由大气放电所产生的。这种放电所产生的高频振荡的频谱很宽，但随着频率的增高，其强度减小。对长波波段的干扰最强，中、短波次之，而对超短波影响极小，甚至可以忽略。图 6.9 示出了某地区天电干扰电场强度和频率的关系曲线。

(2)每一地区受天电干扰的程度视该地区是否接近雷电中心而不同。在热带和靠近热带的区域，因雷雨较多，天电干扰较为严重。

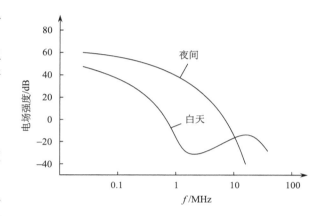

图 6.9　某地区天电干扰电场强度和频率的关系曲线

(3)天电干扰在接收地点所产生的电场强度和电波的传播条件有关。图 6.9 所示的曲线表明，在白天，干扰强度的实际测量值和理论值有明显的差别。在短波波段中，出现了干扰电平随频率升高而增大的情况。这是由于天电干扰的电场强度，不仅取决于干扰源产生的频谱密度，而且和干扰的传播条件有关。在白天，由于电离层的吸收随频率上升而减小，当吸收减小的程度超过频谱密度减小的程度时，就出现了图 6.9 所示的白天情况的曲线——天电干扰电场强度随频率升高而增大。

(4)天电干扰虽然在整个频谱上变化相当大，但是在接收机不太宽的通频带内，实际上具有和白噪声一样的频谱。

(5)天电干扰具有方向性。我们发现，对于纬度较高的区域，天电干扰由远方传播而来，而且带有方向性。例如，北京冬季受到的天电干扰是从东南亚地区和菲律宾来的，而且干扰的方向并非不变，它是随昼夜和季节的变化而变动的。一日的干扰方向变动范围为 23°～30°。

(6)天电干扰具有日变化和季节变化。一般来说，冬季天电干扰的强度低于夏季。这是因为夏天有更频繁的大气放电；而且一天内，夜间的干扰强于白天，这是因为天电干扰的能量主要集中在短波的低频段，如图 6.9 所示，这正是短波夜间通信的最有利的频段。此外，夜间的远方天电干扰也将被接收天线接收到。

通常，在安静地区和频率低于 20MHz 的情况下，大气噪声占主要地位。

2)工业干扰

工业干扰也称工业噪声、人为干扰、人为噪声，它是由各种电气设备、电力网和点火装置所产生的。特别需要指出的是，这种干扰的幅度除了和本地干扰源有密切关系外，同时也取决于供电系统，这是因为大部分的工业噪声的能量是通过商业电力网传送来的。

工业干扰短期变化很大，与位置密切相关，而且随着频率的增加而减小。工业干扰辐射的极化具有重要意义。当接收相同距离、相同强度的干扰源来的噪声时，可以发现，接收到的噪声电平，其垂直极化较水平极化高 3dB。

CCIR332 报告中关于计算大气噪声时提供的有关数据，已经考虑了平静地区的人为噪声。但是在工业区，这种人为干扰的强度通常远远超过大气噪声，因此成为通信线路中噪声的主要干扰源。

CCIR258-2 报告中提供了这方面的数据，图 6.10 给出了各种区域噪声系数中值与频率的关系曲线。从图中不难看出，在工业区和居民区，工业干扰的强度通常远远超过大气噪声，因此它成为通信线路中的主要干扰源。图中所提供的各种区域的噪声系数中值，是经过许多地区的测量才确定下来的，因此可以用来作为通信线路设计时的干扰指标。

图 6.10 中还给出了宇宙噪声（从 10MHz 开始）随频率变化的曲线。从图中可以看出，它只是在无电气干扰的农村区域和频率高于 10MHz 的情况下，才开始对通信产生影响。在其他地区，由于其他干扰源所产生的噪声均值均超过宇宙噪声，所以，短波线路的设计往往不考虑这项噪声。

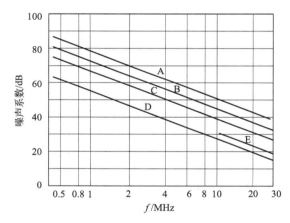

图 6.10　各种区域噪声系数中值与频率的关系曲线

A—工业区；B—居民区；C—郊区；D—无电气干扰的郊区；E—宇宙噪声

3）电台干扰

电台干扰是指与本电台工作频率相近的其他无线电台的干扰，包括敌人有意识释放的同频干扰。由于短波波段频带非常窄，而且用户很多，因此电台干扰就成为影响短波通信的主要干扰源。特别是军事通信，电台干扰尤为严重。因此，抗电台干扰已成为设计短波通信系统需要考虑的首要问题。目前，短波通信系统中抗电台干扰的途径大致有下列几个方面。

（1）采用实时选频系统。在实时选频系统中，通常把干扰水平作为选择频率的一个重要因素，所以由实时选频系统所提供的优质频率，实际上已经躲开了干扰，使系统工作在传输条件良好的弱干扰或无干扰的频道上。近年来出现的高频自适应通信系统，还具有"自动频道切换"功能（自动信道切换功能）。也就是说，遇到严重干扰时，通信系统将做出切换信道的响应。

（2）尽可能提高系统的频率稳定度，以压缩接收机的通频带（压缩接收机的通频带，对于减弱大气噪声的影响也是有利的）。

（3）采用定向天线或自适应调零天线。前者由于方向性很强，减弱了其他方向来的干扰；后者由于零点能自动地对准干扰方向，从而躲开了干扰。

（4）采用抗电台干扰能力强的调制和键控体制。例如，时频调制就是一种抗电台干扰能力很强的调制体制。

（5）采用"跳频"通信和"突发传输"技术。

8. 短波信道的传输损耗

在短波无线电传输中，能量的损耗主要来自三个方面：自由空间传播损耗、电离层吸收损耗和多跳地面反射损耗。

除了这三种损耗以外，通常把其他损耗（如极化损耗、电离层偏移吸收损耗等）统称为额外系统损耗。所以电离层传播损耗 L_s 可以表示为

$$L_s = L_{b0} + L_a + L_g + Y_p \tag{6.3}$$

其中，L_{b0} 为自由空间传播损耗（dB）；L_a 为电离层吸收损耗（dB）；L_g 为多跳地面反射损耗（dB）；Y_p 为额外系统损耗（dB）。

1）自由空间传播损耗

自由空间传播损耗是由于电波逐渐远离发射点，能量在越来越大的空间内扩散，以至接收点电场强度随着距离的增加而减弱所引起的。

2）电离层吸收损耗

在短波电波经电离层的反射到达接收点的过程中，电离层吸收了一部分能量，因此，信号有损耗，这种损耗就是电离层吸收损耗。电离层的吸收损耗与电子密度及气体密度有关：电子密度越大，电子与气体分子碰撞的机会就越多，被吸收的能量就越大；气体密度越大，则每个电子单位时间内碰撞的次数增加，损耗也就相应加大。此外，吸收损耗还和电波的频率有关：频率越高，吸收损耗越小；频率越低，吸收损耗越大。

通常电离层的吸收损耗可分为两种：一是远离电波反射区（如低电离层的 D、E 层）的吸收损耗，这种吸收损耗称为非偏移吸收损耗；二是在电波反射区附近的吸收损耗，这种吸收损耗称为偏移吸收损耗。一般，偏移吸收损耗≤1dB（但对于高仰角的射线例外），可以忽略。非偏移吸收损耗是电波穿透 D、E 层时，电子与分子的碰撞引起的电能量吸收。这种吸收因电离层本身的随机变化而显得相当复杂。

电离层吸收损耗 L_a 的计算相当复杂，在工程计算中往往采用半经验公式或其简化式，但即使用简化式，其计算起来也相当烦琐，通常用图表进行计算。详细情况可查阅有关资料。对于多跳传播模式，可逐一求出各路的每跳电离层损耗，然后相加，即得出在通信线路的电离层总损耗。

3）多跳地面反射损耗

在天波多跳传播（二次以上的反射）模式中，传播损耗不仅要考虑电波二次进入电离层的损耗，还要考虑地面反射的损耗。

大量实验数据表明，这种由地面反射引起的信号功率损耗是与电波的极化、工作频率、

射线仰角以及地质情况有关的。在工程计算中，可假定入射波为杂乱极化，电波能量在水平极化和垂直极化上均匀分布，由此可导出地面反射损耗 L_g 的计算公式为

$$L_g = 10\lg\left(\frac{|R_V|^2 + |R_H|^2}{2}\right)\text{dB} \tag{6.4}$$

其中，R_V 为垂直极化反射系数；R_H 为水平极化反射系数。R_V、R_H 分别用式(6.5)和式(6.6)计算：

$$R_V = \frac{\varepsilon_r' \sin\delta - \sqrt{\varepsilon_r' - \cos^2\delta}}{\varepsilon_r' \sin\delta + \sqrt{\varepsilon_r' - \cos^2\delta}} \tag{6.5}$$

$$R_H = \frac{\sin\delta - \sqrt{\varepsilon_r' - \cos^2\delta}}{\sin\delta + \sqrt{\varepsilon_r' - \cos^2\delta}} \tag{6.6}$$

其中，δ 为射线仰角；ε_r 为大地的相对复介电常数，$\varepsilon_r' = \varepsilon_r - j60\lambda\sigma$；$\lambda$ 为波长(m)；σ 为地表面导电率($\Omega\cdot\text{m}$)。

4) 额外系统损耗

电离层是一种随机的时空变化的色散介质，很多随机因素都对电场强度产生影响。在天波传输中，除了上述自由空间传播损耗、电离层吸收损耗、地面反射损耗外，还有一些其他损耗，如电离层球面聚焦、偏移吸收、极化损耗、多径干涉、中纬度地区冬季异常增加的"冬季异常吸收"，以及至今尚未明确的其他吸收造成的损耗。然而，人们还不能计算这些损耗。为了使工程估计更准确，更切合实际，引入了额外系统损耗的概念。

额外系统损耗不是一个稳定参数，它的数值与地磁纬度、季节、本地时间、路径长度等都有关系。准确地计算其损耗值非常困难。在工程计算中，通常用经过反复校核的统计值来进行估算，而且要适当加一些富余量。

表 6.1 列出了额外系统损耗 Y_p 的估计值。表中的时间为反射点的本地时间。

表 6.1　额外系统损耗 Y_p 的估计值

本地时间	Y_p /dB	本地时间	Y_p /dB
22 时～04 时	18	10 时～16 时	15.4
04 时～10 时	16.6	16 时～22 时	16.6

6.1.3　短波通信的特点

短波通信主要靠电离层反射的天波传播(远距离通信)达到通信的目的。由于电离层的时变性，信号传播存在多种衰落和多径延时，其接收信号存在随机性和不稳定性。从短波的实际通信效果来看，接收信号时强时弱，背景噪声较大，信噪比较低，工作频率的选择非常重要。短波通信具体特点如下。

1) 天波与地波传播

无线电波是通过开放性的自然空间和地球传输的，地面、海洋、大气层、地球自身的

电磁场及宇宙都将影响无线电波的传输特性。

地波传播的特点是波在行进过程中受地表面导电率 σ 和相对介电常数 ε_r 的影响而产生衰减。一般地表面导电率和相对介电常数越大，损耗越小，因此在海上地波传输的距离将远比陆地上的距离远。地波传输的损耗将随频率的升高而增大，即使在频率较低的短波频段，发射功率不特别大时，传输距离也只能达到几十千米。

天波是依靠电离层的一次或多次反射而实现远距离传输的。电离层反射传播是短波通信的主要传播方式。正因为如此，电离层的结构、特性、变化规律对短波通信系统的构成、信号形式、调制样式、处理方法及应用范围都有重大的影响。人们对电离层特性及其对短波传播影响规律的认识的每一次深化，都推动了短波通信技术与应用的飞跃。

2）通信距离远

通常利用天波传播，一次反射传输地面距离可达数百千米，多次反射可传输数千千米，甚至作环球传播。特别在低纬度地区，短波通信的可用频段变宽，最高可用频率较高，受粒子沉降事件和地磁暴的影响较小。而卫星通信在低纬度地区受电离层或对流层的闪烁影响较大，所以在这些地区短波通信比较实用。在驻外使领馆、极地考察和远洋航天测量岸船通信中，短波通信得到了广泛的应用。特别是短波频率自适应技术的发展和应用，极大地提高了岸船短波通信的可靠性和有效性。一些实验结果表明：在一天 24h 内万千米级的岸船通信时间大于 90%。自适应选频保证了系统总是在最佳的信道上工作，大大减少了发射功率，节省了能源，改善了电磁环境。

3）技术成熟

短波通信工作频率低、元器件要求低、技术成熟、制造简单、设备体积小、价格便宜、在商业、交通、工业、邮政等国民经济各个部门及军事领域中得到广泛的应用。

4）顽存性强

短波通信设备目标小、架设容易、机动性强、不易被摧毁，即使遭到破坏也容易更换修复。又由于其造价相对较低，可以大量装备，所以系统顽存性强。

卫星通信系统同样具有远距离通信的能力，而且容量大，传输可靠，曾经挤占了很多短波通信的传统领地。虽然卫星通信有一些固有的缺点，如一次性电源及轨道姿态保持所需能源的寿命有限，卫星及其星上设备的可维护性差，基本建设投资大、周期长等，但是，从整体上来看卫星通信的优点突出，得到了用户的广泛认同，近年来发展迅速，并且还将继续保持其强劲的发展势头。近十年来，多次高技术局部战争的现实突出地显示了卫星通信对指挥部队，控制、支持高技术兵器的重要作用，但同时也暴露了其轨道不能保密、地面接收系统庞大、易受攻击且一旦遭到破坏短期内系统很难修复的弱点。

短波是唯一不受网络枢纽和有源中继体制制约的远程通信手段，一旦发生战争或灾害，各种通信网络都可能受到破坏，卫星也可能受到攻击。与此相比，短波通信不仅成本低廉、容易实现，更重要的是具有天然的不易被"摧毁"的"中继系统"——电离层。卫星中继系统可能发生故障或被摧毁，而电离层这个中继系统，除非高空原子弹爆炸才可能使它中断，何况高空原子弹爆炸也仅仅是在有限的电离层区域内短时间影响电离密度。

无论哪种通信方式，其抗毁能力和自主通信能力与短波无法相比。而一旦战争爆发，作战中保持一条炸不断、打不烂的指挥通信线是争取战争胜利的决定性因素之一。因此，短波通信突出的顽存性强的特点，受到了高度的重视，世界各国的军方都制订了相应的发展短波通信的计划。随着对短波通信传输特性研究的深入，一系列自适应新技术投入使用，短波通信技术及装备取得了很大进展，短波通信原有的缺点，已有不少得到了克服，短波通信链路的质量大大提高，短波通信迎来了它的又一个高速发展的新阶段。可以预言，短波通信将在未来的战争中发挥更大的作用。

5）信道拥挤

短波波段信道拥挤，频带窄，因此要求采用特殊的调制方式，如单边带调制。这种体制比调幅节省一半带宽，由于抑制了不携带信息的载波，因而节省了发射功率。但短波信道的时变和色散特性，使通信可用的瞬间频带较窄，限制了传输的速率。

6）天线匹配困难

短波频段为 1.5～30MHz，相对应的波长为 200～10m，覆盖了多个倍频程，研制高效宽带的天线以满足高速全频段跳频，并保证良好的阻抗匹配有很大的困难。

6.2　短波自适应通信

6.2.1　短波自适应通信的基本概念

在通信技术高度发展的今天，短波通信由于有着通信距离远、机动性好、顽存性强以及具有多种通信能力等不容忽视的独特优点，仍然是无线电通信的主要技术手段之一。短波通信也存在信道的时变色散特性和高电平干扰等弱点。为了提高短波通信的质量，最根本的途径是"实时地避开干扰，找出具有良好传播条件的信道"，完成这一任务的关键是采用自适应技术。

通常人们将实时信道估值（Real Time Channel Evaluation，RTCE）技术与自适应技术合在一起，统称为短波自适应技术。从广义上讲，自适应就是能够连续测量信号和系统变化，自动改变系统结构和参数，使系统能自行适应环境的变化和抵御人为干扰。因此，短波自适应的含义很广，它包括自适应选频、自适应跳频、自适应功率控制、自适应数据速率、自适应调零天线、自适应调制解调器、自适应均衡、自适应网管等。从狭义来讲，我们一般说的高频自适应，就是指自适应选频、频率自适应。短波自适应通信技术主要是针对短波信道的缺陷而发展起来的频率自适应技术。

短波通信主要是靠无线电波经电离层反射来实现的。电离层是一个时变信道，为了使短波通信质量保持一定的水平，通信系统就必须作相应调整以适应电离层的变化。当短波通信系统建成以后，电台的发射机功率和接收机灵敏度就确定了，天线也不能随意变化，只能通过调整工作频率来适应电离层的变化。用同一套电台和天线，选用不同频率，通信效果可能差异很大。所以，在短波通信系统中工作频率的选择是非常重要的，如果不能根据短波传播机理正确地选择频率，通信效果就很难达到最佳，有时甚至不能正常通信。

频率选择有一定规律可循。一般来说：日频高于夜频（相差约一半）、远距离频率高于近距离、夏季频率高于冬季、南方地区使用频率高于北方等。另外，在东西方向进行远距离通信时，因为受地球自转影响，最好采用异频收发才能取得良好的通信效果。如果所用的工作频率不能顺畅通信时，可按照以下经验变换频率。

（1）接近日出时，若夜频通信效果不好，可改用较高的频率。

（2）接近日落时，若日频通信效果不好，可改用较低的频率。

(3)在日落时，信号先逐渐增强，而后突然中断，可改用较低频率。

(4)工作中若信号逐渐衰弱，以致消失，可提高工作频率。

(5)遇到磁暴时，可选用比平常低一些的频率。

传统的短波无线电通信都是人工进行频率选择，即根据以往的工作记录以及长期频率预测和短期频率预报提供的最佳频率信息，双方预先制定好频率-时间呼叫表，以定时、定频方式进行通信联络。通信时双方根据频率-时间呼叫表，在可能提供传播的一段频率中的一小组信道上，由发送端操作员在不同频率上轮流地发送呼叫信号，同时接收端操作员利用一组接收机同时监视这些信道，一旦收到发送端的呼叫，则人工选择一个最佳的接收频道，发回应答信号。

但是要准确地预测电离层的传输频率，并使通信效果始终保持良好非常困难。这种利用人工选频建立短波通信线路的方法，需要凭借操作人员的经验，不仅时效低，而且对短波通信使用人员的专业素质要求很高，从而影响了短波通信的质量和广泛应用。尤其当出现电离层骚扰、太阳黑子爆发和电离层爆等异常现象时，这种联络的方法往往是失败的，常常造成通信中断。必须指出，在遭受原子弹攻击的数天内，电离层处于强烈变化之中，在高频范围内可以使用的频率范围很窄，甚至只有几百千赫。而且，这一频率范围还在剧烈的变化之中，大约在数分钟内可用频段就要来回移动。在这种情况下，电台之间用人工建立通信线路实际上是不可能的。此时，就要利用信令技术来沟通高频电离层通信，即利用自适应选频技术建立通信线路，这是自适应选频通信所包含的重要基本概念。

自适应选频(也称为实时选频技术或频率自适应技术)就是通过实时测量信道特性的变化，以实时信道估值(RTCE)为基础，自动选择最佳通信频道，使系统适应环境变化，从而始终保持优良通信效果的技术。RTCE 技术是自适应选频无线电通信系统最主要的标志，它使得通信系统具有和高频传输介质相匹配的自适应能力。

6.2.2　短波自适应选频技术

1. 实时信道估算技术

实时信道估算(RTCE)技术是发展自适应通信系统的核心技术。目前，世界上已产生的各种型号的短波自适应选频系统都采用了 RTCE 技术对线路质量进行分析。

RTCE 是一个术语，它的定义可叙述为"对一组通信信道的适当参数进行实时测量，并利用所得参数定量描述这组信道的状态和对传输某种通信业务的能力"的过程。在高频自适应通信系统中称它为线路质量分析(Link Quality Analysis，LQA)。

由上述定义可以看出，RTCE 的主要目的是对所希望选用的频率进行实时考察，看看哪个频率最适合用户使用。为了实现这个目标，信道估算的实施方法和考虑问题的出发点，采用了与长期预测及短期预测不同的途径。RTCE 的特点是，不考虑电离层的结构和具体变化，从特定的通信模型出发，实时处理到达接收端不同频率的信号，并根据诸如接收信号的能量、信噪比、多径展宽、多普勒展宽等信道参数的情况，以及不同通信质量要求(如数字通信误码率等级要求)，选择通信使用的频段和频率。因此，广义上说，实时频率预测好像一种在短波信道上实时进行的同步扫频通信，只不过所传递的消息和对信息的解释是为了评价信道质量，及时给出通信频率而已。显然，这种在短波通信电路上进行的频率实时预报和选择，要比建立在统计学基础上的长期预测和短期预测准确。它的突出优点如下。

(1)可以提供高质量的通信电路，提高传递信息的准确度。

(2)采用实时频率分配和调用，可以扩大用户数量。

(3)可以使高质量通信干线的利用率提高。

(4)在任何电离层和干扰的情况下，总可以为每个用户、每条电路提供可利用的频率资源。因而，在电缆、卫星通信中断时，短波通信能够担负起紧急通信任务。

对实时信道估算的要求是准确、迅速，而这两个要求又相互矛盾。要求实时信道估算准确，就要尽可能多地测量一些电离层信道参数，如信噪比、多径时延、频率扩散、衰落速率、衰落深度、衰落持续时间、衰落密度、频率偏移、噪声/干扰统计特性、频率和振幅、谐波失真等。但在实际工程中，测量这么多参数并进行实时数据处理，势必延长系统的运转周期，同时要求信号处理器具有很高的运算速度，这在经济上是不合算的。研究表明，只需对通信影响大的信噪比、多径时延和误码率三个参数进行测量就可以较全面地反映信道的质量。常用的测量方法有电离层脉冲探测、电离层调频连续波探测、CHEC 探测、导频探测以及误码计算等。

1)电离层脉冲探测

电离层脉冲探测是早期应用最广泛的 RTCE 形式。它是一种采用时间与频率同步传输和接收的脉冲探测系统。发送端采用高功率的脉冲探测发射机，在给定的时刻和预调的短波频道上发射窄脉冲信号，远方站的探测接收机按预定的传输计划和执行程序进行同步接收。为了获得较大的时延分辨，收和发在时间上应是同步的，因此，收发两端的时间被校准在时标发送台的标准时间上。另外，通过在每个探测频率上发射多个脉冲和按接收响应曲线进行平均的方法，可以减少传输模式中快起伏的影响。

由于脉冲探测信号的形式过于简单且宽度较窄，这就要求脉冲探测接收机具有较宽的带宽，从而使整个探测接收过程易受干扰的影响。为此，需要对这种简单的基本脉冲探测系统进行改进。一项最易于实施的改进措施，就是对每个频率上的各个探测脉冲进行调制，从而可以改善系统的时间分辨特性，并能够适当地改善系统在高干扰环境中的性能。

2)电离层调频连续波探测

调频连续波探测(Chirp 探测)在原理上和脉冲探测完全不同，探测信号采用了调频连续波(FMCW)，也就是频率扫描信号，典型的 Chirp 探测信号是频率线性扫描信号，也可以采用频率对数扫描形式。Chirp 探测系统正常工作基础和脉冲探测一样，必须使收发在时间上和频率扫描上精确同步。也就是说，探测发射机和探测接收机必须经过精确校时，以保证同时开始扫描，频率扫描信号的扫描范围和斜率应一致。只要收发都保证同步线性扫频，接收机输出的基带信号频率偏差就可以用来直接反映信号经信道传输后的时延，这是 Chirp 探测信道电离图的依据。

在 Chirp 探测系统中，信号的衰耗频率特性是用接收信号强度随频率变化的曲线来表示的。为了精确测量传播时延，送入频谱分析仪的接收机输出信号应具有固定的振幅电平。但实际收到的 Chirp 信号的电平是变化的，为此，在接收机内设有调整能力很强的 AGC 电路，自动地调整高频增益，以供给频率分析仪固定振幅的多音信号。

3)CHEC 探测

CHEC 探测系统的全名为信道估值和呼叫系统，最初是为空军飞机与海军舰艇和基地传送通信业务而设计的。CHEC 探测系统是移动台通过在探测信道上接收基地台干扰水平编码信息和载波测量信号，计算出各信道的传播损耗和基地台的信噪比，并以信噪比最高者作为最佳工作频率，在此频率上向基地台发出呼叫。CHEC 探测系统不能在短波全波段或某一个频段内连续探测，只能在预先安排给用户的少数频率上作阶跃式的探测，主要用于一个或多个远方移动台与基地台的通信中。

由于 CHEC 探测系统在信道估值中没有考虑多径传播的因素，因此所选频率对传输数据信号并不一定是最佳的。不过它足以保证移动台和基地台间通话线路的实时选频。

实用的 CHEC 探测系统方框图如图 6.11 所示。地面台装备有：信道估值用的地面阶跃频率式发射机(GSF 发射机)和地面阶跃频率式接收机(GSF 接收机)；通信用的通信发射机和接收机；作为控制用的通信控制中心。飞机台装备有：信道估值用的阶跃频率式接收机(ASF 接收机)和作为通信用的收发信机。GSF 接收机用来测量多个信道的干扰电平，测得的干扰电平被量化和编码后通过通信控制中心送入 GSF 发射机。基地站轮流在每个探测频道上发射持续期为几秒钟的估值信号，包括选定的呼叫码、该频道上基地台的干扰电平编码和一段连续波(未调制的载波)，以便飞机台获得地面基地台的干扰电平信息和载波信号电平数值。

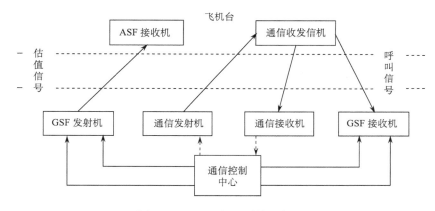

图 6.11　CHEC 探测系统方框图

4) 导频探测技术

导频探测技术是利用低电平连续波音频信号来测量不同探测频率上的信道参数。使用导频探测技术时，低电平的连续波音频信号是插在数据频谱或安排在另一些潜在可用信道中发射出去的。在远方的接收站，通过对连续波信号的参数进行测量，并利用信道参数与误码率之间的理论关系，就可以实现对信道状态的估算。测量的参数包括幅度、信噪比、相位、多普勒频移、多普勒展宽和多径展宽等，它们可以单独在许多 RTCE 中使用，也可以结合起来用于 RTCE。

导频探测技术的主要优点是：概念和实施简单；RTCE 信号和数据信息易于合并，而无须单独发送探测信号；容易实现自动化。不足之处表现在：不能确定最高可用频率和不能辨认传播模式。

5) 误码计算技术

在误码计算技术中，探测信号与传播信号的参数实质上是一样的。探测信号轮流占用每个预选信道，发送探测数码，而接收机只要对接收的数码进行误码检测，就可以弄清每个信道的比特误码率，以确定哪个信道最好。此法的优点是直接测量数字数据质量，其缺点是正在传播通信信息的信道不能与其他代替信道进行比较，从而要对正在工作的信道做出某种替代时缺乏充分的依据。

2. 自适应控制及频率管理技术

在短波自适应通信系统中，自适应控制器是系统的指挥中心，是系统成败的关键。由于短波信道是一种极不稳定的时变信道，所以短波自适应系统属于随机自适应控制系统。通常，随机自适应控制系统是由被测对象、辨识器和控制器三部分组成的。辨识器根据系统输入、输出数据进行采样后，辨识出被测对象参数，根据系统运行的数据及一定的辨识算法，实时计算被控对象未知参数的估值和位置状态的估值，再根据事先选定的性能指标，综合出相应的控制作用。在短波自适应通信系统中，随着自适应功能不断增强，控制的参数也不断增加，辨别器的功能和形式也逐渐增多，因此自适应控制器也相应复杂起来。一方面，需要发展简单可行而又有效的辨别方法，获得尽可能多的自适应控制能力；另一方面，需要提高短波自适应通信系统中自适应信号处理器的处理能力。

1）自适应信号处理技术

在短波自适应选频通信系统中，自适应信号处理器是系统的核心部件，实时探测的电离层信道参数在这里进行计算处理。它要求计算速度快、准确，当探测参数多时，计算处理的任务就相当繁重。采用什么样的信号形式进行电离层信道探测？探测哪些参数？如何快速准确地进行计算、分析和处理？这些就是自适应信号处理技术要研究的内容。

目前，国际上研制成功的高速编程信号处理器，采用 FFT 算法来提取多种电离层信道参数，估算传输速率所需要的各种质量等级的频率，供通信实时应用。研制自适应信号处理芯片，利用微处理机的软硬件技术实现高速编程信号处理器是发展方向。利用自适应信号处理芯片，可使自适应短波通信系统复杂程度降低，体积减小，成本减少，由于信号处理芯片是可编程的，因此可以根据不同的自适应功能要求编程，改变信号处理器的软硬件功能，以适应不同系统的要求。

2）自适应控制技术

自适应控制系统是一种特殊的非线性控制系统，系统本身的特性(结构和参数)、环境及干扰特性存在某种不确定性。在系统运行期间，系统本身只能在线积累有关信息，进行系统结构有关参数的修正和控制，使系统处于所要求的最佳状态。

由于控制作用是根据这些变化着的环境及系统的数据不断辨识、不断综合出新的规律，因此系统具有一定的适应能力。目前，参数估计和状态估算的方法很多，最优控制算法也很多，因而组成相应的随机自适应控制系统也是非常灵活的。

在短波自适应通信系统中，随着自适应功能不断增强，控制的参数也不断增加，辨识器的功能和形式也逐渐增多，控制能力势必要增大，因此自适应控制器也相应复杂起来，需要自适应设计者统观全局、综合分析，以尽可能减少被测对象，以简单可行而又有效的辨识方法，获得尽可能多的自适应控制能力。

3）全自动频率管理技术

短波自适应通信系统存在一些缺点，最主要的是在有限的探索信道上进行信道评估。

因此有可能在信道拥挤的夜间，选不出合适的频率来。信道测试表明，在选频性能上，频率管理系统优于短波自适应通信系统。例如，曾用 Chirp 频率管理系统和"Autolink"短波自适应通信系统做选频对比试验，Chirp 系统（探测频率点为 10000 个）在几分钟内总可以找到安静的信道，但"Autolink"系统（探测频率点为 50 个），很难保障所选最佳频率为安静频率点。如何实现频率管理系统和通信系统相结合？该问题的解决成为充分发挥频率管理系统优点，解决它和通信系统分离问题的关键。

短波自适应通信系统也存在一些缺点，最主要的是在有限的探测信道上进行信道评估。因此有可能在信道拥挤的夜间，选不出合适的频率来。目前发展的短波系统全自动频率管理方法，通过连续不断地测量、预测、分配频率和控制，使得测量、预测、分配、控制的整个过程在不停地进行，从而能使网内各条通信线路自适应地跟踪传播介质的变化。

6.2.3　短波自适应选频系统

世界上第一个窄脉冲斜入射探测实时选频系统，首先是由美国国防通信局为了给只有短波通信可利用的用户提供最佳信道而提出的公共用户无线电传输探测系统，即 CURTS。早在 20 世纪 60 年代，美国国防通信局就为了研制这种系统制定了长远规划，投入了大量资金，进行了广泛的基础研究。并在横跨欧洲、亚洲和北美大陆，穿越太平洋、大西洋地区的范围开展了系统网络测试。转入 20 世纪 70 年代，CURTS 正式在太平洋地区的通信干线上运转，并不断改进、完善和扩大服务区域。在它的影响和带动下，又相继出现了一些其他的独立探测和频率管理系统，如 Chirp、CHEC 等探测系统。有实测数据表明，采用了无线电传输探测和频率管理系统后，短波通信在线路质量和频率资源利用方面都有很大提高。我国在 20 世纪 80 年代也研制了这类选频系统，投入运行，取得了良好的通信效果。

在短波无线电通信中采用 RTCE 技术来完成与高频介质的匹配经历了两个阶段。

（1）在独立的探测系统中采用 RTCE 技术，可为某一特定的短波通信线路提供最佳频率信息。如早期的公共用户无线电传输探测系统（CURTS）和后来的 Chirp 探测系统等。显然，它们都不能精确地实现每时每刻与高频介质匹配。其庞大的设备、高昂的造价，显然不利于在短波通信电路上普遍推广应用。

（2）在通信系统直接采用 RTCE 技术，以求更精确地跟踪高频介质的短期变化。尤其是它能对人为干扰连续监视并实时地做出响应。显然这种功能是各种独立探测系统所不具备的。事实上，从 20 世纪 80 年代以来，世界各国所提出和研制的实时短波信道参数估算设备，基本上都属于这一类型。

无论哪一种高频自适应，实现的基本方法都是利用 RTCE 技术来测量和分析各种环境参数，根据综合分析和计算的结果，建立一条工作在最佳频率上的通信线路。

1. 短波自适应选频系统分类

依据不同的功能和技术，可进行以下分类。

1）根据功能的分类

（1）通信和探测分离的独立探测系统（在一些工厂的产品目录中称为"频率管理系统"）。通信与探测分离的独立系统是最早投入使用的实时选频系统，也称为自适应频率管理系统，它利用独立的探测系统组成一定区域内的频率管理网络，在短波范围内对频率进行快速扫描探测，得到通信质量优劣的频率排序表，根据需要，统一分配给本区域内的各个用户。这种实时选频系统其实只对区域内的用户提供实时频率预报，通信与探测是由彼此独立的系统分别完成的。例如，美国在 20 世纪 80 年代初研制出的第二代战术频率管理系统 AN/TRQ-42（V），该系统成功地用于海湾战争，支撑短波通信网，取得了良好的效果。

（2）通信和探测合为一体的高频自适应通信系统。融探测与通信为一体的短波自适应通信系统，是近年来微处理器技术和数字信号处理技术不断发展的产物。该系统对短波信道的探测、评估和通信一并完成。它利用微处理器控制技术，使短波通信系统实现自动频率选择、自动信道存储和自动天线调谐；利用数字信号处理技术，完成对实时探测的电离层信道参数的高速处理。这种电台的主要特征是，具备限定信道的实时信道估值功能，能对短波信道进行初步的探测，即线路质量分析（LQA），能够自动链路建立（ALE）。因此，它能实时选择出最佳的短波信道通信，减少短波信道的时变性、多径延时和噪声干扰等对通信的影响，使短波通信频率随信道条件变化而自适应地改变，确保通信始终在质量最佳信道上进行。由于 RTCE 是作为高频通信设备的一个嵌入式组成部分，在设计阶段已经综合到系统中，因而其成本大大降低，市场应用前景广泛。典型产品有美国 Harris 公司的 RF-7100 系列，加拿大 RACE 公司的 ARCE 系统，德国 Rohde&Schwartz 的 ALIS 系统，以色列 Tadiran 公司的 MESA 系统等。

2）根据所采用的 RTCE 技术的形式分类

（1）采用"脉冲探测 RTCE"的高频自适应。

（2）采用"Chirp 探测 RTCE"的高频自适应。

（3）采用"导频探测 RTCE"的高频自适应。

（4）采用"错误计数 RTCE"的高频自适应。

（5）采用"和传输信息共信道同时进行 RTCE"的高频自适应。

3）根据是否发射探测信号分类

（1）主动式选频系统，这类系统均要发射探测信号来完成自适应选频。

（2）被动式选频系统，这类系统无须发射探测信号，而是通过某种计算方法计算出电路的可通频段，在该可通频段内测量出安静频率作为通信频率。

2. 短波自适应通信系统的基本功能

虽然短波自适应通信系统产品繁多，但基本功能大同小异。例如，美国生产的 RF-7100 系列自适应通信系统，其商标为 Autolink，含义为能自动建立线路；又如，生产的 ALIS 系统，全名为自动线路建立（Automatic Link Set-Up）。可见，短波自适应选频通信系统是利用信令技术沟通电离层，自动选择和建立线路的通信系统，它的基本功能可归纳为以下 4 个方面。

1）RTCE 功能

短波自适应通信能适应不断变化的传输介质，具有 RTCE 功能。这种功能在短波自适应通信设备中称为线路质量分析（LQA）。为了简化设备，降低成本，LQA 都是在通信前或通信间隙中进行的，并且把 LQA 试验中获得的数据存储在 LQA 矩阵中。通信时可根据 LQA 矩阵中各信道的排列次序，择优选取工作频率。因此严格地讲，已不是实时选频，从矩阵中取出的最优频率，仍有可能无法沟通联络。考虑到设备不宜过于复杂，LQA 试验不在短波波段内所有信道上进行，而仅在有限的信道上进行。因为 LQA 试验一个循环所花费的时间太长，所以通常信道数不宜超过 50 个，一般以 10～20 个信道为宜。

2）自动扫描接收功能

为了接收选择呼叫和进行 LQA 试验，网内所有电台都必须具有自动扫描接收功能。即在预先规定的一组信道上循环扫描，并在每一信道停顿期间等候呼叫信号或者 LQA 探测信号的出现。

3）自动建立通信线路

短波自适应通信系统能根据 LQA 矩阵全自动地建立通信线路，这种功能也称为 ALE（Automatic Link Establishment）。自动建立通信线路是短波自适应通信最终要解决的问题。它是基于接收自动扫描、选择呼叫和 LQA 综合运用的结果。这种信道估计和通信合为一体的特点，是高频自适应通信区别于 CURTS 探测系统和 Chirp 探测系统的重要标志。

自动建立通信线路的过程简单描述如下（图 6.12）：为了简单起见，假定通信线路上只有甲、乙两个电台，甲台为主叫，乙台为被叫。在线路未沟通时，甲、乙两台都处于"接收"状态。即甲、乙台都在规定的一组信道上进行自动扫描接收。扫描过程中每一信道上都要停顿一下，监视是否有呼叫信号。若甲台有信息发送给乙台，则只要向乙台发出呼叫信号，即键入乙台呼叫号，并按下"呼叫"按钮。此时系统就自动地按照 LQA 矩阵内频率

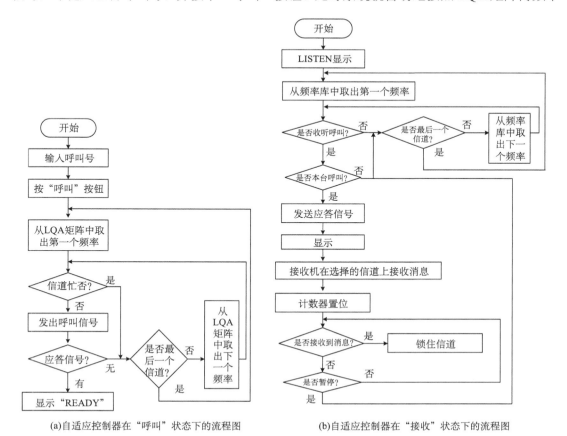

(a)自适应控制器在"呼叫"状态下的流程图　　　　(b)自适应控制器在"接收"状态下的流程图

图 6.12　自适应控制器自动建立通信线路的过程

的排列次序，从得分最高的频率开始向乙台发出呼叫。呼叫发送完毕后，等待乙台发回的应答信号。若收不到应答信号，就自动转到得分次高的频率上发送呼叫信号。以此类推，一直到收到应答信号为止。对于乙台，在接收扫描过程中，当发现某信道上有呼叫信号时，就立即停止扫描接收，检查该呼叫信号是否为本台呼叫，若不是本台呼叫，则自动继续进行扫描接收；若检查结果确定为本台呼叫，就立即在该信道上(以相同的频率)给主呼发应答信号，通常就用本台呼号作为应答信号。此时接收机就由"接收"模式转入"等待"(STANDBY)模式，等待对方发送来的消息。甲台收到乙台发回的应答信号后，与发出的呼叫信号核对，确认是被叫的应答后，立即由"呼叫"模式转为"准备"(READY)模式，准备发送消息。到此，甲、乙两台的通信线路宣告建立，整个系统就变成传统的短波通信系统，甲、乙两台在优选的信道上进行单工方式的消息传送。

4) 信道自动切换功能

短波自适应通信能不断跟踪传输介质的变化，以保证线路的传输质量。通信线路一旦建立以后，如何保证传输过程中线路的高质量就成了一个重要的问题。短波信道存在的随机干扰、选择性衰落、多径等都有可能使已建立的信道质量恶化，甚至达到不能工作的程度。所以短波自适应通信应具有信道自动切换功能。也就是说，即使在通信过程中，碰到电波传播条件变坏，或遇到严重干扰，自适应系统应能做出切换信道的响应，使通信频率自动跳到 LQA 矩阵中次佳的频率上，如图 6.13 所示。

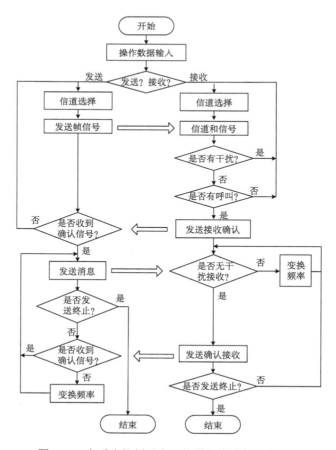

图 6.13　自适应控制器实现信道切换功能的流程图

6.2.4　短波自适应跳频体制

　　跳频技术广泛应用于军事通信领域的缘由是：抗干扰能力强；可进行多址通信；通信时不易被发现、截获，符合现代电子战条件下电子反对抗的要求。跳频技术自问世以来，一直广泛应用于超短波通信，而不能应用于短波通信，这主要因为传统的短波通信采用定时定频模式进行通信联络，并且短波信道自身存在一些难以克服的问题。进入 20 世纪 80 年代，随着数字技术和实时选频技术的日趋成熟，以及突发通信技术在短波波段范围内的广泛应用和发展，短波自适应跳频技术应运而生。短波跳频不是在预先确定的频段而是在短波全频段上进行的，并且仅仅是在无干扰频率或未被占用的频率上进行的。也就是说，先用干扰频谱分析处理技术在整个短波频段范围内找出无干扰频率点，再在这些频率上进行跳频。人们把这种干扰频谱分析技术与跳频技术相结合的产物，形象地称为"天空跳跃者"自适应跳频技术。这种体制的跳频电台较之固定频段跳频电台，通信距离更远，信号质量更好，信号隐蔽性更强。

　　自适应跳频通信可分为三种类型。

　　(1)跳频技术与频率自适应功能相结合，在跳频同步建立前，通信双方首先在预定的频率集中，通过自适应功能选出"好的频率"作为跳频中心频率，然后在该频率附近跳变。

　　(2)跳频技术与频率自适应功能相结合，在跳频同步建立前，通信双方首先在预定的频率集中，通过自适应功能选出适应跳频用的"好的频率"作为跳频频率表。

　　(3)跳频通信过程中，自动进行频谱分析，不断将"坏频率"从跳频频率表中剔除，将"好的频率"增加到频率表中，自适应地改变跳频图案，以提高通信系统的抗干扰性能并尽可能增加系统的隐蔽性。目前，短波跳频通信装备主要是第一类型。

　　与常规跳频体制相比，自适应跳频有以下特点。

　　(1)"智能化"程度高，避免了"坏频率"的重复出现，抗干扰性能更好，传输数据时误码率更低，也就是说，可通率得到提高。

　　(2)若再和宽带跳频结合起来，则可大大提高抗干扰性能。

　　(3)由于需要搜索较多的信道，因此时间开销要大。

　　(4)多部电台组网时操作过程复杂，确定可用频率的时间较长。

　　自适应跳频较常规跳频抗干扰能力进一步增强，但由以上分析可以看出，这种抗干扰体制仍存在一些潜在的弱点。

　　(1)频率易暴露。自适应跳频电台按照 LQA 技术，在指定的信道上按一定的图案进行探测，实际上为敌人提供了自己使用频率的信息，暴露了自己在一定时期的工作频率，所以对于军事通信来说，这一点是比较严重的问题。

　　(2)信道搜索时间过长。收发双方保持通信良好的必要条件是：双方都工作在自己的安静频率点上，同时工作频率又都能保证良好的电离层传播特性。一般的自适应选频技术要做到以上两点非常不易。

　　(3)宽带跳频问题。宽带跳频技术仍没很好地解决，因而阻塞式干扰仍是它的一大威胁。

　　随着短波通信在现代军事通信中的地位不断提高，以及常规短波跳频通信体制暴露出越来越多的问题，各国都加大力量对短波跳频通信体制进行研究。现美国已研制出 HF2000 短波数据系统，跳频速度可达 2560 跳/s，数据传输速率达 2400bit/s。1995 年，美国 Lockhead

Sandes 公司又研制出一种相关跳频增强型扩频（Correlated Hopping Enhanced Spread Spectrum, CHESS）无线电台，跳频速度为 5000 跳/s，其中，200 跳用于信道探测，4800 跳用于数据传输，每跳传输 1～4bit 数据，数据传输速率为 4.8～19.2Kbit/s。CHESS 把冗余度插入电台的跳频图案，以 4800bit/s 的速率传输数据时，误码率为 1×10^{-5}。跳频带宽为 2.56MHz，跳频点数 512 个，跳频最小间隔为 5kHz。CHESS 电台的出现宣告了短波波段采用相关跳频技术可以实现高速跳频，为在短波波段实现高性能的抗干扰加密数字化通信提供了有利条件。

6.3　短波通信系统组成及组网

6.3.1　短波通信系统组成

现代短波通信系统一般由带自适应链路建立功能的收发信主机、自动天线耦合器、电源以及一些扩展设备，如高速数据调制解调器、大功率功放（500W 以上）等部分组成，如图 6.14 所示。

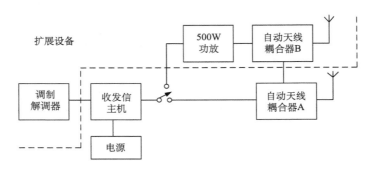

图 6.14　现代短波通信系统组成框图

1. 主机

收、发信机主机的主要作用与普通短波电台的收、发信机相比，信道部分基本相同，其区别在于比普通电台多了一个自适应选件，能借助收、发信道完成自动链路建立。收、发信主机一般由收发信道部分、频率合成器部分、逻辑控制部分、电源和一些选件组成，其方框组成如图 6.15 所示。

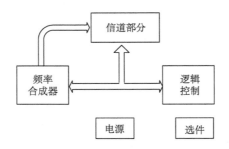

图 6.15　收、发信主机方框组成

信道部分一般包括选频滤波、频率变换、调制解调、音频功率放大、射频功率放大、AGC（自动增益控制）电路、ALC（自动电平控制）电路、收/发转换电路等，完成的主要功能是当处于发射状态时，将音频信号经音频放大送至调制器调制，形成单边带调制信号。一般再经两次频率变换（频率搬移），将信号搬移到工作频率上（1.6～30MHz），之后对射频信号进行线性放大，功率放大滤波保证有足够的纯信号功率输出，传递到天线上，向空间传播。当处于接收状态时，在天线上感应的射频信号加到选频网络，选择其有用信号，经射频放大或直接输入到混频器将射频信号进行频率变换（一般为两次混频），将信号搬移到低中频，对低中频信号进行解调，还原成音频信号，再经音频功放推动扬声器发声。为了使收信信号的输出稳定，发射时射频功率输出一致，信道部分必须加有 AGC 电路和 ALC 电路。

频率合成器一般由几个锁相环路组成，产生信道部分实现频率变换、调制解调所需的本振信号。现代频率合成器一般采用数字式频率合成技术，一部分设备采用直接数字频率合成器 DDS 器件，使频率合成器的体积大大缩小。

现代通信设备中的逻辑控制电路一般采用单片机控制技术或嵌入式系统技术。逻辑控制电路一般包括微处理器系统（包括 CPU、程序存储器、数据存储器等），输入、输出电路，键盘控制电路，数字显示电路以及扩展电路的接口等。逻辑控制电路将控制整个设备的工作状态，协调与扩展电路的联系。扩展能力的强弱是体现设备先进性的较重要的标志。

电源部分提供主机内各部分的直流电源。根据用户的不同要求，完成某一个或某几个特殊要求，可选择不同的选件。如 RF-3200 电台可选用 RF-3272 自适应控制器，完成 ALE（自动链路建立）功能。

2. 天调（自动天线耦合器）

随着频率变化，天线将呈不同的特性阻抗，自动天线耦合器的作用就是将变化的阻抗通过天线耦合器的匹配网络与功放输出阻抗完全匹配，使天线得到最大功率，提高发射效率。目前，自动天线耦合器主要由射频信号检测器部分、匹配网络部分和微处理器系统等电路组成，其方框图如图 6.16 所示。

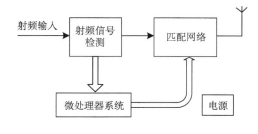

图 6.16　自动天线耦合器方框图

射频信号检测器部分一般由 3 个检测器电路组成，分别对射频信号的相位、阻抗及驻波比进行检测，并将检测的数据送给微处理器系统作为调谐匹配的依据。检测器的精度直接影响调谐的准确性。

匹配网络一般由可变串联电感、可变并联电容等元件组成。在微处理器系统中处理运算，输出驱动继电器的控制信息，使相应的电感、电容接入匹配电路达到天线与功放输出阻抗匹配的目的。

微处理器系统是由单片机组成的电路系统，是自动天线耦合器的核心，其作用是根据检测器所提供的信息进行判断、处理，输出一组控制匹配网络的数据，并调整其匹配网络参数，判断是否匹配，如未达到匹配目的，微处理器系统将再输出一组控制数据进行判断，直至网络参数满足匹配条件为止。在工作频率变化后，应重复上述调谐步骤，对所工作的频率完成调谐匹配功能。

3. 电源

电源为天线耦合器提供正常的工作电压。交-直流变换电源一般是中功率稳压电源，提供系统各部分的电源。较常见的有开关电源和线性稳压电源。

典型的短波通信设备有 RF-3200，它是美国 Harris 公司生产的自适应单边带电台，完全遵循美国联邦标准 FED-STD-1045 协议。由于它采用的技术较先进，性能良好，是目前较典型的装备。

6.3.2　短波通信组网

根据梅特卡夫定理(Metecalfe's law)，网络的能力与网络的节点数量的平方成正比，网络化使信息量和信息处理速度大大提高的同时，通信系统的抗干扰能力也得到相应的提高。自 20 世纪 80 年代末开始，短波通信的网络化日益受到以美国为代表的各国的重视，并开始对短波通信系统网络化进行研究。短波通信同其他通信一样，已稳步迈入了网络化的时代，短波通信网主要包括短波自适应通信网和短波跳频通信网。

20 世纪 80 年代，美国国防部制定出了短波组网的标准——MTL-STD-188-141A，它属于第二代短波通信网。第二代短波网络系统主要是实现了高频自适应的链路建立，能提供可靠的、健壮的、具有优良兼容性链路的自动建立技术，它使得本来在 20 世纪 80 年代并没有受到多少关注的短波长距离和移动语音网络开始受到了关注。再加上可靠性比较好的数据链路协议，使得第二代短波网络可以扩展到传送数据。在 20 世纪 90 年代中期，随着高频网络的增长，要求减少网络开销信息，使得有限的高频频谱能够支持较大的网络和更大量的数据信息，第三代短波通信网络开始发展。第三代短波通信网络是一种全自动短波数据通信网，同时也是一种无线分组交换网，采用 OSI 的七层结构模型。网络的主要设备是高频网络控制器(HFNC)，其主要功能有自动路由选择与自动链路选择、自动信息交换与信息存储转发、接续跟踪、接续交换、间接呼叫路由查询和中继管理等。网内所有设备都接受网络管理设备(嵌入式计算机)的管理和控制，这些设备包括电台、ALE 控制器与 ALE 调制解调器、数据控制器与数据 Modem、HFNC 等。可实现快速链路建立，能处理上百个电台和更大的信息量，支持 IP 及其应用它的应用等。它的开发目标是有效地支持上百个台站构成的对等式网络中的突发数据信息。

在短波频段中有不同的传播形式，如类似中长波的地波传播、靠电离层反射的天波传播。对于地波传播，不可避免地引入较大的地表衰减和较强的本地干扰，通常用于几十千米以内的通信。天波传播距离较远，但受电离层的影响较大，造成无线信道变化剧烈。电离层的变化、多径、干扰、传播损失、噪声、频偏等许多因素都会引起短波信道的变化。因此，在考虑短波组网时就必须考虑短波信道，不能简单地将其他频段上的网络结构及技术直接用于短波频段。

由于短波网络中有大量的可移动站点，网络情况不停地变化，如节点的移动甚至丢失等，再加上信道因素，因此 HF 网络呈现出以下一些显著的特征：网络拓扑图样的迅速变化，网络节点间链路的不确定性。因此在 HF 网络的组网设计中必须考虑这些特征。另外，由于短波的主要应用是应急，所以还必须注意网络的可靠性和抗毁性，在较强的干扰和攻击的条件下保证网络的可用性。

1. 短波自适应通信网

单工无线电台按不同的工作方式可分为固定频率方式工作的电台、跳频方式工作的电台以及分组交换方式工作的电台。它们相应地可以组成 3 个不同形式的网络结构，分别为定频无线电台网络结构、跳频电台网络结构以及分组无线电台网络结构。自适应电台的网络结构归于定频无线电台网络结构，这主要是由于自适应电台通信链路一旦建立，通信双方实际上是在固定频率上工作，它既有定频无线电台网络的一些特点，但又不完全等同于单纯定频电台的工作方式，这里主要介绍自适应电台的组网方法。

1) 自适应电台组网要求

自适应电台与普通电台的主要区别在于自适应电台有自身地址，以不同的自身地址区分网络成员，在通信双方建立通信链路时和对双方线路质量进行探测时，都以自己的身份（自身地址）给对方识别。所以自适应电台组网包括以下要求。

（1）电台要有地址编程能力。地址一般包括单台地址和网络地址，单台地址是指各台自身地址的集合，包括自身地址和它站地址，单台地址可编程数量的多少将决定同频网中不重名电台的数量。自适应电台的单台地址可编程数一般设计为 100～200 个。网络地址是指将某几个单台地址的电台组成一个小网，这几个电台将拥有这一个网络地址，在进行网络呼叫时，网络内的成员都将有应答。网络地址可编程数量的多少将决定采用同类协议的电台组网的数量，一般自适应电台网址可编程数为 10～20 个。

（2）具有工作频率和工作种类支持，这是自适应电台探测和呼叫的前提条件。无论单台地址还是网络地址都必须有信道（频率、工种）支持。所以，自适应电台组网必须建立在信道基础上的，电台可编程信道的数量标志着在同一通信系统中同一时刻能够工作的频率点的个数。自适应电台可编程信道数设计一般为 100～200 个。

（3）要有统一的协议。只有自适应探测或呼叫格式一致，被呼台才可以进行相应的应答，通信链路才能正确建立，同时对于其他未被呼叫的电台而言，仍然处于静默扫描状态，也不会觉得他人在通话，这是与普通电台定频通信一呼百应形式的重要区别。目前，全球较通用的自动链路建立的标准为美国联邦标准 FED-STD-1045 协议。除此之外，自适应电台还必须具备自动信道扫描功能、自动快速天线调谐功能等。

2) 网络拓扑结构

短波网按网络控制又可分为集中控制、分布控制以及二者结合的混合控制网络。集中控制是某个或某些节点作为网络中央节点，充当网络控制中心，其他节点属于从属地位。该网络的优点是网络管理效率较高，缺点是抗毁性差，一旦中心节点被摧毁，全网将瘫痪。分布控制网络多个节点独立对网络控制，无明显的中心节点，各个节点地位相等。其优点是网络具有自组织、自恢复能力，抗毁性较强，缺点是网络管理较难，所需的技术复杂。混合控制网络介于二者之间，即网络控制同时存在两种形式，根据使用的情况决定采用哪种控制形式。

一般来说，网络的拓扑结构有以下五种形式：星形、环形、树形、网形和总线形。如图 6.17 所示，其中的网形又有全互联、超立方、区组、不规则形等多种形式。

（1）星形（图 6.17（a））。中心节点为控制节点，任意两个节点间的通信最多只要两步。星形传送平均延时小、结构简单、建网容易，但通信线路用得较多，网络可靠性差，中心简单易成为系统的"瓶颈",且一旦发生故障会导致整个网络瘫痪,适用于集中控制系统。

(2)环形(图 6.17(b))。环形结构为一封闭环形,各节点通过中继器连入网内,各中继器间由点到点链路首尾连接,信息单向沿环路传送。其特点是信息沿固定方向流动,两个节点只有唯一通路,大大简化了路径选择的控制;某个节点发生故障时,可以自动旁路,可靠性较高;但当节点较多时,影响传输率。当网络确定后,其延时固定,实时性强,但不便于扩充。

(3)树形(图 6.17(c))。其是天然的分级结构。与星形相比,通信线路总长度短,成本较低,节点扩充灵活,寻径比较方便。但除叶节点及其相连的线路外,非主节点或其相连的线路故障都会使网络局部受到影响,且一旦主节点发生故障会导致整个网络瘫痪。

树形网络结构适用于分级控制系统,特别是其与军队建制相似,在军事上有广泛应用。树形网络结构可以通过增加链路的数量来提高其抗毁性,是短波通信在军事上应用的一种常用拓扑结构。短波树形网络拓扑结构采用一种类似 234 树的结构来完成短波组网。起始节点和根节点(总部)可以根据需要有无限个子节点,其余的节点最多可以拥有四个子节点,三个为常规节点(常规编制),一个为临时节点(根据需要加上,并不经常存在),每个节点与其子节点有连接,所有子节点之间采用全连通形拓扑结构,并根据需要与同级其他子节点进行有限连接,从而提高整个通信网络的抗毁性能。军事上一般不允许一个作战单元同时听命于两个指挥部,故每个节点只拥有一个父节点。

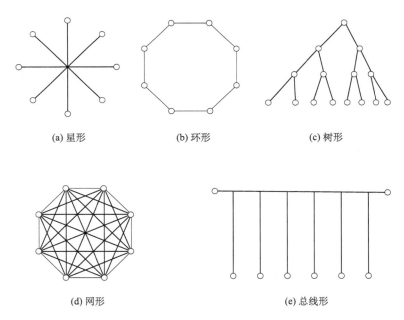

(a) 星形　　　　　　　　(b) 环形　　　　　　　　(c) 树形

(d) 网形　　　　　　　　　　　　(e) 总线形

图 6.17　网络拓扑结构类型

(4)网形(图 6.17(d))。又称为全可联形或分布式结构,节点之间有多条路径可供选择,具有较高的可靠性。但由于各个节点通常和另外多个节点相连,故各个节点都应具有路由和流控功能,网络管理比较复杂,硬件成本较高。比较有代表性的为全互联,其任意两点间可直接通信,通信速度快,网络的可靠性最高,但建网投资大,灵活性差。如 W 个节点的全互联网络，若增加一个节点，则必须增加 N 条线路，所以一般采用某种特殊方法进行设计，寻找经济性和可靠性之间的最佳平衡点，这也是通常采用的拓扑结构之一。

（5）总线形（图 6.17(e)）。网中各节点连在一条总线上，结构简单，节点扩展灵活方便。总线通常用无源工作方式，因此任一节点故障不会造成整个网络瘫痪，但网络对总线故障比较敏感，一旦总线某部位开路，可造成整个网络瘫痪。对短波通信来说，由于其为无线传送，不需要实际的物理连接，同时其信道容量小，一般不采用总线形拓扑结构。

2. 短波跳频通信网

利用跳频图案的良好正交性和随机性，可以在一个宽的频带内容纳多个跳频通信系统同时工作，达到频谱资源共享的目的，从而提高频谱的有效利用率。为了使跳频电台更好地发挥其性能，可将多个电台组成通信网络，完成专向通信或网络通信。跳频图案分为正交和非正交两种。如果多个网所用的跳频图案在时域上不重叠（形成正交），则组成的网络称为正交跳频网。如果多个网所用的跳频图案在时域上发生重叠，则组成的网络称为非正交跳频网。

此外，根据跳频网的同步方式，跳频电台的组网方法又有同步网和异步网之分。为了使跳频图案不发生重叠，正交跳频网要求全网做到严格定时，故一般采用同步组网方式。从严格意义上讲，正交跳频网是同步正交跳频网，一般简称为同步网。非正交跳频网的跳频图案可能会发生重叠，即网与网之间在某一时刻跳频频率可能会发生碰撞（重合），因而可能会产生网间干扰。不过，这种网间干扰通过精心选择跳频图案和采用异步组网方式，是完全可以减小到最低限度的。因此，非正交跳频网常采用异步组网方式。异步非正交跳频网一般简称异步网。

1）同步组网

同步组网中所有的网都使用同一张频率表，但每个网的频率秩序不同；各网在统一的时钟下实施同步跳频。例如，某跳频电台的跳频频率表为 f_1、f_2、f_3、f_4、f_5 五个频率，若要组织五个跳频网，则可以按表 6.2 确定各网的跳频序列。各网在统一的时钟下进行跳频，虽然各网频率集相同，但顺序不同。这样，在任一瞬间，均不会发生频率碰撞。

表 6.2　正交跳频序列示例

A 号网	序列 A	f_1	f_2	f_3	f_4	f_5
B 号网	序列 B	f_2	f_3	f_4	f_5	f_1
C 号网	序列 C	f_3	f_4	f_5	f_1	f_2
D 号网	序列 D	f_4	f_5	f_1	f_2	f_3
E 号网	序列 E	f_5	f_1	f_2	f_3	f_4

同步组网的特点如下。

（1）频率利用率高。各网都使用同一张频率表（但频率顺序不同）。理论上讲，有多少个跳频频率就可组成多少个正交跳频通信网。

（2）不存在网间干扰。任一时刻，网间不会发生频率重叠，因而不会发生网与网之间的干扰。

(3) 建网速度比较慢。同步组网方式实际上是将各网组成一个大的群网，建网时需要所有的子网(上例中的 A～E 号网)内的电台都响应同步信号，才能将各电台的跳频图案完全同步起来，因而，建网速度比较慢。

(4) 安全性能差。同步组网必须使用统一的密钥，一旦泄密，整个群网的跳频图案都会被暴露无遗；各网必须"步调一致"，否则，只要有一个网不同步，就会造成全网失步而瘫痪。

(5) 频率表的选择难度大。一旦某个频率受到干扰或效果不佳，则换频必须是全局性的。

由于同步组网虽然存在一定的优点，但也存在一些难以克服的缺点，目前使用的跳频电台很少采用同步组网方法。

2) 异步组网

异步组网时，系统中没有统一的时钟，由于各用户互不同步，当然这就会产生网间的频率碰撞，形成自干扰。通过精心选择跳频图案和采用异步方式组网，可以减少网间频率重叠的概率。如表 6.3 中，各用户的码序列是依次平移一个时隙得到的，在异步情况下，可能会产生严重的相互干扰。但对于表 6.4 中，若将最后一列去除，得到新跳频序列，从中不难发现，不管时间如何延迟，任意两个用户只能有一个频率点发生碰撞，产生相互干扰。

表 6.3　正交跳频序列 1

A 号网	序列 A	f_1	f_3	f_2	f_5
B 号网	序列 B	f_2	f_4	f_3	f_1
C 号网	序列 C	f_3	f_5	f_4	f_2
D 号网	序列 D	f_4	f_1	f_5	f_3
E 号网	序列 E	f_5	f_2	f_1	f_4

表 6.4　正交跳频序列 2

A 号网	序列 A	f_1	f_3	f_2
B 号网	序列 B	f_2	f_4	f_3
C 号网	序列 C	f_3	f_5	f_4
D 号网	序列 D	f_4	f_1	f_5
E 号网	序列 E	f_5	f_2	f_1

为了解决互相碰撞引起的通信质量下降，常见的组网方法如下。

(1) 各网选择不同的频率表，使之互不重叠。

(2) 不同的网络采用不同的跳频速度或不同的频段。

(3) 若网络和电台的数量不多，则可考虑采用同一频率集组网，通过设置不同的密钥号或不同的时钟进行组网。

异步组网的特点如下。

(1) 组网速度快。由于异步组网不需要全网的定时同步，同步实现比较简单方便。

(2) 抗干扰能力强、保密性能好。每个网的密钥相互独立，每个网都有各自不同的跳频图案。

（3）对定时精度的要求低。由于异步组网不需要全网的定时同步，同时用户入网方便以及组网灵活。

（4）由于可能存在频率碰撞问题，因此各网的频率表选择难度大。

（5）采用异步组网的方法，各网按各自的时间和跳频序列工作。由于各跳频网之间没有统一的时间标准，因而异步组网时，如果多网采用同一频率表，频率序列虽不同，但也有可能发生频率碰撞。显然，这种频率碰撞的机会是随着网络数量的增加而增多的。毋庸置疑，异步组网工作时，为了实现多网之间互不干扰，频率表的选择以及频率序列(密钥)的选择就成了异步组网的关键，这正是跳频通信在应用上的主要研究方向。

在跳频之前，首先应该对跳频电台的密钥号、频率表号、呼叫地址、跳频速率、网号和台号等跳频参数进行编程，可编程多组不同的跳频参数。其中，密钥号、频率表号、呼叫地址、跳频速率四个参数的集合称为信道参数，不同的信道参数以信道号加以区别。使用同一信道参数号的电台的集合，称为一个群网，信道参数号即群网号。在同一群网内，相同网号电台的集合称为子网，不同网号的电台属于不同的子网，同一群网内可设置多个子网。每个子网又可设置多个单台，以台号加以区别。

习　题

6.1　对短波通信有影响的电离层有哪几个导电层？它们的高度各为多少？当电离层平静时，其随时间变化有些什么规律？

6.2　无线电波在非均匀介质中传播时会发生哪些现象？各有什么产生条件？

6.3　无线电波传播有哪些方式？选用的条件分别是什么？

6.4　试从电离层的变化规律，说明短波通信选择工作频率的重要性。

6.5　短波通信中产生多径传输的原因是什么？何谓粗多径效应？何谓细多径效应？

6.6　短波传播中的寂静区是如何形成的？

6.7　MUF 与 OWF 有何异同点？实际工作频率选择时，应如何选择？

6.8　一般地说，短波通信可用的日频与夜频选择有何规律，为什么？

6.9　短波无线电传输中，能量损耗主要来自哪几个方面？

6.10　短波通信有哪些特点？为什么？

6.11　什么是自适应选频技术？它主要包括哪几种技术？各完成什么功能？

6.12　短波自适应通信系统有哪些基本功能？

6.13　短波跳频通信有哪些优点？为什么？

6.14　自适应跳频体制有哪些潜在问题？

6.15　简述现代超短波电台通信系统的组成。

第7章 无线通信中的网络技术

无线通信最基本的物理资源就是频谱。随着无线通信技术的普及应用，无线频谱资源日趋紧张，无线通信技术已从最初的解决点对点可靠传输，发展到如何通过高效传输、灵活组网以实现频谱的最佳利用。试想当一定区域内存在许多无线通信收发设备时，它们如何实现可靠有效地通信呢？一个具有合理的结构，广阔的覆盖范围，通畅的连接的有效网络是必然的结果。

这个网络中包含许多需要有效解决的问题：一是，如何共享资源？例如，若干用户共用同一个无线信道，用户之间需要能够区分彼此以共享信道；对于有限的无线频率资源，如何共享以获得更大的信息量传输等。二是，如何将零散的无线用户连接成有效的整体？需要解决诸如网络结构、移动与固定用户互通、网络覆盖、频率复用、系统容量、移动性管理等一系列问题。三是网络的有效性与可扩展性。无线网络是否能有效地支撑用户数量的不断增多，是否能提供更大的信息量，是否能实现更灵活便捷的服务等。本章我们就无线通信组网中的相关问题进行讨论。

7.1 无线通信网络

无线通信组网是指如何使若干个用户有效地构成一个系统，使得系统内的用户可以在无线电波覆盖区域内的任何地方相互通信。无线通信网络就其是否存在固定的基础网络设施可以分为两大类：一是有中心的无线通信网络，另一类是无中心的无线通信网络。

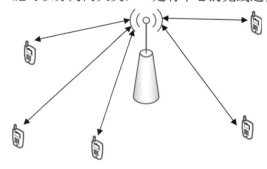

有中心的无线通信网络在给定区域内部署了接入点，接入点提供移动终端到有线骨干网的接口，并完成网络控制的功能，如图 7.1 所示。

典型的系统有蜂窝通信系统、无线局域网和无绳电话系统等。例如，蜂窝通信系统的接入点就是基站，基站的组织协调提供了传输调度、动态资源分配、功率控制和切换的中心控制机制，同时能更好地利用网络资源来满足不

图 7.1 有中心的无线通信网络示意图

同用户的性能要求。又如，无线局域网通过设立无线接入点可以使用户在本地创建无线连接(在公司或校园的大楼里或在某个公共场所，如机场)，在基础结构无线局域网中，无线站(具有无线网卡或外置调制解调器的设备)连接到无线接入点，后者在无线站与现有网络中枢之间起桥梁作用。

大部分有中心的无线通信网络的设计中移动终端直接与接入点通信，不需要经由中间无线节点，称为单跳网络。单跳路由一般有更低的时延和损耗、更高的数据速率，也更为灵活。

无中心的无线通信网络又称无线自组织网络，它是一些无线移动节点的集合，它们无

须借助事先建立的设施即可自行构建成一个网络，如图 7.2 所示。在没有网络架构的情况下，网络中的各个节点(移动台)均可以向网络中的其他节点直接发送信息，也可以接收来自网络中其他节点的信息，因此，每个节点均起到了类似基站的作用。

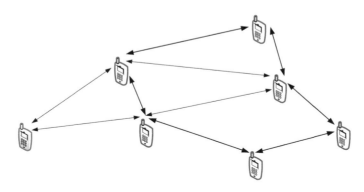

图 7.2　无线自组织网络示意图

无线自组织网络中的连接比有中心的无线通信网络要复杂得多，一对节点之间通信通常需要跳过一个或多个中间节点，为多跳网络。多跳路由通过中间节点向目的节点转发分组包，这些移动节点靠自己来处理必要的控制和网络功能。显见，无线自组织网络中的路由是一个更为复杂的问题，有效的路由协议对网络的有效且高效的运行是至关重要的。

无线自组织网络有明显优点：只要有可用的网络节点，就可以组网；不需要投资、建设和维护基础设施，可以快速部署和重组；分布式特性，节点冗余性和不存在单点故障问题使它有很好的抗毁性。不过，无线自组织网络所固有的多跳路由、分布式控制会造成性能损失，必须权衡考虑其优点和损失。

有中心的无线通信网络一般比无中心的无线通信网络性能好很多，不过有中心的无线通信网络有时成本很高，有时部署设备也存在实际困难，在这些情况下无中心的无线通信网络虽然性能较差，但却是最好的选择。在本章，我们分别讨论有中心和无中心的无线通信网络相关技术，着重讨论蜂窝通信系统，并介绍目前典型的无线通信网络。

7.2　多址接入技术

7.2.1　多用户信道

在多用户系统中，系统资源必须要分配给不同的用户。多用户信道是指任何由多个用户所共享的信道，它有两种不同的类型——上行信道和下行信道，如图 7.3 所示。

上行信道是多个发送端对一个接收端，也称为多址信道，或反向信道。与下行信道不同，每个上行用户以单独的功率约束发送信号。不同上行信号所经历的信道不同，因此即使发送功率相同，如果各用户的信道增益不同，接收功率也不同。此外，由于发送的信号来自不同的发射机，如果要求所有信号同步，就需要各发射机能协同工作。无线局域网卡到接入点、地面站到卫星、蜂窝系统中移动台到基站都是上行信道[2]。

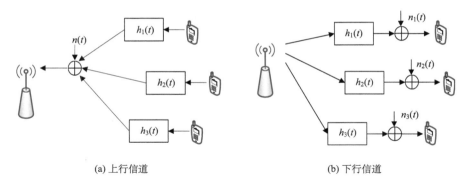

(a) 上行信道　　　　　　　　　　　　(b) 下行信道

图 7.3　多用户信道中的上行与下行信道[2]

下行信道是一个发送端对多个接收端，也称为广播信道或前向信道。到达所有接收机的信号都来自同一台下行的发射机。由于用户信号来自同一台发射机，所以下行容易实现用户间的同步，不过多径有可能破坏这种同步。广播电台、电视广播、卫星到地面站、蜂窝系统中基站到移动台都是下行信道[2]。

大多数通信系统是双向的，既有上行信道也有下行信道。通过下行信道向用户发送信号，通过上行信道接收用户信号。对于双工通信系统而言，由于需要同时收发信息，上行信道和下行信道一般采用频分双工(FDD)或时分双工(TDD)进行分离。例如，数字蜂窝GSM 中采用频分双工，其中，890～915MHz 频段用于上行信道，935～960MHz 频段用于下行信道。

多址接入是指两个或多个用户希望利用同一个传播信道同时相互通信的一种信号传输方式，主要解决众多用户如何高效共享资源的问题。由前面多用户信道的论述我们发现，上行信道的资源共享问题要复杂一些，主要问题有：多个发送端对一个接收端发送信息；如果来自两个以上的用户的发射信号同时到达接收端，除非信号之间正交，否则必将形成严重干扰；正确地区分不同用户的信息。多址接入技术主要可以分为两大类：一类是无冲突的多址接入，另一类是随机接入。

7.2.2　无冲突的多址接入

信号之间正交即两个信号 $x_i(t)$ 和 $x_j(t)$，$t \in [0,T]$ 相互正交，满足内积在信号区间为零，有

$$\int_0^T x_i(t)x_j(t)\mathrm{d}t = 0, \quad i \neq j \tag{7.1}$$

无冲突的多址接入方式的设计主要考虑满足信号正交性的要求，主要有以下四种方式：频分多址(Frequency Division Multiple Access，FDMA)、时分多址(Time Division Multiple Access，TDMA)、码分多址(Code Division Multiple Access，CDMA)和空分多址(Space Division Multiple Access，SDMA)。

频分多址和时分多址分别依据信号的频率轴和时间轴进行分割，是正交信号。码分多址根据扩频码设计的不同，可以是正交的或非正交的。空分多址用天线阵列或其他形式产生的有向天线使信号空间增加了一个角度维来划分信道。不同多址方式的性能与它们各自

的特性以及是用于上行还是下行有关。TDMA、FDMA 和正交 CDMA 在正交划分信号维的意义下是等价的[3]。

1. 频分多址

在 FDMA 中，将通信系统的总带宽划分为若干等间隔的频段，形成不同的信道分配给不同的用户。不同用户发射信号之间的正交性是通过频域中的带通滤波器获得的，信道之间一般设有保护带，以补偿

图 7.4　频分多址示意图

滤波特性的不理想、邻道干扰和多普勒扩展等问题，如图 7.4 所示。显见，FDMA 的多址接入是窄带的，一般符号间隔远大于延时扩展，不需要信道均衡。另外，当用户处于空闲状态时，会导致带宽的浪费，而在 FDMA 系统中给一个用户分配多个信道还是较困难的，这要求收端能够多频点接收信号。

FDMA 实现起来相对简单，主要问题是非线性失真。一般系统采用的功率放大器和功率合成器是非线性的，导致交调失真。为了解决这一问题，常采用的方法有合理配置频率避开互调分量或采用高线性度的功率放大器等。

例如，第一代模拟移动通信系统（AMPS），其系统总带宽是上、下行各 25MHz，这 25MHz 的带宽平分给两个运营商，每个运营商的带宽是上、下行各 12.5MHz，分配给控制信令的信道数为 21 个。分配给每个用户的带宽 $B_c = 30$kHz 以支持模拟话音业务，它的上、下行都采用带宽为 24kHz 的 FM 调制，两边各留 3kHz 的保护带。为了减小邻系统之间的干扰，整个上、下行频段的两边各留 $B_g = 10$kHz 的保护带。

2. 时分多址

在 TDMA 中，信道时间被划分为不同的帧，每个帧又进一步分割为不同的时隙，每个用户在被指定的时隙逐帧发送。帧足够长，每个接受服务的用户将具有极大概率至少发射一次，如图 7.5 所示。

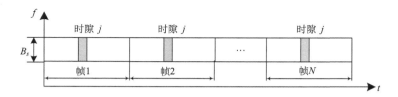

图 7.5　时分多址示意图

时隙的分配可以是固定的，也可以是动态的。若建立连接时，分配的时隙是固定的，各用户与其被指定的时隙保持同步，称为同步 TDMA（STDMA）。若时隙分配不固定，发送时隙在各帧动态分配，称为异步 TDMA（ATDMA）。在同步 TDMA 中，无论用户是否被激活，帧长度被用户数所固定，而在异步 TDMA 中，各帧长度不同，取决于该帧的激活用户数[3]。

TDMA 的主要问题是同步，尤其是上行信道。上行信道的接收信号来自各个发送端，

各用户的发送时机以及发送信号经历的信道都不相同，要想使接收到的信号保持时间正交，就必须使所有用户同步发送。一般靠基站或接入点的协调来实现同步，往往会有较大的开销。无论上行还是下行，多径也有可能破坏时间的正交性。为此，TDMA 一般在时隙之间设有保护间隔以减小同步误差和多径的影响。

TDMA 系统中时隙循环重复使用户的信号不是连续发送的，需要采用可以缓存的数字传输方式。TDMA 还有一个优点是：只要简单地分配多个时隙，就能使一个用户拥有多个信道，如 GPRS。

对于 TDMA 系统而言，每个 TDMA 信道都要占用整个带宽，带宽一般很宽，需要采用一些对抗 ISI 的技术，因此系统为了对抗衰落信道而变得复杂是一个明显的问题。在实际中，常常将 TDMA 与 FDMA 系统结合起来，如图 7.6 所示，图中系统总带宽为 B_s，如果将整个带宽划分为不同的频带，再将各频带相应信道时间划分为不同的时隙用于传输。这样一来，每一个频带相对较窄，受信道衰落影响较小。

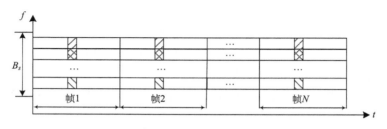

图 7.6　FDMA/TDMA 示意图[3]

例如，全球移动通信系统 GSM 中上行频段和下行频段频带宽度均为 25MHz，在这 25MHz 带宽内分为 125 个 200kHz 的信道，每个信道又分为 8 个用户时隙，一个时隙容纳一个信道，帧结构如图 7.7 所示。依据这些参数，我们容易算出每个基站同时能够容纳的用户数为 $125 \times 8 = 1000$（个）。

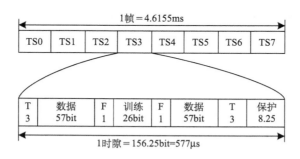

图 7.7　GSM 帧结构示意图

3. 码分多址

CDMA 就是用扩频码来调制信息信号，接收端利用扩频码的结构分离出不同的用户。理想情况下，不同 CDMA 用户所采用的扩频码是彼此正交的，不同 CDMA 用户的扩频信号占用相同的时间、相同的频带，CDMA 常见的形式就是直扩和跳频的多用户扩频。

CDMA 的下行一般采用正交扩频码，但需要注意的是多径会破坏其正交性。上行一般采用非正交的扩频码，主要是因为同步比较困难，并且在多径信道中维持上行正交也很复杂。上行信道采用非正交码的好处是完全靠码区分用户，基本不需要在时间和频率上进行协调。CDMA 系统中，只需要给同一用户分配多个不同的码字，就可以实现一个用户有多个信道。此外，TDMA 和 FDMA 的正交性导致可分出的信道数有硬限制，使用正交码的CDMA 也一样，而使用非正交码的 CDMA 中信道数没有硬性限制。不过，非正交码会带来用户间的干扰，用户越多，干扰也越大，这个干扰会使全体用户的性能恶化。

采用直接序列扩频的 CDMA 系统必须采用功率控制方法来克服远近效应。远近效应是由于各个用户的上行信道增益不同时，到达接收端的功率也不同而引发的信号间干扰。假设有两个用户，一个离基站很近，另一个很远，若两个用户都以相同的功率发送，那么近处用户到达信号的功率将远大于远处用户到达的功率，甚至近处用户产生的干扰将会淹没远处用户的信号。远近效应可以通过引入功率控制方法来克服，通过对远近不同的用户进行发射功率的强弱控制，可以使各用户到达基站的接收功率大致相同，这种信道反转式功率控制使各个 CDMA 用户干扰源在接收端的贡献相同，从而消除了远近效应。

IS-95 数字蜂窝标准采用了 CDMA，其下行信道采用正交码，上行信道采用正交码和非正交码的结合，WCDMA 和 CDMA 2000 标准也采用了 CDMA 的多址方式。

4. 空分多址

空分多址（SDMA）将用户的方向看作信号空间的另外一个可以划分的维，通过空间分割来区分不同的用户，一般是用有向天线来实现空间的信道划分，如图 7.8 所示。

空分多址系统中，仅当两个用户的角度差大于天线的分辨角时，才能实现正交的空间信道。不同的波束可以采用相同的频率以及相同的多址方式，当然也可以不同。如果天线的方向性是用

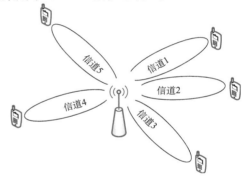

图 7.8　空分多址示意图

天线阵列来实现的，那么精确分辨空间角度需要很大的阵列，这在基站和接入点是不太现实的，对体积很小的用户终端更不可能。

7.2.3　随机接入

大部分数据业务中，数据在随机的时间出现，并不需要连续传输。如果给这样的业务分配一个专用的信道，效率显然是非常低的。此外，大多数系统中总的用户数（激活用户和闲置用户）比系统能同时容纳的用户数多很多，因此任何时间的信道分配只能是谁需要就分给谁。这样的系统采用随机接入策略就能高效地将信道分配给激活用户。在随机接入中，用户争用相同的资源，而与任何其他用户无关，因此也称为竞争接入。

当前主流的随机接入技术都是基于分组数据的（或称分组无线电）。它将用户数据组织成 N bit 的数据分组，其中可能包括检错、纠错和控制比特，然后通过信道传输。下面我们简要介绍一些随机接入方法。

1. Aloha 系统

20 世纪 70 年代，随机接入技术被夏威夷大学的一个研究组用于卫星通信系统，该系统被称为 Aloha，现在 Aloha 已成为随机接入的统称。Aloha 是一个分组交换系统，传输一个分组所需的时间间隔称为一个时隙。当两个或多个用户发送的信号重叠时，无论完全重叠还是部分重叠，它们都会彼此破坏，称为碰撞。分组竞争技术的优点在于服务大量用户时，开销很少，但由于碰撞的存在导致 Aloha 的效率很低，吞吐量很小。

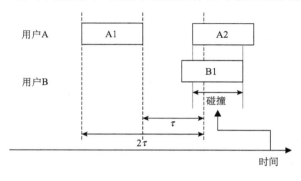

图 7.9　纯 Aloha

在纯 Aloha 中，用户产生分组后立即发送，允许用户在其有数据要发射的任何时候发射，正在发射的用户监听确认反馈来判定发射是否成功。如果碰撞发射，用户等待一段时间后再重新发射分组。若不考虑捕获效应，则可认为重叠的分组一定会出错，必须重发。假设没有发生碰撞的分组一定能正确接收（信道中没有噪声和失真），所有用户发射的所有分组有固定长度 τ 和固定信道数据速率，发射服从泊松分布，以及所有其他用户可以在任一随机时间产生新的分组。由图 7.9 可以看出，要使当前分组传输成功，要求当前分组到达时刻的前后各一个分组长度内没有其他用户的分组到达，即易损区间为二倍分组长度 2τ。

从直观上讲，通过系统的流量越多，传输所花费的时间就越长，也就是说，时延与吞吐量具有相互矛盾的要求。分组在系统中所经历的时延为分组到达时刻与发送端接收到确认信息时刻之间的时间间隔。因此，分组时延是传输次数、重传时延以及发送端接收到成功传输确认所需时间的函数。

纯 Aloha 效率不高的部分原因是用户可以在任意时刻发送分组，两个或多个分组发生局部重叠就能破坏所有分组的接收。采用划分时隙并使用户同步的方法可以成倍提高吞吐量，即让用户同步，使其发射时间对齐就能避免这种局部重叠，这就是时隙 Aloha 的原理，如图 7.10 所示[31]。

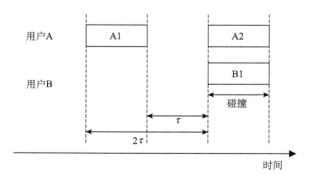

图 7.10　时隙 Aloha

2. 载波侦听多址接入（CSMA）

Aloha 协议中碰撞使系统的吞吐量相对较低。为了避免碰撞从而增加吞吐量，人们对 Aloha 协议提出了一些改进，其中典型的改进方法就是载波侦听多址接入。

Aloha 协议在发射前不监听信道，因此不能利用有关其他用户的信息。CSMA 协议网络中的每一终端在发射信息前测试信道状态，如果信道空闲（没有检测到载波），那么就允许用户按照在网络中的所有发射机共用的特定算法来发射分组；若信道忙，则按照设定的准则推迟发送。

在 CSMA 协议中，影响系统的两个主要参数是检测时延和传播时延。检测时延是指接收机判断信道空闲与否所需的时间。检测出载波所需的时间和传播时延都必须很小，否则会影响效率。假定检测时延和传播时延之和为 τ，如果某节点在 t 时刻开始发送一个分组，则在 $t+\tau$ 时刻以后，所有节点都会检测到信道忙。因此，只要在 $[t, t+\tau]$ 内没有其他用户发射，则该节点发送的分组将会成功传输。

当检测到信道忙时，有几种处理方法：一是暂时放弃检测信道，并等待一个随机时延，在新的时刻重新检测信道，直到检测到空闲信道，该协议称为非坚持 CSMA；二是坚持继续检测信道直至信道空闲，一旦信道空闲则以概率 1 发送分组，该协议称为 1-坚持 CSMA；三是继续检测信道直至信道空闲，此时以概率 p 发送分组，并以概率 $1-p$ 推迟发送，该协议称为 p-坚持 CSMA。

7.3　多信道共用与阻塞率

现在的无线通信网多采用多信道共用的体制进行工作。多信道共用是指信道的指配方式，不是将每个信道固定地指配给某些用户使用，而是根据需要，适时地将空闲信道指配给申请通话的用户使用，一旦通话终止，原先占用的信道就立即恢复为空闲信道。即信道的指配不是固定的，而是动态的。每个信道都可以为任一位用户使用，为全体用户所共用。

根据用户行为的统计数据，使用固定数量的信道可为一个数量更大的、随机的用户群体服务。当信道数减少时，对于一个特定的用户，所有线路都忙的可能性变大。通信公司将统计理论用在无线系统的设计中，在可用的信道数目与在呼叫高峰时没有线路可用的可能性之间进行折中。如果基站只有 N 个信道，在同一时间已经指配给 N 个用户使用，其他用户在此时申请通话只能等待（得到的反馈信息是信道忙），即出现了呼叫阻塞。为了了解多信道共用与呼叫阻塞之间的关系，我们明确以下几个概念。

1. 话务量

为了设计一个能够保证特定的阻塞率下特定容量的无线通信系统，需要中继理论和排队论。中继理论的基本原理是 19 世纪末的一个丹麦数学家爱尔兰（Erlang）提出的，他致力于研究怎样通过有限的服务能力为大量的用户服务。现在，用他的名字作为话务量的单位。话务量是通信系统业务量的度量。话务量 A 定义为：单位时间（1h）内发生的平均呼叫次数 λ 和每次呼叫平均占用信道时间 s（h）的乘积。

$$A = \lambda s \ (\text{Erlang}) \tag{7.2}$$

显见，一个信道如果全部时间都被利用，没有空闲的时间，则它 1h 只能传送 1Erlang 的话务量。由于用户发起呼叫是随机的，不可能不间断地持续利用信道，所以一个信道实际所能完成的话务量必定小于 1Erlang，也就是说，信道的利用率不可能达到百分之百。

例 7.1　一个移动通信系统，平均每天处理 1000 次电话，平均每次通话时间 3min，求每天的话务量？

解　全系统每天话务量为 $A = \lambda s = \dfrac{1000 \times 3}{60} = 50 (\text{Erlang})$。

2. 忙时

每个用户在 24h 内的话务量分布是不均匀的，一般无线网络设计关心的是最忙时的话务量。忙时即通信系统的业务最忙的 1h 区间。例如，某个系统在早上 8 时～9 时电话最多，业务量大，此即该系统的忙时。但这个系统的用户并不都只在忙时打电话，忙时业务量与每天总业务量之比称为集中系数。

例 7.2　一个移动通信系统，平均每天处理 1000 次电话，忙时处理 200 次电话，平均每次通话时间 3min，求集中系数？

解　集中系数为 $\dfrac{200}{1000} = 20\%$。

3. 阻塞率

当所有的信道均被占用时，新的呼叫不可能完成，称为阻塞。阻塞只考虑因系统不能提供服务而丢失的呼叫，不包括因被叫忙而不通的呼叫。阻塞率又称阻塞概率或呼损率，是指在呼叫高峰时，由于信道有限而允许呼叫失败的百分比(信道被全部占用的概率)。阻塞率也称为系统的服务等级(Gos)，阻塞率越小意味着服务等级越高。

对于多信道共用的系统，遇到呼叫阻塞时通常有两种处理方法。

第一种为丢失呼叫清除制(Lost Call Cleared, LCC)，即不对呼叫请求进行排队。也就是说，对于每一个请求服务的用户，如果有空闲信道则立即进入，如果没有空闲信道，则呼叫被阻塞，即被拒绝进入并释放掉，只能以后再试。假设以下条件成立：

(1) 呼叫服从泊松(Poisson)分布；

(2) 用户数量为无限大；

(3) 呼叫请求的到达无记忆性，意味着所有的用户，包括阻塞的用户，都可能在任何时刻要求分配一个信道；

(4) 用户占用信道的概率服从指数分布，那么根据指数分布，长时间的通话发生的可能性就很小；

(5) 在可用的信道数目有限。

以上条件下的系统称为 M/M/m/m 排队系统，由此得出了 Erlang-B 公式(也称阻塞呼叫清除公式)。Erlang-B 公式决定了呼叫阻塞的概率，表示为

$$P(\text{阻塞}) = \frac{A^L/L!}{\sum\limits_{i=0}^{L} A^i/i!} \tag{7.3}$$

其中，L 是系统提供的信道数；A 是提供的总话务量。Erlang-B 公式提供一个保守的阻塞率估算。对于给定的服务等级(Gos)以 Erlang 为单位的话务量如附录 B 所示。

第二种为丢失呼叫等待制(Lost Call Hold, LCH)，又称等待制或阻塞呼叫延迟，用一个公共缓冲器对呼叫请求进行排队处理，呼叫到达后若发现可用信道均被占用，则加入缓冲队列排队等待。呼叫没有立即得到信道的概率决定于 Erlang-C 公式：

$$P(\text{延迟} > 0) = \frac{A^L}{A^L + L!\left(1 - \dfrac{A}{L}\right)\sum\limits_{i=0}^{L-1} \dfrac{A^i}{i!}} \tag{7.4}$$

如果当时没有空闲信道，则呼叫被延迟，被延迟的呼叫被迫等待 ts 以上的概率，由呼叫被延迟的概率及延迟大于 ts 的条件概率的乘积得到。因此有

$$
\begin{aligned}
P\left[\text{延迟} > t\right] &= P\left[\text{延迟} > 0\right] P\left[\text{延迟} > t \mid \text{延迟} > 0\right] \\
&= P\left[\text{延迟} > 0\right] \exp\left[-(L-A)t/h\right]
\end{aligned} \tag{7.5}
$$

其中，h 为呼叫的平均保持时间。对于排队系统中的所有呼叫而言，平均延迟 D 为

$$D = P\left[\text{延迟} > 0\right] \frac{h}{L-A} \tag{7.6}$$

对于给定的服务等级(Gos)以 Erlang 为单位的话务量强度如附录 C 所示。

例 7.3　某移动通信系统，平均每小时有 1000 次呼叫，平均每次通话时间为 3min。求：(1)LCC 制信道分配方式下阻塞概率为 2%时所需要的信道数；(2)等待制信道分配方式下的非零延时排队概率为 2%时所需要的信道数。

解　话务量为 $A = \dfrac{1000 \times 3}{60} = 50\left(\text{Erlang}\right)$。

(1)根据 LCC 制下的呼损计算,查 Erlang-B 表,阻塞概率为 2%,流入话务量为 50Erlang 时的信道数 $L=61$。

(2)根据 LCH 制下的呼损计算,查 Erlang-C 表,非零延时排队的概率为 2%,流入话务量为 50Erlang 时的链路数 $L=66$。

例 7.4　某移动通信系统，平均每天有 3000 次呼叫，平均每次通话时间为 3min，忙时集中率为 15%，采用 LCC 制处理呼叫阻塞，现要求在忙时提供的服务等级为 0.05，问至少应有多少信道？

解　系统每天的话务量为 $A = \dfrac{3000 \times 3}{60} = 150\left(\text{Erlang}\right)$，忙时话务量为 $150 \times 15\% = 22.5$。

根据 LCC 制的呼损计算，查 Erlang-B 表，阻塞概率为 5%，链路数至少为 28。

7.4　有中心网络组网方式

7.4.1　大区制

应用有中心的无线通信网络实现对区域覆盖通信的组网方式有两种：一是大区制，另一种是小区制，也称为蜂窝系统。

只用一个基台来覆盖全地区(单工或双工、单信道或多信道)的组网方式都称为大区制。早期的大区制移动通信网只是单一频率组网，即所有电台均工作于同一频率上，因而同时只能有一对用户通信。一般其中有一台为主台，其余为属台。工作方式较多，一般主台可以呼叫任意属台进行通信，属台也可以呼叫主台，在一定规则下属台之间也可进行通信，但属台都服从主台管理。工作方式有单工或半双工方式。这种情况最初用于警察通信，后来功能扩展推广到汽车调度通信、集群通信等。这种方式下，主台一般都是固定的，升高主台天线可以扩大它的无线覆盖范围。

随着应用的扩展，为了进一步扩大覆盖范围，天线进一步升高，把主台改为基站，且基站本身不是用户，只是起转发作用。任何移动用户要通信，都必须将信息发送给基站，由基站转发。对于双工通信，显然有上下行信道，一般采用频分双工的方式，即每个用户都有一对收发信道，如图 7.11 所示的 f_1 与 f_1'。显然，对于多用户系统，就存在多对收发信道，多址方式常用 FDMA 或 TDMA，图 7.11 显示的是 FDD/FDMA 的示意图。

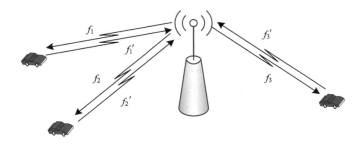

图 7.11　大区制 FDD/FDMA 组网示意图

在移动台中，由于收发共用一根天线，为避免发射机功率进入接收机，还必须在收、发信机之间设置一个双工器，以隔离发射和接收模块。为此，收发频率必须有一定间隔，这个间隔随频段不同而有不同的规定。在 150MHz 频段，收发间隔规定为 5.7MHz；在 450MHz 频段，收发间隔规定为 10MHz；在 900MHz 频段，收发间隔规定为 45MHz。

大区制的特点是只有一个基站，覆盖面积大，因此需要的发射功率也较大。为了覆盖较大面积的地区，从无线信道损耗的角度考虑，大区制组网不宜选用较高的频段，再扣除收发频率间隔，因此频段较拥挤，提供的信道容量有限，能提供服务的用户数也有限。

大区制的设计一般是在用户的使用要求的基础上进行的。使用要求一般包括用户数、用户平均业务量、忙时集中系数、通话方式(单工或双工)、覆盖范围(一般应有地形图)、要求的通信概率或服务等级、要求的话音质量、基站的位置、可能的天线高度以及批准使用的频段等其他一些情况。

有鉴于大区制的组网特点，其参数要求应该在合理的范围之内。大区制中只有一个基站，它的信道数不可能太多（一般很少超过 96 个），用户数也不可能太多，否则大区制是无法承受的。覆盖范围也应合理，不能过大，半径一般不超过 50km，否则发射功率将会过大或天线要求过高。基站的位置一般应位于覆盖范围的中心附近，应在山峰或高楼上。

大区制虽然是最简单的移动组网方式，其设计所涉及的方方面面的问题还是很多的，在此我们主要讨论大区制设计中的用户设计问题、链路设计问题和覆盖范围问题。对于这些大区制设计问题，我们可以结合 7.3 节的内容综合考虑，下面通过一个例子来简单说明。

例 7.5　若需设计一个专用移动通信系统。已知使用方的设计要求为：用户数 100，每个用户平均每日发起呼叫 2 次，每次平均通话时间为 3min，忙时呼叫集中系数为 0.2，服务等级（阻塞率）为 0.05，LCC 制，接收机灵敏度为–120dBm。通信覆盖半径为 25km，工作频率为 450MHz。基站设于覆盖中心的高楼楼顶（楼高 50m），天线高于楼顶 20m，天线馈线为 40m，馈线在 450MHz 每米损耗 0.1dB，移动台天线高 3m，应用中等城市哈塔模型。该地区的传播损耗标准偏差为 5.3dB，要求边界通信中断率小于 7%。

解　系统每天的总业务量为

$$A = \frac{100 \times 2 \times 3}{60} = 10 \text{(Erlang)}$$

忙时集中系数为 0.2，即忙时业务量为 $10 \times 0.2 = 2 \text{(Erlang)}$，查表可得 LCC 制阻塞率为 0.05，达到以上业务量至少需要 5 个信道。即按照题中所述的参数，要达到要求的服务等级，这个大区制系统至少要提供 5 个上下行信道，也就是 5 个频率对。

下面进行链路设计。对于大区制而言，用户之间不存在同一信道的问题，因而没有同信道干扰，其干扰主要来自无线信道与噪声，我们可以直接应用第 2 章的无线信道链路设计方法进行设计。

接收机灵敏度是接收机能够进行正常通信的最小接收功率，即保证通信的接收信号功率门限为 $\gamma = -120\text{dBm}$。保证边界通信中断率小于 7%，即有

$$P[P_r(d_{\max}) > \gamma] = Q\left[\frac{\gamma - \overline{P_r}(d_{\max})}{\sigma_\varepsilon}\right] = 93\%$$

查附录 A 可得

$$\frac{\gamma - \overline{P_r}(d_{\max})}{\sigma_\varepsilon} = -1.5$$

$$\overline{P_r}(d_{\max}) = -120 + 1.5 \times 5.3 = -112.05 \text{(dBm)}$$

应用中等城市哈塔模型计算边界路径损耗：

$$a(h_r) = [1.1\lg f_c - 0.7]h_r - [1.56\lg f_c - 0.8] = 3.32\text{dB}$$
$$L_p = 69.55 + 26.16\lg f_c - 13.82\lg h_t - a(h_r) + [44.9 - 6.55\lg h_t]\lg d = 156.06$$

若设发射机等效全向辐射功率，天线均为单位增益，则有发射功率：

$$P_t = \overline{P_r}(d_{\max}) + L_p + L_{馈线}$$
$$= -112.05 + 156.06 + 40 \times 0.1 = 48.01 \text{(dBm)} = 63.24 \text{(W)}$$

以上分析表明，这一大区制系统应使用 63.24W 发射机，在基站天线高 70m 的情况下，

信道参数如题所述时，在半径为 25km 的边界上可达到 93%的通信概率。

　　大区制设计中一个重要的问题就是覆盖范围的研究，当给定了基站的位置、天线高度、信道参数以及发射功率等条件后，则可估计出其覆盖范围。无线通信是一个面覆盖的问题，例如，上面所述的例子中，半径为 25km 的边界上可达到 93%的通信概率，随着半径的增加，边界上的通信概率将随之下降，区域覆盖范围内的通信概率也随之下降。除了这些已在第 2 章中讨论过的通信概率问题，在大区制设计中还应注意以下几个问题。

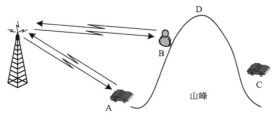

图 7.12　静区示意图

1. 静区

　　由于高山或障碍物的影响而使覆盖区内的某一部分信号太弱，以致移动台无法正常工作。这一区域称为静区（空洞）。如图 7.12 所示的情况，C 点收到的信号就有可能非常微弱，即处于静区。

　　解决静区问题一般有两种方式：一是把基站的位置移到最高处，如图 7.12 中的 D 点，只不过由于 D 点并非原定覆盖区的中心点，因而新覆盖区和原定的覆盖区范围有差别，可采用增大发射功率，使新覆盖区包含原定覆盖区。二是基站位置不变，建立中继台（或称转发台），把基站信号转发以覆盖静区，即中继台是用来扩展特定的覆盖范围的。中继台的方案有两种：异频转发和同频转发。异频转发中继台的输入与输出频率不同，因此它们不会出现干扰。异频转发中继台示意图如图 7.13 所示。

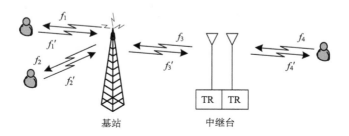

图 7.13　异频转发中继台示意图

　　同频转发中继台示意图如图 7.14 所示。它实际是一个射频放大器，接收到基站信号后，一般要下变频、滤波、放大，再上变频到同一频率放大输出。因而频率上没有变化，所以对移动台而言，不会因为处于静区而造成使用的改变，使用起来很方便。对于中继台而言，设计相对复杂，安装时应尽量分隔，避免耦合，中继站的两个天线应该用定向天线并指向不同方向[6]。

2. 上下行功率不平衡

　　由于大区制覆盖范围通常较大，所需的发射功率大，有时达到 50W 甚至 100W 以上。对于基站，可以固定供给能源。但在上行链路中，移动台的功率不可能这么大（车载台一般为 25W 以下，手持台一般为 5W 以下）。则移动台在覆盖区边缘时，基站可能收不到信号或信号太弱，这种现象称为上下行功率不平衡。解决上下行功率不平衡问题的方法有以下几种。

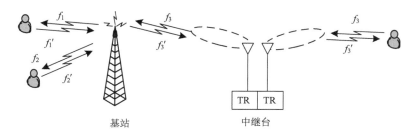

图 7.14　同频转发中继台示意图

一是采用分集接收台的方法，如图 7.15 所示。在基站覆盖区域内选择适当的地点设立分集接收台，移动台即使在区域边缘处，也可以通过就近的分集接收台转发上行信号，以此来解决上行功率不足的问题。

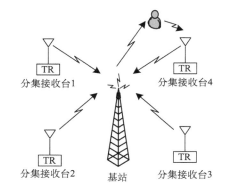

二是在基地台使用灵敏度更高的接收机和更高增益的接收天线，使得上行链路提高 6～10dB 的增益，以补偿功率。

当然，还有其他技术手段可用来补偿上行链路功率的不足，例如，基站空

图 7.15　采用分集接收台以解决上下行功率不平衡问题

间分集以提高增益，但性能有限，一般只有几个 dB，而且常需要和提高接收机灵敏度或接收天线增益合并使用[6]。

3. 互调干扰

大区制中通常存在较大的功率信号，因此互调干扰一般不可忽略。当有两个以上不同频率信号作用于一个非线性电路时，不同频率互相调制将产生新频率，新频率正好落于某信道并被该信道的接收机所接收，即构成对该接收机的干扰，称为互调干扰。一个非线性电路，采用级数展开方法，其输入-输出特性可用下述关系表述[6]：

$$u_0 = f(u_1) = a_0 + a_1 u_1 + a_2 u_1^2 + a_3 u_1^3 + \cdots \tag{7.7}$$

其中，u_1 为输入信号；u_0 为输出信号；$a_0, a_1, a_2, \cdots$ 为多项式系数，由非线性电路决定。假设输入信号为双音信号，即包含两个频率，写为

$$u_1 = u_A \cos(\omega_A t) + u_B \cos(\omega_B t) \tag{7.8}$$

代入式 (7.7)，有

$$u_0 = a_0 + a_1 u_A \cos(\omega_A t) + a_1 u_B \cos(\omega_B t) + b_1 \cos(2\omega_A t) + b_2 \cos(2\omega_B t)$$
$$+ \frac{3}{4} a_3 u_A^2 u_B \cos(2\omega_A - \omega_B)t + \frac{3}{4} a_3 u_A u_B^2 \cos(2\omega_B - \omega_A)t + \cdots \tag{7.9}$$

　　显见，输出信号由于存在非线性产生了新的频率成分。我们知道，无线通信设备收发端均有滤波器，在信号频段之外的分量会被滤除。因此，式(7.9)中仅需要注意有可能落入信号频段的频率分量，例如，$2\omega_A - \omega_B$ 与 $2\omega_B - \omega_A$ 这些频率分量，由于这两个分量是由非线性表示式中的三阶项得到的，故称三阶互调。另外，可能落入信号频段的频率分量还有五阶互调分量 $3\omega_A - 2\omega_B$ 与 $3\omega_B - 2\omega_A$，其他高阶互调分量由于系数太小，一般就不予考虑了。

　　移动通信中互调干扰主要有两种：发射机互调和接收机互调。发射机互调是指当两个发射机靠近时，由于射频能量互相耦合，发射机 A 的电波将会进入发射机 B，若发射机的功率放大器均工作于非线性状态，互调将产生新频率，新频率信号若正好落于某接收机通带中，而接收机与发射机的距离又较近，则必定受到此互调产物的干扰。互调产物的功率和原发射机功率、两天线的耦合损耗(或天线共用器的隔离损耗)及功率放大器的非线性程度有关，它不易计算，一般要实际测量或估算。

　　接收机互调是指接收机的前端也存在非线性，而且有较宽的辐射带宽，当有 f_A 及 f_B 频率同时进入前端放大器，并和接收端接收的有用信号功率构成互调关系时，即产生互调干扰，接收机互调干扰是比较重要的一种干扰。

　　接收机互调产物的电平和进来的信号强度及非线性程度有关。当互调产物很大时，如果有用信号强度不够，不能大于所要求的信号干扰比，则通信就受到影响。因此，最大互调干扰是发生于移动台到基台附近，此时由于进来的信号最大，产生的互调产物最大，而有用信号往往因距离太近而功率自动控制得较低，所以这时的信干比最差。经计算，一般当接收机进入离基台百米以内时才可能发生有害的互调干扰。

　　当有两个以上的移动台在距基站很近的地方发射信号时，如果频率满足互调关系，也会在基台接收机中产生互调干扰。信号首先在基站接收天线共用器中产生互调产物，然后在基站接收机中又一次产生互调产物。前一种互调产物还会在接收机中经过放大并与后一种互调产物相加(频率相同)，因此会更加严重些。

　　一般设计中，在接收机具备了较好的抗互调指标后，大区制中除了距基台 50～100m 的范围，一般都不会产生明显的互调干扰。

4. 邻道干扰

　　邻道干扰是指工作于不同信道的发射机对接收机的干扰，尤以相邻信道的干扰最为主要。

　　邻道干扰是发射机的带外辐射和接收机选择性共同作用而造成的，发射机的辐射并非单一频率而是一个频带。它在邻道的辐射功率可以和有用信号一起直接进入接收机。而接收机的响应又对邻道发射的主辐射衰减不够大，因此邻道发射机主信号也要进入接收机，它们一起构成邻道干扰。关键就在于邻道辐射的大小和接收机对邻道频率的响应，以及发射机和接收机的距离(路径损耗)。

　　为了减小邻道干扰，必须限制发射机的邻道辐射，减小调制信号的旁瓣泄露。另外，对接收机的响应即接收滤波器也有要求。例如，AMPS 中当信道间隔为 12.5kHz 时应不劣于 60dB，工作于邻道的发射机在相距 50m 时可不致发生干扰。

　　在大区制中，当移动台接近基台时，邻道干扰和互调干扰均有可能发生。限制或消除这些干扰，主要要考虑两个方面：一是提高发射机和接收机的抗互调指标和邻道辐射及选择性指标；二是采用发射机功率控制[6]。

　　综上所述，无线通信中采用大区制的组网方式，其特点很明显，例如，网络结构简单，频道数目少，无须无线交换，直接与 PSTN 连接，一般覆盖范围为 30～50km，发射功率为 50～200W，天线很高(>30m)。其局限性也很突出，例如，信号传输损耗大，覆盖范围有限；服务的用户容量有限；服务性能较差；频谱利用率低。

7.4.2　小区制(蜂窝系统)

　　大区制的主要缺点是系统容量不高，它能够提供的容量由基站能够提供的可用信道数来决定。如何在有限的频率资源上提供非常大的容量，覆盖非常大的区域是我们所关注的主要问题，解决的办法就是蜂窝的概念。

　　20 世纪 60 年代美国贝尔实验室提出了蜂窝系统的概念和理论，但由于其复杂的控制系统，尤其是移动台的控制延迟了其付诸使用的时间。直到 20 世纪 70 年代，随着半导体技术的成熟，大规模集成电路器件和微处理器技术的发展以及表面贴装工艺的广泛应用，才为蜂窝移动通信的实现提供了技术基础。

　　蜂窝移动通信系统的出现可以说是移动通信的一次革命，是解决频率不足和用户容量问题的一个重大突破。蜂窝的概念能在有限的频率资源上提供非常大的容量，而不需要在技术上进行重大的修改。其频率复用概念大大提高了频率利用率，并增大了系统容量，网络的智能化实现了越区转接和漫游功能，扩大了客户的服务范围。

　　蜂窝概念是一种系统级的概念，其思想主要包括以下几个方面。

　　(1)用许多小功率的发射机来代替单个的大功率发射机，那么一个大覆盖区就由许多小覆盖区所代替。每一个小覆盖区有一个基站，只提供服务范围内的一小部分区域覆盖，这些小覆盖区称为小区。通过基站天线的设计将覆盖范围限制在小区边界以内。

　　(2)每个小区基站分配整个系统可用信道中的一部分，相邻小区则分配另外一些不同的信道，这样所有的可用信道就分配给了一组相邻小区。若相邻的基站分配不同的信道组，则基站之间(以及在它们控制下的移动用户之间)的干扰就很小。

　　(3)相邻的基站分配不同的信道组，而不相邻的基站可以分配相同的信道组，即实现信道复用。要求这些同信道组的小区之间的距离足够远，从而使其相互间的干扰水平限制在可接受的范围内。通过系统地分配整个区域的基站及它们的信道组，可用信道就可以在整个通信系统的地理区域内分配。为整个系统中的所有基站选择和分配信道组的设计过程称为频率复用。

　　(4)随着服务需求的增长(例如，某一特殊地区需要更多的信道)，基站的数目可能会增加(同时为了避免增加干扰，发射机功率应相应地减小)，从而提供更多的容量，但没有增加额外的频率。

　　显然，蜂窝系统利用了信号功率随传播距离衰减的特点，把一个地理区域(如一个城市)划分为若干个互不重叠的小区，在不同的地理位置上重复使用频率。这一基本原理是蜂窝无线通信系统的基础，因为它通过整个覆盖区域复用信道，就可以实现用固定数目的信道为任意多的用户服务。

1. 区域覆盖

为了使得服务区域达到无缝覆盖，就需要采用多个基站相连来覆盖。基于不同的服务区域形状，一般分为一维小区(带状服务区)和二维小区。

带状服务区主要用于覆盖公路、铁路、河流、海岸等，如图 7.16 所示。带状服务区中可以进行频率复用，标有相同字母的小区使用相同的信道组。如图中 A、B 小区各采用一组频率，一定距离间隔下可以重复使用。

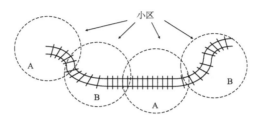

图 7.16　带状服务区

二维小区，即在平面区域内划分小区。由于地形的影响，一个小区的无线覆盖是不规则的形状，并且取决于场强测量和传播预测模型。虽然实际小区的形状是不规则的，但需要有一个规则的小区形状用于系统设计，以适应未来业务增长的需要。全向天线辐射的覆盖区是圆形的，为了不留空隙地覆盖整个平面的服务区，一个个圆形覆盖区之间一定含有很多的重叠区域。在考虑了重叠区域之后，实际上每个覆盖区的有效区域是一个多边形。可以证明，要用正多边形无空隙、无重叠地覆盖一个平面区域，根据重叠区域不同，可用的形状有三种，分别为正三角形、正方形或正六边形，如图 7.17 所示。

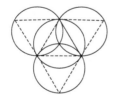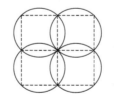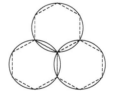

图 7.17　小区的形状

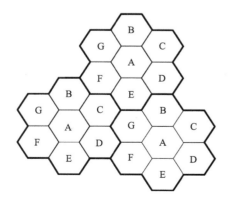

图 7.18　蜂窝频率复用思想的图解

如果多边形中心与它的边界上最远点之间的距离是确定的，那么六边形在这三种几何形状中具有最大的面积。因此，如果用六边形作为覆盖模型，那么可用最少数目的小区就能覆盖整个地理区域，也就最经济。正六边形构成的网络形同蜂窝，因此把六边形小区形状的移动通信网称为蜂窝网。从图 7.18 可以看出一种概念上的六边形小区的基站覆盖模型。

移动通信系统用六边形来模拟覆盖范围时，基站发射机或者安置在小区的中心(中心激励小区)，或者安置在小区顶点之上(顶点激励小区)。通常，全向天线用于中心激励小区，而扇形天线用于顶点激励小区。实际上，一般基站很难完全按照六边形设计图案来安置，大多数的系统设计都允许将基站安置的位置与理论上理想的位置有 1/4 小区半径的偏差。

2. 区群与频率复用

小区制组网中，在小区范围之内，无线电信号要保持足够的强度(有效通信距离为小区的半径)，但无线电信号不可能只限制在小区的范围之内，因此，为了减小同频道干扰，相邻小区不能使用相同的频道，但如果两个小区足够远，则它们可以采用相同的频道。如何合理地分配信道，以保证使用相同信道的小区之间有足够的距离，这是摆在我们面前的问题，解决问题的方法就是区群。

区群(或称小区簇)就是相邻的使用不同频道的所有小区。一个区群中的小区共同使用了系统提供的所有频道资源。也就是说，区群中的每个小区只使用了部分频率资源，但一个区群则包含全部的频率资源。

在服务区域内由多个区群覆盖，其中采用相同频率段的小区称为同信道(频道)小区，同信道小区之间的干扰称为同信道干扰(同频干扰)。

为了理解使用区群实现频率复用的概念，考虑一个共有 S 个可用信道的蜂窝系统。一个区群由 N 个相邻小区组成，如果每个小区都分配 k 个信道，那么 S 个信道在 N 个小区中分为 N 个独立的信道组，可用信道的总数可表示为

$$S = kN \tag{7.10}$$

系统能够提供的信道总数 C 是系统容量的一个度量，若区群在整个通信系统(或整个服务区域)中复制了 M 次，则系统容量 C 有

$$C = MkN = MS \tag{7.11}$$

从式(7.11)中可以看出，蜂窝系统的容量直接与区群在某一固定范围内复制的次数 M 成正比。因数 N 称为区群的大小，如果区群的大小 N 减小而小区的大小保持不变，则需要更多的区群来覆盖给定的范围，从而获得更大的容量(C 值更大)。

蜂窝系统的频率复用因子为 $1/N$，因为一个区群中的每个小区都只分配到系统中所有可用信道的 $1/N$。图 7.18 给出了一个蜂窝频率复用思想的图解，图中标有相同字母的小区使用相同的频率集。区群的外围用粗线表示，并在覆盖区域内进行复制。在本例中，区群的大小 N 等于 7，频率复用因子为 1/7，即每个小区都要包含可用信道总数的 1/7。

例 7.6 一个蜂窝系统中有 1001 个用于处理通信业务的可用信道，设小区的面积为 6km^2，整个系统的面积为 2100km^2。

(1)$N=7$，计算系统容量；

(2)$N=4$，覆盖整个区域，需要将该区群覆盖多少次？计算系统容量；

(3)减小区群大小 N 能增大系统容量吗？减小小区的面积能增大系统容量吗？解释原因。

解　$S=1001$，$A_{\text{cell}}=6\text{km}^2$，$A_{\text{sys}}=2100\text{km}^2$。

(1)$N=7$ 时系统容量：$C = MS = \dfrac{A_{\text{sys}}}{A_{\text{cluster}}} \times 1001 = \dfrac{2100}{6 \times 7} \times 1001 = 50050$。

(2) $N=4$ 时需要覆盖的次数：$M = \dfrac{A_{\text{sys}}}{A_{\text{cluster}}} = \dfrac{2100}{6 \times 4} \approx 88$。$N=4$ 时系统容量：$C = MS \approx 88 \times$ 1001=88088。

(3) 当小区面积给定时，区群越小，为覆盖相同的区域，则区群复制次数越多，系统容量 C 越大；当区群大小不变时，小区面积越小，为覆盖相同的区域，则区群复制次数越多，系统容量 C 越大。

3. 区群的组成与布局

区群的设计隐含了频率复用的概念，为了设计简单和布局合理，区群的组成应满足两个条件：一是区群之间彼此相邻，无空隙、无重叠地对服务区域进行覆盖；二是各相邻同频道小区的距离相同。满足上述条件的区群形状和区群内的小区数不是任意的，可以证明，区群内的小区数应满足：

$$N = i^2 + ij + j^2 \tag{7.12}$$

其中，i、j 为任意非负整数，则有 $N=1,3,4,7,9,12,13,16,19,21,\cdots$，相应的区群形状如图 7.19 所示。

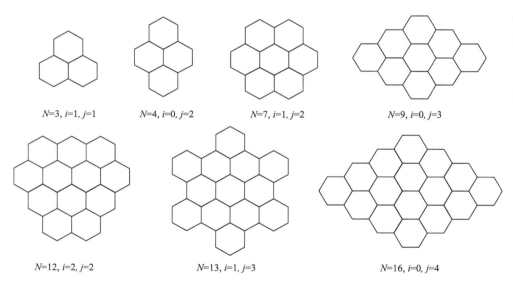

$N=3, i=1, j=1$　　$N=4, i=0, j=2$　　$N=7, i=1, j=2$　　$N=9, i=0, j=3$

$N=12, i=2, j=2$　　$N=13, i=1, j=3$　　$N=16, i=0, j=4$

图 7.19　区群的组成形状

由于六边形几何模式有六个等同的相邻小区，并且从任意小区中心连接到相邻小区中心的线可分成多个 60° 的角，这样就生成了确定的小区布局。为了找到某一特定小区的相距最近的同信道小区，可以按照以下步骤进行。

(1) 从当前小区开始，沿任意一条边的垂直方向数 i 个小区。

(2) 顺(逆)时针方向旋转 60°，再数 j 个小区。则该小区为当前小区的一个相邻同频道小区。

图 7.20 显示了 $N=3$ 的一个实例，显见，对于六边形小区而言，每个小区有六个相邻

的距离相同的同信道小区。同信道小区分层排列，当小区尺寸相同时，通常第 k 层有 $6k$ 个同信道小区。

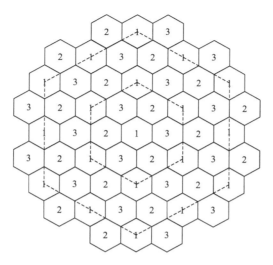

图 7.20 蜂窝系统中定位同频小区的方法（$N=3, i=1, j=1$）

设小区的半径（正六边形外接圆的半径）为 R，如图 7.21 所示，可得相邻小区之间的中心距离：

$$d_0 = 2 \times \sqrt{R^2 - (R/2)^2} = \sqrt{3}R \tag{7.13}$$

进而，可以计算出相邻同信道小区中心之间的距离为

$$
\begin{aligned}
D &= \sqrt{(id_0 + jd_0/2)^2 + (\sqrt{3}jd_0/2)^2} \\
&= \sqrt{i^2 + ij + j^2} \times d_0 \\
&= \sqrt{3N}R
\end{aligned}
\tag{7.14}
$$

由式（7.14）显见，区群的大小 N 越大，同信道小区的距离就越远；小区半径 R 越大，同信道小区的距离就越远。

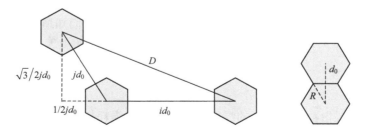

图 7.21 相邻同信道小区之间的距离

频率复用导致了同信道小区的出现，使用同一信道的小区之间势必存在同信道干扰，蜂窝网中依靠拉开同信道小区之间的距离来减小同信道干扰。因而系统的容量与同信道干扰之间显然存在一定的矛盾。

从系统容量设计的观点来看，期望 N 取可能的最小值，目的是取得某一给定的覆盖范围上的最大容量。当然，如果小区面积小（R 取较小值），为覆盖相同的区域，则复制次数增多，也可以扩大系统容量。

从同信道干扰设计的观点来看，一个大区群（N 值越大）意味着同信道小区间距离越大，同信道干扰就会降低。相反，一个小区群意味着同信道小区间的距离更近，同信道干扰会越严重。

4. 小区制中的干扰

干扰是蜂窝无线通信系统性能的主要限制因素。干扰来源包括同小区中的另一个移动台、相邻小区中正在进行的通话、使用相同频率的其他基站，或者无意中渗入蜂窝系统频带范围内的任何非蜂窝系统。

对于移动台干扰的主要类型有：所属基站发给其他移动台的信号（特别是相邻频道的信号）、相邻同频道小区的同频道信号、基站产生的三阶互调信号等。对于基站干扰的主要类型有：本小区移动台的相互影响（特别是远近效应和邻道干扰）、其他小区的同频道干扰，以及汽车火花干扰等外界干扰信号和噪声的影响。蜂窝系统的主要干扰是同信道（同频）干扰和邻信道（邻频）干扰。

1）同信道干扰

频率复用意味着在一个给定的覆盖区域内，存在许多使用同一组频率的小区。这些小区称为同频小区，这些小区之间的干扰称为同频干扰。同频干扰不像热噪声那样可以通过增大信噪比（SNR）来克服，也不能简单地通过增大发射机的发射功率来克服，这是因为增大发射功率会增大对相邻同频小区的干扰功率。为了减少同频干扰，同频小区必须在物理上隔开一定的距离，为传播提供充分的间隔。

假设每个小区的大小都差不多，基站也都发射相同的功率，我们来计算同频干扰下的信干比。假设同频干扰小区数为 N_I，第 i 个同频干扰小区引起的干扰功率为 I_i，则有移动台接收机信干比为

$$\frac{S}{I} = \frac{S}{\sum_{i=1}^{N_I} I_i} \tag{7.15}$$

其中，S 是来自目标基站中的信号功率。由无线信道特性，我们知道距离发射台 d 处的接收信号功率 P_r，与距离发射台 d_0 处的接收信号功率 P_0 之间有如下关系：

$$P_r = P_0 \left(\frac{d}{d_0}\right)^{-\kappa} \tag{7.16}$$

其中，κ 为路径损耗指数，在市区的蜂窝系统中，路径损耗指数一般为 2～5。设所有的基站发射功率都相同，路径衰减指数相同，移动台距所属小区基站的距离为 r，距第 i 个同频小区基站的距离为 D_i，那么移动台的信干比可以近似表示为

$$\frac{S}{I} = \frac{r^{-\kappa}}{\sum_{i=1}^{N_I} D_i^{-\kappa}} \tag{7.17}$$

若仅仅考虑第一层干扰小区(六个相邻的同信道小区)，假设移动台处于小区的边界上，且所有干扰基站与移动台的距离是相等的，近似为相邻同信道小区中心之间的距离 D，则式(7.17)可以近似简化为

$$\frac{S}{I}=\frac{(D/R)^{\kappa}}{6}=\frac{(\sqrt{3N})^{\kappa}}{6} \tag{7.18}$$

必须要注意，式(7.18)是基于六边形小区的，在这种系统中，所有干扰小区和基站接收机之间是等距的，这种假设在许多情况下能得出理想的结果。

我们还可以将上面的情况进行误差较小的近似。如图 7.22 所示，可以看出，对于一个在小区边界上的移动台，假设移动台与最近的两个同频干扰小区间的距离近似为 $D-R$，和其他第一层的干扰小区间的距离分别近似为 D 和 $D+R$。得到移动台在小区边界处的信干比较为确切的表达式为

$$\frac{S}{I}=\frac{R^{-\kappa}}{2(D-R)^{-\kappa}+2D^{-\kappa}+2(D+R)^{-\kappa}} \tag{7.19}$$

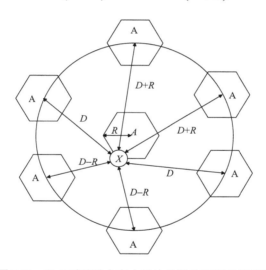

图 7.22　$N=7$ 时移动台在小区边界处的同频干扰图例

例 7.7　设在某蜂窝通信系统中可以接收的信号与同信道干扰之比为 $S/I=18\text{dB}$，由测量得出 $\kappa=4$，区群尺寸为 7 能否满足要求？若信干比要求提高到 20dB，区群尺寸为 7 能否满足要求？

解　由题意有 $\dfrac{S}{I}=\dfrac{(\sqrt{3N})^{\kappa}}{6}\geqslant 18\text{dB}$，代入 $\kappa=4$ 有

$$N\geqslant\frac{1}{3}\times\left(6\times10^{1.8}\right)^{1/2}=6.49$$

在这种情况下，为了获得至少 18dB 的信干比，区群尺寸为 7 能满足要求。若信干比要求提高到 20dB，则有

$$N\geqslant\frac{1}{3}\times\left(6\times10^{2}\right)^{1/2}=8.165$$

显见，区群尺寸至少为 9 才能满足要求。

上面的例题中，虽然区群尺寸由 7 增大到 9 后可以达到信干比的要求，但同时频率复用时提供给每个小区的频谱利用率由1/7 下降为1/9，最终导致系统容量下降，在实际中，这一后果可能是运营系统所不能接受的。因而，实际中设计人员往往会在系统容量与整体性能之间进行折中。

例 7.8　某蜂窝系统中有 416 个信道用于处理话务量，其中 20 个为控制信道，频率复用因子为 9，一次呼叫的平均占用时间为 3min，忙时阻塞概率为 2%，信道阻塞控制选择 LCC 制。

(1)求单位小时内每个小区的呼叫数量；

(2)路径损耗指数为 4，求信号与同频干扰比 S/I。

解　(1)每个小区的业务信道数为 $(416 - 20)/9 = 44$。

代入 Erlang-B 公式，在信道数为 44、呼损为 2%时的流入话务量为 A=34.68Erlang。根据 $A = \lambda s$，已知 s=3/60，则单位小时内每个小区的呼叫数量：

$$\lambda = A/s = 34.68 \times 60 / 3 = 693$$

(2)已知区群尺寸 N=9，$\kappa = 4$，可求得信干比为

$$\frac{S}{I} = \frac{(\sqrt{3N})^{\kappa}}{6} = 121.5(20.8\text{dB})$$

2)邻信道干扰

邻信道干扰主要指邻频干扰，来自所使用信号频率相邻频率的信号干扰称为邻频干扰。邻频干扰是由于接收滤波器不理想，相邻频率的信号泄漏到了传输带宽而引起的。如果相邻信道的用户在离用户接收机很近的范围内发射，而接收机是想接收使用预设信道的基站信号，则这个问题会变得很严重。另外，远近效应也是邻频干扰的一个主要来源，一个在基站附近的相邻频道发射机信号，往往对较远距离处的用户的发射机信号造成不可忽略的影响。

邻信道干扰可以通过精确的滤波和信道分配而减到最小。因为每个小区只分配了可用信道中的一部分，给一个小区分配的信道就没有必要在频率上相邻。通过使小区中的信道间隔尽可能大，邻频干扰会减小。因此，一般不在每个小区中分配频谱上连续的信道，而是使在小区内分配的信道有最大的频率间隔。通过顺序地将连续的信道分配给不同的小区，可以使得在一个小区内的邻频信道间隔为 N 个信道带宽，其中，N 是区群的大小。其中一些信道分配方案，还通过避免在相邻小区中使用邻频信道来阻止一些次要的邻频干扰。

采用功率控制是减少"远近效应"的另一种解决方法，在实际的蜂窝无线电和个人通信系统中，每个用户所发射的功率一直是在当前服务基站的控制之下。这是为了保证每个用户所发射的功率都是所需的最小功率，既可以保持反向信道链路的良好质量，又有助于延长用户设备的电池寿命，而且可以显著减小系统中反向信道的 S/I。

除了上面的方法外，还可以考虑采用带外辐射低的调制方式(例如，选用 GMSK 就要优于 MSK)，同时仔细设计接收机滤波器以减少泄露等方法。

5. 扩大系统容量的方法

随着无线服务需求的提高，用户数的增加，分配给每个小区的信道数最终变得不足以支持所要达到的用户数，这时需要一些蜂窝设计技术来给单位覆盖区域提供更多的信道。在实际应用中，扩大系统容量的方法主要有小区分裂和划分扇区。

小区分裂允许蜂窝系统有计划地增长，划分扇区用定向天线来进一步控制干扰和信道的频率复用。小区分裂通过增加基站的数量来增加系统容量，而划分扇区依靠基站天线的定向性减小同频干扰以提高系统容量。下面我们详细介绍这两种提高系统容量的技术。

1) 小区分裂

小区分裂是将拥塞的小区分成面积更小的小区的方法。小区分裂后，新小区面积减小，通过设定比原小区半径更小的新小区和在原有小区间安置这些小区(称为微小区)，使得单位面积内的信道数目增加，从而增加系统容量。每个新小区都有自己的基站，由于覆盖面积的减小，需要基站相应地降低天线高度和减小发射机功率。

在讲解小区分裂方法之前，我们先了解一下小区中的激励方式，主要分为两种：中心激励与顶点激励。在每个小区中，基站可设在小区的中心，用全向天线形成圆形覆盖区，这就是中心激励方式，如图 7.23(a)所示。也可以将基站设计在每个六边形小区的几个顶点上，每个基站采用几副扇形辐射的定向天线，分别覆盖相邻小区的部分区域，这就是顶点激励方式。实际中常用 120°和 60°的定向天线。图 7.23(b)显示了每个基站采用 120°扇形辐射的定向天线，分别覆盖三个相邻小区的近 1/3 区域。

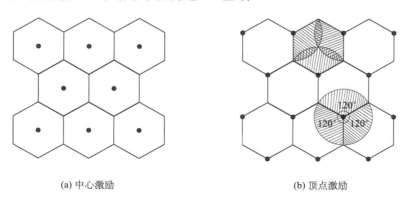

(a) 中心激励　　　　　　　　　　　　(b) 顶点激励

图 7.23　小区激励方式

为了节约资源，一般考虑小区分裂方案时，都采用保留原小区基站的方法。假设每个小区都按半径的 1/2 来分裂，如图 7.24(a)所示，为中心激励下保留原小区基站的一种分裂方法，如图 7.24(b)所示，为顶点激励下保留原小区基站的一种分裂方法。小区面积的缩小最终导致小区数目的增加，进而将增加覆盖区域内的区群数目，这样就增加了覆盖区域内的信道数量，从而增加了容量。小区分裂通过用更小的小区代替较大的小区来获得系统容量的增长，同时又不影响同频小区间的最小同频复用距离。

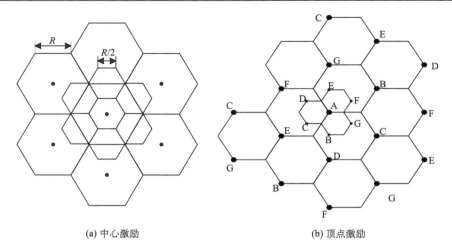

(a) 中心激励　　　　　　　　　　　(b) 顶点激励

图 7.24　小区分裂示意图

　　以图 7.24(b)为例，进一步讨论小区分裂的情况。如图中所示，假设基站 A 服务区域内的话务量已经饱和(基站 A 的阻塞超过了可接受的阻塞率)。因此，该区域需要新的基站来增加区域内的信道数目，并减小单个基站的服务范围。在图中注意到，更小的小区是在不改变系统的频率复用计划的前提下增加的。例如，标为 G 的微小区基站安置在两个使用同样信道的、也标为 G 的大基站中间。图中其他的微小区基站也一样。从图中可以看出，小区分裂只是按比例缩小了区群的几何形状。这样，每个新小区的半径都是原来小区半径的 1/2。

　　对于在尺寸上更小的新小区，它们的基站发射功率也应该下降。设 P_{t1} 与 P_{t2} 分别为分裂前与分裂后小区基站的发射功率，设分裂前后小区半径分别为 R_1 和 R_2，在分裂前，小区中边界接收功率与 $P_{t1}R_1^{-\kappa}$ 成正比，在分裂后，小区中边界接收功率与 $P_{t2}R_2^{-\kappa}$ 成正比，小区分裂前后，在小区边界接收到的功率必须相等，且假设分裂前后小区路径参数相同，因此有

$$P_{t1}/P_{t2} = (R_1/R_2)^{\kappa} \qquad (7.20)$$

或

$$P_{t1}/P_{t2}\,(\text{dB}) = 10\kappa \log_{10}(R_1/R_2) \qquad (7.21)$$

假设每个小区都按半径的 1/2 来分裂，即 $R_2 = R_1/2$，则有

$$P_{t1}/P_{t2} \approx 3\kappa(\text{dB}) \qquad (7.22)$$

也就是说，若将半径为 R 的小区分裂为 $R/2$ 的小小区，则基站的发射功率需降低 3κdB。

　　实际上，不是所有的小区都同时分裂。对于服务提供者来说，要找到完全适合小区分裂的确切时期通常很困难。因此，不同规模的小区将同时存在，如图 7.25 所示。在这种情况下，需要特别注意保持同频小区间所需的最小距离，因而信道频率分配以及移动管理变得更加复杂。小区面积的减少，意味

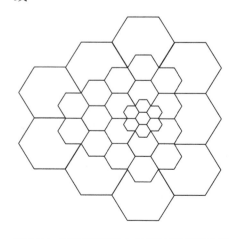

图 7.25　不同规模的小区同时存在示意图

着小区边界穿越次数频繁，这会造成呼叫切换的增加和每个用户更高的处理负载。

分裂前后，两个信道组的大小决定于分裂的进程情况。在分裂过程的最初阶段，在小功率的组里，信道数会少一些。随着需求的增长，小功率组会需要更多的信道。这种变化过程一直持续到该区域内的所有信道都用于小功率的组中。此时，小区分裂覆盖整个区域，整个系统中，每个小区的半径都更小。

例 7.9　采用全向天线的蜂窝通信系统，将半径为 $R=1$km 的原小区分裂为半径为 $R/2$ 的小小区，且无论小区大小，每个基站均分配 60 个信道。整个地理覆盖区域为 16km^2，路径损耗指数为 3。问：(1)分裂前后的基站发射功率如何变化？ (2)估计分裂前后的系统容量。

解　(1)分裂后的基站发射功率降低 $3\kappa = 9$dB。

(2)半径为 R 的六边形小区面积：$A_{\mathrm{cell}} = \dfrac{3\sqrt{3}}{2}R^2$。

分裂前小区面积：$A_{\mathrm{cell\_1}} = 3\sqrt{3}/2 \approx 2.6$。

分裂后小区面积：　$A_{\mathrm{cell\_2}} = 3\sqrt{3}/8 \approx 0.65$。

分裂前：小区数=16/2.6=6.15，则系统容量 C=60×7=420。

分裂后：小区数=16/0.65=24.6，则系统容量 C=60×25=1500。

2)划分扇区

小区分裂通过减小小区面积，不改变区群尺寸 N，增加了单位面积上的信道数而获得系统容量的增加。另一种增大系统容量的方法就是保持小区面积不变，而设法减小区群尺寸 N，同样能够增大单位面积上的信道数以增大系统容量，这就是划分扇区法。在这种方法中，使用定向天线控制干扰，降低同频干扰的影响，在保证接收端相同信干比的前提下，可以采用更小的区群尺寸，从而为覆盖相同的区域，则区群复制次数更多，得到系统容量更大。

使用定向天线来减小同频干扰，从而提高系统容量的技术称为裂向(或称划分扇区)。划分扇区的蜂窝系统中，采用多根具有方向性的定向天线代替基站中单独的一根全向天线，每个定向天线辐射某一特定的扇区，每个定向天线覆盖的区域将只接收原同频小区中一部分小区的干扰，同频干扰减小的程度决定于使用扇区的数目。通常一个小区划分为 3 个 120° 的扇区或是 6 个 60° 的扇区，如图 7.26(a) 和图 7.26(b) 所示。划分扇区以后，在某个小区中使用的信道就分为分散的组，每组只在某个扇区中使用。

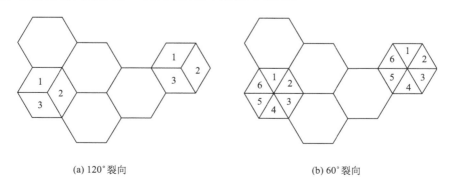

(a) 120°裂向　　　　　　　　　　　　(b) 60°裂向

图 7.26　定向天线划分扇区示意图

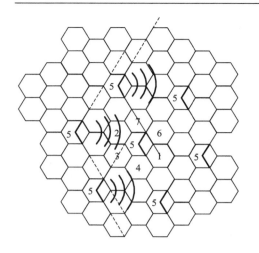

图 7.27　120°裂向减小同频小区干扰的图例

使用定向天线划分扇区可以减小同频干扰,如图 7.27 所示,假设为 7 小区复用,对于 120°扇区,第一层的干扰源数目由 6 个下降到 2 个。这是因为 6 个同频小区中只有 2 个能接收到相应信道组的干扰。如图 7.27 所示,考虑在标号"5"的中心小区移动台所受到的干扰,在这 6 个同频小区中,只有 2 个小区的天线覆盖方向包含了中心小区,因此中心小区的移动台只会受到来自这两个小区的前向链路的干扰。

这种情况下的信干比为

$$\left(\frac{S}{I}\right)_{120°} = \frac{(\sqrt{3N})^{\kappa}}{2} \tag{7.23}$$

对于 60°扇区,第一层的干扰源数目由 6 个下降到 1 个,信干比为

$$\left(\frac{S}{I}\right)_{60°} = (\sqrt{3N})^{\kappa} \tag{7.24}$$

对比全向天线的情况,可见信干比有显著的提高。实际上,由划分扇区带来的干扰减少,使得设计人员能够减小区群的大小 N,给信道分配附加一定的自由度,增大系统容量。

划分扇区增加系统容量所带来的不利,主要是导致每个基站的天线数目的增加,以及由于基站的信道也要划分而使中继效率降低。由于裂向减小了某一组信道的覆盖范围,同时切换次数也将增加。幸运的是,许多现代化的基站都支持裂向。允许移动台在同一个小区内进行扇区与扇区间的切换,而不需要移动交换中心的干预,因此切换不是关键问题。

例 7.10　某蜂窝通信系统所容许的 S/I 值为 18dB,测量所得的路径损耗指数为 4。求全向天线、120°扇区、60°扇区三种情况下区群大小 N 的最佳值。

解　$S/I = 18\text{dB} = 10\lg 10(63.1)$。

全向天线:$\left(\dfrac{S}{I}\right)_{360°} = \dfrac{(\sqrt{3N})^4}{6} \geqslant 63.1$,则有 $N \geqslant 6.48 \Rightarrow N = 7$。

120°扇区:$\left(\dfrac{S}{I}\right)_{120°} = \dfrac{(\sqrt{3N})^4}{2} \geqslant 63.1$,则有 $N \geqslant 3.74 \Rightarrow N = 4$。

60°扇区:$\left(\dfrac{S}{I}\right)_{60°} = (\sqrt{3N})^4 \geqslant 63.1$,则有 $N \geqslant 2.64 \Rightarrow N = 3$。

6. 蜂窝网基本构成与管理

蜂窝网的基本组成主要包括移动台 MS、基站 BS、移动交换中心 MSC。其中,一般基站只提供信道,而移动交换中心(移动通信网中使用的交换机),集交换、控制、管理于一身,协调组织用户鉴权、信道分配、基站间切换、漫游、用户位置管理等功能。显见对比小区制,大区制的基站集交换和控制于一身。

蜂窝网的基本构成如图 7.28 所示。在蜂窝移动通信网中,将一个移动通信网分为若干

个服务区，每个服务区又分为若干个 MSC 区，每个 MSC 管理若干个基站。一个移动通信网服务由多少个 MSC 区组成，这取决于移动通信网所覆盖区域的用户密度和地形地貌等。每个 MSC 要与公共信息交换系统相连，MSC 之间需要互联互通以构成一个完善的网络。

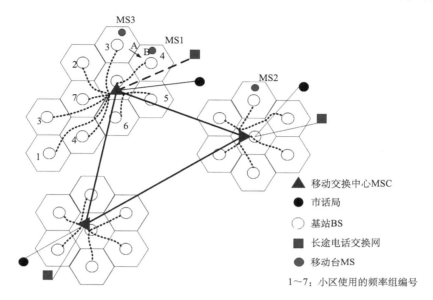

图 7.28　蜂窝网的基本构成

每个移动台的通信都必须连接基站，基站连接移动交换中心，移动交换中心依据通话需求与 PSTN 或其他移动交换中心相连。基站与交换机之间、交换机与固定网络之间可采用有线链路(如光纤、同轴电缆等)，也可采用无线链路(如微波链路等)。

为了实现蜂窝网的正常高效运行，涉及的管理问题很多，在这里我们主要就信道分配、越区切换、位置管理问题加以讨论。

1)信道分配

信道分配主要解决将给定的信道(频率)如何有效地分配给在一个区群的各个小区的问题。为了充分利用无线频谱，信道分配策略必须是一个能实现既增加用户容量又以减小干扰为目标的频率复用方案。信道分配策略可以分为两类：固定信道分配与动态信道分配。

在固定信道分配策略中，给每个小区分配一组事先确定好的话音信道，小区中的任何呼叫都只能使用该小区中的空闲信道。如果该小区中的所有信道都已被占用，则呼叫阻塞，用户得不到服务。为提高效率，对固定分配策略进行了一些改进，采用的方法是空闲频道借用，即当某个小区中的所有频道已使用完，又有新的呼叫请求时，从相邻的小区中借用空闲频道。由移动交换中心(MSC)来管理这样的借用过程，并且保证一个信道的借用不会中断或干扰接触小区的任何一个正在进行的呼叫。

在动态信道分配策略中，所有频道不是固定地分配给小区。只有在用户发出呼叫时，才为服务的小区分配频道。分配时主要考虑的问题包括：同频道复用距离，不会对本小区已经使用的其他频道产生明显的干扰；以后呼叫阻塞的可能性、候选频道使用的频率等。这种分配策略的频率利用率高，可适应业务分布的动态变化等。动态的信道分配策略要求

MSC 连续实时地收集关于信道占用情况、话务量分布情况、所有信道的无线信号强度指示等数据。这增加了系统的存储和计算量，但有利于提高信道的利用效率和减小呼叫阻塞的概率。缺点有控制复杂、开销较大（要求移动交换中心增加存储量和运算量）。

2）越区切换

越区切换是指将当前正在通信的移动台的通信链路从当前基站转移到另一基站的过程，也称为 ALT——自动链路转换。越区切换发生在通话中的移动用户穿过小区边界时。用户通话时间越长，小区半径越小，用户移动速度越快，发生越区切换的可能性越大。

当移动用户在通话的过程中从一个基站移动到另一个基站时，MSC 将自动地将呼叫转移到新基站的信道上。这种切换操作不仅要识别一个新基站，而且要求将话音和控制信号分配到新基站的相关通道上。

越区切换策略的选择一般应尽量减少切换、避免不必要的切换、保证必要的切换，大部分策略都是切换优于初始呼叫请求。越区切换要顺利完成，并且尽可能少出现，同时不影响用户通信，其关键问题有三个：越区切换的准则、越区切换的控制和越区切换时的信道分配。

（1）越区切换的准则。

在决定何时需要进行越区切换时，系统设计者需要指定一个启动切换的最恰当的信号强度，通常根据移动台处接收的平均信号强度来确定，也可以根据移动台处的信噪比或误比特率等参数来确定。判定何时需要切换的准则有以下几种。

准则Ⅰ：相对强度准则。即选择最强信号的基站链路。这一准则下，当原基站的信号强度仍满足要求时，引起不必要的切换，以致增加 MSC 的负担。

准则Ⅱ：具有门限规定的相对强度准则。即准则Ⅰ的改进，当前基站信号足够弱（门限），且新基站的信号强度优于本基站时才发生切换。在这一策略下，有可能发生因为信号太弱而通信中断。

准则Ⅲ：具有滞后余量的相对强度准则。即新基站的信号强度比当前基站高出某一门限（滞后余量）。这一准则可以防止由于信号波动引起的移动台在两个基站之间来回重复切换。

准则Ⅳ：具有滞后余量和门限规定的相对强度准则。即新基站的信号强度比当前基站高出某一门限（滞后余量），且当前基站信号足够弱（门限）。显见，这一准则综合了前面的多方面考虑。

图 7.29 说明了在准则Ⅳ下越区切换的情况，随着移动台由基站 1 小区中的 A 点向基站 2 小区中的 B 点移动，移动台接收到的基站 1 的信号强度逐渐减弱，而基站 2 的信号强度逐渐增强，发生切换时需要参考两个条件，一是启动切换的信号强度门限，二是维持通话的最小可接收信号强度。当满足基站 2 的信号强度比基站 1 的信号强度高出某一门限（滞后余量）时，且基站 1 信号足够弱（处于切换发生区域内）时，即图中 C 点，发生了越区切换。

（2）越区切换的控制。

在决定越区切换时，很重要的一点是要能够准确检测信号强度。在第一代模拟蜂窝系统中，信号强度的测量是在 MSC 的管理下由基站来完成的，每个基站连续地监视它的所有反向话音信道的信号强度，以决定每一个移动台对于基站发射台的相对位置。在目前的第二代系统中，切换是由移动台来辅助完成的。在移动台辅助切换（MAHO）中，每个移动台测量从周围基站中接收到的信号功率，并且将测量的结果连续地报告给为它服务的基站。

当从一个相邻小区的基站中接收到的信号强度比当前基站高出一定的电平或是维持了一定的时间时，就准备进行切换。MAHO 方法使得基站间的呼叫切换比在第一代模拟系统中要快得多，因为切换的测量是由每个移动台来完成的，这样 MSC 就不再需要连续不断地监视信号强度。MAHO 在切换频繁的微蜂窝环境下特别适用。

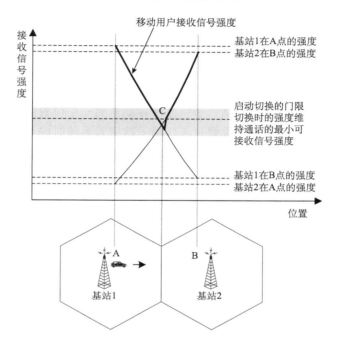

图 7.29　越区切换示意图

在一个呼叫过程中，如果移动台离开一个蜂窝系统到另一个具有不同 MSC 控制的蜂窝系统中，则需要进行系统间切换。当某个小区中移动台的信号减弱，而 MSC 又在它自己的系统中找不到一个小区来转移正在进行的通话时，该 MSC 就要做系统间切换。要完成一个系统间切换需要解决许多问题，例如，当移动台离开本地系统而变成相邻系统中的一个漫游用户时，一个本地电话就变成了长途电话。同时，在系统间完成切换前必须定义好这两个 MSC 之间的兼容性。

(3) 越区切换时的信道分配。

越区切换分为两大类：一类是硬切换，即新信道建立后中断旧信道。另一类是软切换，即新旧信道同时保持，直到新信道可靠工作，再断开旧的信道。

越区切换的信道分配主要涉及的是新小区如何分配信道这一问题。主要有几种处理方法：一是将越区切换用户看成一个新发起呼叫的用户，用与呼叫请求相同的方法来分配。但实际中人们对于通信中断的厌恶一般要远大于呼叫不成功，因此，这种处理方法用得较少。二是保留部分信道专门用于过区切换，这样虽有助于切换用户，但新呼叫可用的信道数减少。其他还有对切换请求进行排队的处理方法等。处理的方法不同，服务的质量不同。

3) 位置管理

蜂窝移动通信系统中，用户可以在系统覆盖的区域内任意移动。为了能够保障用户在移动通信网中正常通信，就必须有一个高效的位置管理系统来随时掌控用户的位置变化。

在第二代移动通信系统中，位置管理包括两个寄存器，即归属位置寄存器(HLR)和访问位置寄存器(VLR)。MSC 是采用编号方法来识别管理，通常一个或几个 MSC 对应一个 HLR。一个移动交换中心 MSC 所覆盖的网络部分，可由 N 个位置区(LAI)组成，移动台可在位置区中自由移动而不需要进行位置登记。一个位置区包含若干小区，MSC 中采用位置区域识别管理。凡处于 MSC 所覆盖的服务区域中的移动台，均在该区的访问位置寄存器(VLR)登记。当移动台开机后，会向 MSC/VLR 发出位置更新消息。系统就会认为此用户已经激活，作"附着"标记。当用户关机时，移动用户会向系统发出分离处理消息，系统会对其作"分离"标记。与位置管理直接相关的功能包括位置更新、漫游、寻呼等。

位置更新是指移动中的移动台从一个位置区移动至另一个位置区时，需要向系统登记其位置的变化信息，这个过程称为位置更新。第一次接入系统时向系统报告位置称为位置登记。移动台在三种情况下发生位置更新：一是移动台选择新的位置登记区内的小区作为服务区；二是重新开机后，发现当前所处的位置登记区与 MS 内存储的 LAI 不一致；三是由小区参数定义的周期性位置更新。

7.5　无中心移动自组织网络

移动自组织网络存在两种变体。第一种是基于基础设施的移动蜂窝网络，第二种是无基础设施的移动自组织网络。移动蜂窝网络由无线小区阵列组成，各小区内的通信由基站负责处理。基站就是执行集中式管理的固定基础设施，基站覆盖区域内的移动设备直接与基站进行通信，而基站再将数据汇总转发到指定目的地。由于基站充当了路由器角色，所以有固定基础设施系统的基本上是一个两跳系统，其数据传输经历的节点相对固定。这种依靠于固定物理基础设施的网络有一个很明显的优点是，提供的通信服务非常可靠，然而也存在致命的缺点，就是不能满足某些特殊场景的通信需求，如战场、地震常发区域等。

无中心的移动自组织网(Mobile Ad-Hoc Networks，MANET)指的是由若干带有无线收发信机的节点构成的一个无中心的、多跳的、自组织的对等式通信网络。自组织网络能够利用移动终端的路由转发功能，在无基础设施的情况下进行通信。由于移动通信和移动终端技术的高速发展，MANET 已经从军事领域中不断渗透到民用通信领域，具有广阔的发展前景。MANET 的提出，主要目的是实现网络终端在移动过程中随着拓扑结构的变化依然能够保持通信的不间断，甚至在有节点被破坏的情况下，也能保持主体网络通信的畅通，因此，MANET 网络具有高机动性、高抗毁性，所以其在军事领域得到非常广泛的应用。同时，由于 MANET 没有固定的基础设施，支持无线终端的多种移动模式，并且能够迅速组网，尤其是在野外或不适合建立固定基础设施的环境下，Ad-Hoc 技术将具有更加明显的组网优势，因此，MANET 技术在民用领域也越来越受到关注，具有十分广阔的应用前景。在实际应用场景中，Ad-Hoc 网络技术主要运用于救灾、探险、个人通信、体育赛事转播、多媒体会议及传感器网络等领域。

MANET 主要有以下五个特点。

(1)边界的非确定性：不能明确定义 MANET 的物理周长，因为节点可以在任何时间内加入或者离开网络，导致拓扑变化频繁。

（2）拓扑的易变性：网络中的节点是自由移动的，因此节点的移动导致网络拓扑结构不固定。

（3）带宽的有限性：链路容量低且不稳定，低容量链路的无线网络容易受到信号衰减、噪声干扰、衰落、拥塞等因素的影响。

（4）能量的受限性：在 MANET 中，节点都是依靠电池或其他有限的设施提供能量，对于这些节点，需要考虑路由优化来减少开销；MANET 中的节点均可以作为路由器和终端，若网络中某节点由于能量耗尽过早"死亡"，会导致整个网络生命周期迅速减小。

（5）有限的安全性：MANET 相比有线网络或固定拓扑网络更容易受到来自物理层的安全威胁。

7.5.1　移动自组织网络的拓扑控制

拓扑控制与数据链路层的 MAC 层、功率控制以及网络层的路由协议有密切的关系。拓扑控制是 Ad-Hoc 网络中的一个重要的研究领域。它是在不需要改变网络协议的基础上，通过调整节点的传输功率为网络设计合理的拓扑，以较小的代价为上层的路由协议提供支持，使网络达到更优的性能。网络的拓扑控制决定着网络层路由的选择，因此，拓扑控制关系着网络整体的性能。移动 Ad-Hoc 网络的拓扑结构动态变化受多方面因素的影响，有些因素是网络本身固有的，如通过调整节点的传输功率和天线方向可以优化网络的拓扑结构，提高网络的性能和增强整体网络的抗毁性。另外，还有一些因素是我们不能改变的。如节点的随机移动导致网络拓扑结构的动态变化，因为节点的移动性是很难预测的，如节点的运动速度是怎样的，大小和方向都应该考虑。再者，考虑环境因素如天气、地形或外界的干扰，我们都将无法控制自然因素，只是尽量减小环境干扰对网络整体性能的影响。综上所述，拓扑控制技术就是控制可控因素的变化，通过控制节点的广播域和链路的建立，使网络整体拓扑结构满足各种性能的要求。

当前 Ad-Hoc 网络多采用分级结构，在分级结构中，网络被分成多个簇，每个簇由一个簇首和多个簇成员组成，簇首可以随机分配，也可以利用相应的分簇算法进行簇首的选举。这些簇首形成了高一级的网络，在高一级网络中，又可以分簇，再次形成更高一级的网络，直至最高级。每个簇的簇首管理和维护簇内成员节点，簇间的节点通过簇首和网关节点进行通信，所以每个簇的簇首可能成为簇内的瓶颈节点。在分簇结构的网络中，簇成员的功能比较简单，不需要维护复杂的路由信息，大大减少了网络中路由控制消息的数量，因此分级结构也具有很强的抗毁性。网络分级结构的分级结构网络拓扑控制如图 7.30 所示。

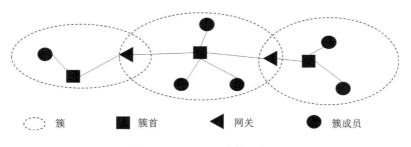

簇　　　　　簇首　　　　网关　　　　簇成员

图 7.30　Ad-Hoc 分簇示意图

拓扑控制可以采用分层的拓扑控制算法，即通过分簇使网络拓扑结构具有整体的抗毁性和稳定性。层次型拓扑控制机制利用分簇算法的思想，通过不同的簇首选举算法，让一些节点作为簇首节点，由簇首节点形成一个处理和管理普通节点并且转发节点的数据信息的骨干网，其他暂不工作的非骨干网节点可以关闭通信模块进入休眠状态，这样可以节省能量。

常用的分簇方法包括以下几种。

1) 最小 ID 分簇算法

此算法的核心思想是，首先分配给每个节点唯一的 ID，然后比较相邻节点的 ID，选择 ID 最小的节点成为簇首，而其余的一跳邻居节点不再参与簇首的选择过程，直接作为簇内的成员节点。这时，最小 ID 的节点作为簇首具有处理和管理簇内成员节点的功能。此算法最大的优点是计算简单和实现方便，在移动的情况下，簇首节点更新频率较慢。但是算法倾向选择 ID 较小的节点作为簇首，因此 ID 较小的节点就会比其他节点消耗的能量多，导致网络出现分割。并且，此算法没有考虑平衡负载等因素。

2) 最高节点度分簇算法

最高节点度分簇算法的基本思想是借鉴了 Internet 中选择路由节点的方法，即尽量减少路由节点的数目，其目标是提高网络的控制能力以便于减少簇的数目。此算法是比较相邻节点中的节点度，选择具有最高节点度的节点作为簇首，如果节点度相同时，则选择 ID 最小的节点作为簇首。此算法的优点是，网络中生成簇的数目较少，减少了信道空间利用率。此算法的缺点是，当簇内节点的数量较多时，每个节点的吞吐量将随之下降，系统的性能也随之降低。另外，如果节点的移动性较强，更新簇首的频率就会急剧上升，整个网络的结构就会变得不稳定。所以此算法适用于节点移动性较弱和密度较低的场合。

3) 最低节点移动性分簇算法

因为 Ad-Hoc 网络的节点是随机移动的，在某一时刻依据某一分簇算法分好的簇随着节点的移动，簇的结构会变得不稳定，为了提高簇结构的稳定性，可以根据节点的移动性分簇算法为网络中的节点分簇，算法规定，节点的移动性越低，其选择该节点成为簇首的概率越大，节点的权重越大。在这种分簇算法中，需要一种定量描述节点移动性的方法。一种简单的方法就是通过 GPS 获得节点的位置，然后规定网络中任意两个节点的相对移动性是相对速度绝对值的时间平均。但是这种方法也有一定的缺陷，因为并不是在所有的条件下都可以用 GPS 来探测节点所在的位置，而且利用 GPS 并不能真实地反映一个节点相对于其他邻居节点的运动状态，所以为了准确地描述节点的移动性，可以采用本地移动性量化指标，即节点向其他邻居节点连续两次发送信号，那么节点之间相对移动性衡量指标的定义是比较邻居节点接收到的两次传输信号的强度。当节点的移动性较强时，因为最低节点移动性算法倾向选择移动性低的节点作为簇首，减少了簇首的更新频率。但是节点权重的更新比较频繁，这会导致簇首计算量较大。况且，算法没有考虑网络中节点的能量消耗和平衡负载等问题。

4) 考虑簇首负载和簇稳定度的分簇算法

单个节点的能量消耗问题影响着网络总的生命周期，随之带来的问题是网络可生存性问题，解决这个问题最好的办法就是充分利用节点自身的能量，可以考虑实施负载平衡策略，网络中每个节点都能公平地充当簇首，不会因为长时间作为簇首的节点过度消耗能量使网络的生存周期变短,所以需要设计可以平衡负载的分簇算法。在平衡节点 ID 算法中,算法考虑节点作为簇首的时间并规定时间阈值,如果超过了这一阈值,则该节点就会放弃作为簇首,重新利用算法选择适宜作为簇首的节点充当簇首,在平衡节点度算法中,节点需要维护当前两个本地变量(节点度和选举度),选举度是节点被选择作为簇首时的邻居节点的个数。在算法运行过程中,簇首节点首先计算此时的节点度与选举度之差,如果算出差值的绝对值超过了所设置的门限值,簇首节点就成为普通成员节点,否则该节点继续充当簇首。实验证明,此分簇算法可以平衡负载的能量消耗进而提高簇结构的稳定性。

除了以上四种基本分簇方法,还有综合考虑资源和处理能力的制约,基于实际需要和运作环境做出合理的折中的自适应算法等,但这一类算法较复杂,一般运算复杂度较高。

7.5.2　移动自组织网络的路由技术

1. 移动自组织网络路由技术分类

路由是一种决定如何形成路由表并根据路由表为数据分组转发规划线路的技术。路由表维护着相连节点、新加入节点以及邻居节点的信息,以便源节点随时向目的节点发送消息。至今,与移动 Ad-Hoc 网络相关的路由协议有很多,依据不同的方法能够分成不同的类型。以下是几种常见的分类方式。

1)根据拓扑结构分类

根据路由协议所适应的网络拓扑构造的差异,我们能够把自组织网络路由协议分成平面结构的与分层结构的。

在平面结构的路由协议里,移动 Ad-Hoc 网络中的每个移动节点的地位没有差别,没有所谓的中心节点,管理其移动性来说相对简单,但是网络的扩展性相对来说不是很好。这一类协议有 DSDV 协议、DSR 协议等。

在分层的路由协议里,移动 Ad-Hoc 网络中的节点被分成了两类:一类是群首节点,另一类是普通的节点。这两类节点地位是不相同的。每个节点的功能也有不同之处。分层构造的路由协议层与层之间是不重叠的三维构造。此种协议主要用于解决大规模网络里节点维护整个网络拓扑信息困难的问题。能够提升网络的扩展性,它会对参与路由计算的节点数目进行限制,从而降低计算的复杂度。

2)根据路由发现方式分类

根据节点获取路由信息方式的差异,我们能够将路由算法分成表驱动路由和按需式路由两大类。在某些特殊情况下,以上两种算法我们都会用到,用一种算法去弥补另外一种算法的不足,通常把这种用到两种算法的路由称作混合路由。

表驱动路由的另一个名字是先验式路由,这种路由协议的基本原理就是让网络中任意一个节点所存储的路径消息时刻保持一致性。如此能够加快路由的发现过程,也能够让路由更新在路径维护的过程中更迅速地完成。为了让这个功能得以实现,网络中的全部节点都要维护很多通往其余节点的路由消息表,这样必然要求全部的节点都有较高的存储能力。

表驱动路由的缺点在于:只适合小规模的网络,此路由会加大网络的控制开销,因为如果节点使用了这种路由协议,那么节点必须固定时间对路由消息进行交换,也会降低网络的扩展性。因为上述不足的存在,自然而然就有了按需式路由协议。

按需式路由协议的另一个名字是反应式路由协议。与表驱动路由协议有所不同,这种协议的原则就是如果没有信息要发送的时候,节点不会开启路由发现过程。典型的代表有AODV 路由协议。此协议能够减少网络控制方面的开销,因为任何节点都没必要在固定时间内与其余节点进行信息的交换,不需要时刻对路由消息进行维护,对此信息也没必要保存。但因这种路由协议每次在发送数据之前都需要开启路由发现过程,虽控制了开销,但路由时延比较大。因而端与端之间的延时会加大。

混合式类型的路由协议是以上两种类型的结合,具有以上两种协议的特点,区域路由协议(Zone Routing Protocol,ZRP)是其中代表性的协议。在此协议中,如果节点在领域内,采用第一种协议;反之采用第二种协议。这样的处理方式会减少网络资源的浪费,对于领域内的节点,延时会降低,对于领域外的节点,开销会降低。这样网络性能会提升不少。

三种路由协议的对比如表 7.1 所示。

表 7.1　三种路由协议的对比

对比参数	表驱动路由协议	按需式路由协议	混合式路由协议
路由信息交换方式	主动	被动	两种皆有
网络构造	完全分布式构造	完全分布式构造	分层分布式构造
适应范围	网络拓扑变化小	网络拓扑变化大	都适合
网络开销	高	低	中等
路由信息维护机制	周期性的更新	有需要时才维护	两种皆有

2. 典型路由技术介绍

1) DSDV(Destination Sequenced Distance Vector)协议

DSDV 路由协议是一种无环路距离向量路由协议,也是表驱动路由协议,它是传统的路由协议的改进,是基本算法的延伸,它通过利用保存在每一个终端上的路由表在各终端之间传送数据报。在每一个终端,路由表保存了所有可能到达的节点和到达每个目的节点的跳数,以及下一跳的终端标识等信息。为了动态维护路由表,每一个终端周期性地广播更新信息,通常是每隔几秒一次。但是当获得重大的网络拓扑信息时,就会立即传输更新信息。每一段路程的目的节点产生路由序列号。这个路由序列号用来标识路由在时间上的新旧。路由序列号越新,路由就越容易在当前数据传送的决策中被采用,但并不需要广播到其他的终端。每一次,当某个终端发送一个更新的信息给相邻终端时,它的现有序列号就增加。接收方在更新之前对路径长度值加一个增量。

除此之外,每一个终端还承担中继数据报至其他终端的任务。这种合作机制使得决定最短跳数的路径变得更加必要,在路由决策中要尽可能地避免打搅处于休眠状态的终端,因为它可能是暂时无法通信的。如果有一个通告说明网络当中有一个终端可以到达其他所有的终端,整个网络就可以如同有中心基站的网络一样运作,一切就变得简单许多。

在 DSDV 中,每个移动节点都需要维护一个路由表。路由表表项包括目的节点、跳数和目的地序号,其中,目的地序号由目的节点分配,主要用于判别路由是否过时,并可防止路由环路的产生。每个节点必须周期性与邻节点交换路由信息,当然也可以根据路由表的改变来触发路由更新。路由表更新有两种方式，一种是全部更新，即拓扑更新消息中将包括整个路由表，主要应用于网络变化较快的情况。另一种方式是部分更新，更新消息中仅包含变化的路由部分，通常适用于网络变化较慢的情况。在 DSDV 中只使用序列号最高的路由，如果两个路由具有相同的序列号，那么将选择最优的路由(如跳数最少)。

2) DSR(Dynamic Source Routing) 协议

DSR 是一种按需式路由协议，当需要发送消息时才进行路由计算，从而避免了表驱动路由协议周期地发送路由控制报文带来的开销。网络中每个节点均维护一个路由缓冲器，记录从此节点可达的目标节点的路径信息。协议的主要过程如下。

(1)路由发现过程。当发送报文时，若没有可用的路由信息，源节点发起一次路由发现过程。节点使用扩展环的搜索方法向网络中其他节点广播一个路由请求报文，由目的端或相应有效的路由信息的中间节点返回路由应答报文。为了限制路由请求分组的传播数目，只有当收到的分组信息是最新的且路由记录中没有节点地址时，节点才处理之。在收到的路由请求分组的路由记录中已包含源节点到此节点的节点序列，当目的节点进行应答时，它将路由记录信息从路由请求分组中复制到应答分组中，若是中间节点的应答，则将缓存中到目的节点的路由附加到路由请求分组后，再放入应答分组中。在返回应答过程中，先检查路由缓存中是否有到源节点的路由，若网络链路是对称的，则可采用反向解析获得，否则，节点必须发起新的路由发现过程去获得到信源的路由。

(2)路由维护过程。当节点发送或者转发一个报文失败时，认为链路中断，此时节点将向源节点返回一个路由出错报文，使得路径上的节点将中断的链路从路由缓冲器中删除。源节点使用其他的有效路径发送报文或发起路由发现过程来获得目标节点的路径，在路由维护机制中，采用两种分组信息：路由差错分组和确认路由分组。当数据链路出现致命的传播问题时，会产生一个路由差错分组，节点收到此分组后，从其路由缓存中删除出错的路由跳数，所有包括此出错跳数的路由都将被截去此段。确认分组用于识别当前路由链路是否正确运行。不过也存在以下的一些缺点，当一跳链路中断时，所有包含此链路的路由均将失效，由于链路状态的更新不是在全网范围内进行的，因此存在过时路由的问题。在数据流突发性较强的情况下，按需的链路中断检测方式可能会带来较大的丢失率。节点侦听相邻节点发送的消息中的源由信息，加大了节点的处理开销。另外，这种源路由方式也增加了报文头的开销。

3) ZRP 路由

ZRP 是第一个利用分簇结构混合使用按需式和主动路由策略的自组网路由协议。在 ZRP 中，簇被称作域。域形成算法较为简单，它通过区域半径以跳数为单位参数指定每个节点维护的区域大小，即所有距离不超过区域半径的节点都属于该区域。一个节点可能同时从属于多个区域。为了综合利用按需式路由和主动路由的各自优点，规定每个节点采用基于距离矢量算法的主动路由协议来维护区域内节点的路由，而采用类似于协议中的按需式路由机制寻找去往区域外节点的路由。

协议的性能很大程度上由区域半径参数值决定。通常，小的区域半径适合在移动速度较快的节点组成的密集网络中使用，大的区域半径适合在移动速度慢的节点组成的稀疏网络中使用。

7.6　典型无线网络

7.6.1　LTE

3G 系统曾在世界上的很多国家与地区得到广泛的应用。为应对 WiMax 技术的挑战，3GPP 在 GSM 与通用移动通信系统(Universal Mobile Telecom System，UMTS)家族的基础上，开始了 UMTS 技术的长期演进(Long Term Evolution，LTE)技术的研究。这项受人瞩目的技术被称为"演进型 3G"(Evolved 3G，E3G)，以 OFDM 作为核心技术。由于已经具有某些 4G 特征，E3G 与 3GPP2 AIE(空中接口演进)、WiMax 以及最新出现的 IEEE 802.20 MBFDD/MBTDD 等甚至可以看作"准 4G"技术。

无线通信从 2G、3G 到 3.9G 的发展过程，是从移动语音业务发展到高速业务的过程。在 3GPP 标准的演进过程中，第二代的 GSM/GPRS/EDGE 家族是基于时分与频分多址技术；第三代的 UMTS 开始发展码分多址技术，因其载波的带宽有 5MHz，故又称为宽带 CDMA(WCDMA)；最后的 LTE 采用 OFDM 技术。目前，OFDM 技术已经在各种移动无线通信标准的技术演进中起到主导作用。

UMTS 在早期的版本规范中已经扩展了 HSDPA(高速下行分组接入)与 HSUPA(高速上行分组接入)，二者统称为 HSPA(高速分组接入)。HSPA 在 Release 7 版本中又采用了高阶调制技术与 MIMO 技术，从而得到进一步的增强(称为 HSPA+)。HSPA+在 Release 8 版本中又得到了进一步的增强。

LTE 继承了 HSPA 与 HSPA+的技术发展，同时又能够采用最先进的技术，不必受到后向的兼容性以及 5MHz 带宽的限制。但 LTE 的发展必须满足频谱部署的灵活性等方面的新需求。目前，LTE 由于选择了大量的新技术，至少在物理层已难以保持从 UMTS 的平滑过渡。

1. 技术特征

3GPP 从"系统性能要求""网络的部署场景""网络架构""业务支持能力"等方面对 LTE 进行了详细的描述。与 3G 相比，LTE 具有如下的技术特征。

(1)提高了通信速率：下行峰值速率为 100Mbit/s、上行为 50Mbit/s。

(2)提高了频谱效率：下行链路 5(bit/s)/Hz，是 Release 6 版本 HSDPA 的 3~4 倍；上行链路 2.5(bit/s)/Hz，是 R6 版本 HSU-PA 的 2~3 倍。

(3)以分组域业务为主要目标：系统在整体架构上将基于分组交换。

(4)QoS 保证：通过系统设计和严格的 QoS 机制，保证实时业务(如 VoIP)的服务质量。

(5)系统部署灵活：能够支持 1.25~20MHz 的多种系统带宽，并支持"paired"和"unpaired"的频谱分配，保证了未来在系统部署上的灵活性。

(6)降低无线网络时延：子帧长度为 0.5ms 和 0.675ms，解决了向下兼容的问题，并降低了网络时延，时延可达 U-plan<5ms，C-plan<100ms。

(7)增加了小区边界比特速率：在保持目前基站位置不变的情况下，增加了小区边界比特速率。如 MBMS(多媒体广播和组播业务)在小区边界可提供 1(bit/s)/Hz 的数据速率。

(8)强调向下兼容:支持已有的 3G 系统和非 3GPP 规范系统的协同运作。

与 3G 相比,LTE 更具技术优势,具体体现在:高数据速率、分组传送、延迟降低、广域覆盖和向下兼容。

2. LTE 演进路线

LTE 项目是 3G 的演进,它改进并增强了 3G 的空中接入技术,采用 OFDM 和 MIMO 作为其无线网络演进的唯一标准。在 20MHz 频谱带宽下能够提供下行 100Mbit/s 与上行 50Mbit/s 的峰值速率。改善了小区边缘用户的性能,提高了小区容量和降低了系统延迟。3GPP LTE 项目的主要性能目标包括:在 20MHz 频谱带宽能够提供下行 100Mbit/s、上行 50Mbit/s 的峰值速率;改善小区边缘用户的性能;提高小区容量;降低系统延迟,用户平面内部单向传输时延低于 5ms,控制平面从睡眠状态到激活状态迁移时间低于 50ms,从驻留状态到激活状态的迁移时间小于 100ms;支持 100km 半径的小区覆盖;能够为 350km/h 高速移动用户提供大于 100Kbit/s 的接入服务;支持成对或非成对频谱,并可灵活配置 1.25~20MHz 多种带宽。

LTE 长期演进是 GSM 阵营到现在商业化比较广泛的网络。演进路线为:GSM—GPRS—EDGE—WCDMA—HSPA—HSPA+—LTE。

传输速度分别如下。

(1)GSM:9.6Kbit/s。

(2)GPRS:171.2Kbit/s。

(3)EDGE:384Kbit/s。

(4)WCDMA:384Kbit/s~2Mbit/s。

(5)HSDPA:14.4Mbit/s;HSUPA:5.76Mbit/s。

(6)HSDPA+:42Mbit/s;HSUPA+:22Mbit/s。

(7)LTE:300Mbit/s。

3. LTE 传输方案

1)下行传输方案

LTE 下行传输方案采用传统的带循环前缀(CP)的 OFDM,每一个子载波占用 15kHz,循环前缀的持续时间为 4.7/16.7μs,分别对应短 CP 和长 CP。为了满足数据传输延迟的要求(在轻负载的情况下,用户面延迟小于 5ms),LTE 系统必须采用很短的交织长度(TTI)和自动重传请求(ARQ)周期。因此,在 3G 中的 10ms 无线帧被分成 20 个同等大小的子帧,长度为 0.5ms。

下行数据的调制主要采用 QPSK、16QAM 和 64QAM 这 3 种方式。广播业务采用了一种独特的分层调制(Hierarchical Modulation)方式。分层调制的思想是:在应用层,将一个逻辑业务分成两个数据流,一个是高优先级的基本层,另一个是低优先级的增强层;在物理层,这两个数据流分别映射到信号星座图的不同层。由于基本层数据映射后的符号距离比增强层的符号距离大,因此基本层的数据流可以被远离基站或靠近基站的用户接收,而增强层的数据流只能被靠近基站的用户接收。也就是说,同一个逻辑业务可以在网络中根据信道条件的优劣提供不同等级的服务。

在目前的研究阶段，主要还是沿用 R6 的 Turbo 编码作为 LTE 信道编码（例如，在系统性能评估中）。但是，很多公司也在研究其他的编码方式，并期望被引入 LTE 中，如低密度奇偶校验（LDPC）码。在大数据量的情况下，LDPC 码可获得比 Turbo 码更高的编码增益，在解码复杂度上也略有减小。

MIMO 技术是 WCDMA 增强的一个重要特性。而在 LTE 中，MIMO 被认为是达到用户平均吞吐量和频谱效率要求的最佳技术。下行 MIMO 天线的基本配置是，在基站设两个发射天线，在 UE 设两个接收天线，即 2×2 的天线配置。也可以考虑采用更高的下行配置，如 4×4 的 MIMO。开环发射分集和开环 MIMO 在无反馈的传输中可以被应用，如下行控制信道和增强的广播多播业务。

虽然宏分集技术在 3G 时代扮演了相当重要的角色，但在 HSDPA/HSUPA 中已基本被摒弃。即便是在最初讨论过的快速小区选择（FCS）的宏分集，在实际的规范中也没有定义。LTE 沿用了 HSDPA/HSUPA 的思想，即只通过链路自适应和快速重传来获得增益，同时放弃了宏分集这种需要网络架构支持的技术。在 2006 年 3 月的 RAN 总会上，确认了 E-UTRAN 中不再包含 RNC 节点。因而除广播业务外，在 LTE 中不再考虑采用需要"中心节点"（如 RNC）进行控制的宏分集技术。但是对于多小区的广播业务，需要通过无线链路的软合并获得高信噪比。在 OFDM 系统中，由于信号到达 UE 天线的时刻都处于 CP 窗之内，软合并可以通过 RF 合并来实现，这种合并不需要 UE 有任何操作。

LTE 采用 OFDMA 作为下行多址技术方案。与 CDMA 不同，OFDMA 无法通过扩频方式消除小区间的干扰。为了提高频谱效率，也不能简单地采用如 GSM 中复用因子为 3 或 7 的频率复用方式。因此，在 LTE 中，非常关注小区间干扰消除技术。小区间干扰消除途径有 3 种，即干扰随机化、干扰消除和干扰协调/避免。另外，在基站采用波束成形天线的解决方案也可以看成下行小区间干扰消除的通用方法。干扰随机化可以采用如小区专属的加扰和小区专属的交织，后者即大家所知的交织多址（IDMA）；此外，还可采用跳频方式。干扰消除则讨论了采取如依靠 UE 多天线接收的空间抑制和基于检测/相减的消除方法。而干扰协调/避免则普遍采取一种在小区间以相互协调来限制下行资源的分配方法，如通过对相邻小区的时-频域资源和发射功率分配的限制，获得在信噪比、小区边界数据速率和覆盖方面的性能提升。

2）上行传输方案

上行传输方案采用带循环前缀的 SC-FDMA，使用 DFT 获得频域信号，然后插入零符号进行扩频，扩频信号再通过 IFFT。这个过程简写为 DFT-SOFDM。这样做的目的是上行用户能够在频域上相互正交，在接收机一侧则可以得到有效的频域均衡。

子载波映射决定了哪一部分频谱资源会被用来传输上行数据，而其他部分则被插入若干个零值。频谱资源的分配有两种方式：一是局部式传输，即 DFT 的输出映射到连续的子载波上；另一个是分布式传输，即 DFT 的输出映射到离散的子载波上。相对于前者，分布式传输可以获得额外的频率分集。上行调制主要采用 $\pi/2$ 位移 BPSK、QPSK、8PSK 和 16QAM。与下行相同，上行信道编码还是沿用 R6 的 Turbo 编码。其他方式的前向纠错编码正在研究之中。

上行单用户 MIMO 天线的基本配置，也是在 UE 有两个发射天线，在基站有两个接收天线。在上行传输中，LTE 采用了一种虚拟（Virtual）MIMO 的特殊技术。通常是 2×2 的虚拟 MIMO，两个 UE 各自有一个发射天线，并共享相同的时-频域资源。这些 UE 采用相互正交的参考信号图谱，以简化基站的处理。从 UE 的角度看，2×2 虚拟 MIMO 与单天线传输的不同之处仅仅在于，参考信号图谱的使用必须与其他 UE 配对。但从基站的角度看，确实是一个 2×2 的 MIMO 系统，接收机可以对这两个 UE 发送的信号进行联合检测。

　　HARQ 在基本的物理层技术中，LTE 采用了链路自适应和混合 ARQ(HARQ)策略，以适应基于数据包的快速数据传输。

　　链路自适应即自适应调制编码，可以在共享信道上应用不同的调制编码方式以适应不同的信道变化，获得最大的传输效率。将编码和调制方式变化组合成一个列表，E-Node B 根据 UE 的反馈和其他一些参考数据，在列表中选择一种调制速率和编码方式，应用于层 2 的协议数据单元，并映射到调度分配的资源块上。上行链路自适应用于保证每个 UE 的最小传输性能，如数据速率、误包率和响应时间，从而获得最大化的系统吞吐量。上行链路自适应可以结合自适应传输带宽、功率控制和自适应调制编码的应用，分别对频率资源、干扰水平和频谱效率这 3 个性能指标做出最佳调整。

　　为了获得正确无误的数据传输，LTE 仍采用前向纠错编码(FEC)和自动重复请求(ARQ)结合的差错控制，即混合 ARQ(HARQ)。HARQ 应用增量冗余(IR)的重传策略，而 chase 合并(CC)实际上是 IR 的一种特例。为了易于实现和避免在等待反馈消息时浪费时间，LTE 仍然选择 N 进程并行的停等协议(SAW)，在接收端通过重排序功能对多个进程接收的数据进行整理。HARQ 在重传时刻上可以分为同步 HARQ 和异步 HARQ。同步 HARQ 意味着重传数据必须在 UE 确知的时间即刻发送，这样就不需要附带 HARQ 处理序列号，如子帧号。而异步 HARQ 则可以在任何时刻重传数据块。从是否改变传输特征来划分，HARQ 又可以分为自适应和非自适应两种。目前来看，LTE 倾向采用自适应的异步 HARQ 方案。

4. TD-LTE

　　从技术角度讲，3GPP 长期演进技术路线仍然存在 FDD 和 TDD 之分，它们分别是由 WCDMA 和 TD-SCDMA 演进而来，后者即 TD-LTE。

　　TD-SCDMA 是我国提出的 3G 国际标准，具有独立的知识产权。其后续演进技术 TD-LTE 同样有着举足轻重的作用，TD-LTE 不仅可以成为 TD-SCDMA 发展和演进的保障，而且也为我国成功实施"新一代宽带无线移动通信网"国家重大专项计划奠定了基础。TD-SCDMA 向 LTE 的演进路线如下：先在 TD-SCDMA 的基础上采用单载波的 HSDPA 技术，将速率提升到 2.8Mbit/s；而后采用多载波的 HSDPA，进一步将速率提升到 8.2Mbit/s；在接下来的 HSPA+阶段，速率将超过 10Mbit/s，并继续逐步提高上行接入能力；最后从 HSPA+演进到 TD-LTE。2007 年 11 月，3GPP 工作组会议通过 TD-LTE 融合技术提案。基于 TD-SCDMA 的帧结构模式统一了已有的两种 TDD 模式的延续标准。并且在国际标准中，TD-LTE 也尽量与 LTE FDD 相融合。这些都为 TD-LTE 的发展打下了良好的基础。

　　与 LTE FDD 相比，TD-LTE 在帧结构、物理层技术、无线资源配置等方面都具有自己独特的技术优势。

1)频谱配置

　　频段资源是无线通信中最宝贵的资源，随着移动通信的发展，多媒体业务对频谱的需求日益增加。现有的通信系统 GSM900 和 GSM1800 均采用 FDD 双工方式，而 FDD 双工方式占用了大量的频段资源。同时，由于 FDD 不能使用一些零散的频谱资源，造成了闲置和浪费。由于 TD-LTE 系统无须成对的频率，在 LTE FDD 系统不易使用的零散频段上可以方便地进行配置，具有一定的频谱灵活性，能有效提高频谱利用率。

另外，中国已经为 TDD 划分了 155MHz 的频段，为 TD-LTE 的应用创造了条件。因此，在频段资源方面，TD-LTE 系统比 LTE FDD 系统具有更大的优势。

2）支持非对称业务

在第三代以及未来的移动通信系统中，除了提供语音业务外，数据和多媒体业务也将成为主要内容。其中，上网、文件传输和多媒体业务通常具有上下行不对称的特性。

TD-LTE 系统在支持不对称业务方面具有一定的灵活性。根据 TD-LTE 帧结构的特点，TD-LTE 系统可以根据业务类型灵活配置帧的上下行配比。如浏览网页、视频点播等业务，下行数据量明显大于上行数据量，系统可以根据对业务量进行的分析，将下行帧的配置多于上行帧，如 6DL∶3UL、7DL∶2UL、8DL∶1UL、3DL∶1UL 等。而在提供传统的语音业务时，系统可以将下行帧和上行帧配置相等，如 2DL∶2UL。

在 LTE FDD 系统中，非对称业务对上行信道的资源利用存在一定的浪费，必须采用高速分组接入（HSPA）、EVDO 和广播/组播等技术。相对于 LTE FDD 系统，TD-LTE 系统能够更好地支持不同类型的业务，不会造成资源的浪费。

3）智能天线的使用

智能天线技术是未来无线技术的发展方向，它能降低多址干扰，增加系统的吞吐量。在 TD-LTE 系统中，上下行链路使用相同频率，且间隔时间较短，小于信道相干时间，同时链路的无线传播环境差异较小。因此，在使用赋形算法时，上下行链路可以使用相同的权值。与之不同的是，由于 FDD 系统上下行链路信号传播的无线环境受频率选择性衰落的影响不同，根据上行链路计算得到的权值不能直接应用于下行链路。因而，TD-LTE 系统能有效地降低了移动终端的处理复杂性。

另外，在 TD-LTE 系统中，由于上下行信道一致，基站的接收和发送可以共用部分射频单元，从而在一定程度上降低了基站的制造成本。

4）与 TD-SCDMA 的共存

TD-LTE 系统还有一个 LTE FDD 无法比拟的优势，就是 TD-LTE 系统能够与 TD-SCDMA 系统共存。对现有通信系统来说，目前的数据传输速率已经无法满足用户日益增长的需求，运营商必须提前规划现有通信系统向 B3G/4G 系统的平滑演进。由于 TD-LTE 帧结构是基于我国 TD-SCDMA 的帧结构，能够方便地实现 TD-LTE 系统与 TD-SCDMA 系统的共存和融合。

7.6.2　WiMax 802.16e

全球微波互联结入（Worldwide Interoperability for Microwave Access，WiMax）是一项新兴的宽带无线接入技术，能提供面向互联网的高速连接，数据传输距离最远可达 50km。WiMax 还具有 QoS 保障、传输速率高、业务丰富多样等优点。WiMax 的技术起点较高，采用了代表未来通信技术发展方向的 OFDM/OFDMA、AAS、MIMO 等先进技术。随着技术标准的发展，WiMax 将逐步实现宽带业务的移动化，而 3G 则实现移动业务的宽带化，两种网络的融合程度会越来越高。

WiMax 是一项基于 IEEE 802.16 标准的技术,根据是否支持移动特性,IEEE 802.16 标准可以分为固定宽带无线接入空中接口标准和移动宽带无线接入空中接口标准,其中 IEEE 802.16a、IEEE 802.16d 属于固定宽带无线接入空中接口标准,而 IEEE 802.16e 属于移动宽带无线接入空中接口标准。IEEE 802.16d 是 2~66GHz 固定宽带无线接入系统的标准,IEEE 802.16e 是 2~6GHz 支持移动性的宽带无线接入空中接口标准。

1. WiMax 与 3G 技术的区别

3G 是支持高速无线通信的 ITU 规范。这一遍布全球的无线连接与 GSM、TDMA 和 CDMA 相兼容。下一代 3G 蜂窝服务能够为语音和数据提供一个远程无线接入范围。全球的运营商目前都在为城镇、郊区和交通流量较大的乡村地区部署 3G 网络的基础设施。下一代 3G 蜂窝服务能够横跨多种地域,创建广泛的数据接入范围,从而为语音通信和互联网连接提供最理想的移动计算能力。 IEEE 802.16e 自提出以来一直都比较引人关注,特别是其背后拥有 Intel 这样的业界巨头。在 WiMax 组织的推动下,业界对 IEEE 802.16e 展开了热烈的讨论,尤其是 IEEE 802.16e 与 3G 的关系,这其中有许多不同的观点:有的观点认为 IEEE 802.16e 会取代 3G;有的则认为 IEEE 802.16e 不可能取代 3G,其只是 3G 的互补技术。

1)标准化程度

IEEE 802.16e 仅定义了空中接口的物理层和 MAC 层。在 MAC 层之上采用的协议以及核心网部分不在 IEEE 802.16e 所包含的范围之内。3G 技术作为一个完整的网络,空中接口规范、核心网系列规范以及业务规范等都已经完成了标准化工作,具体工作涉及无线传输、移动性管理、业务应用、用户号码管理等内容。

2)业务能力

802.16e 提供的主要是具有一定移动特性的宽带数据业务,面向的用户主要是笔记本终端和 802.16e 终端持有者。802.16e 接入 IP 核心网,也可以提供 VoIP 业务。从设计之初,3G 就是为话音业务和数据业务所共同设计的。对于话音业务,核心网络仍采用电路交换方式实现,QoS 有较高的保障。802.16e 牺牲了移动性,换取了数据传输能力的提高,它的数据带宽优于 3G 系统。但是 3G 的数据能力也在不断地提高,3G 增强型如 HSDPA,已经可以实现 10Mbit/s 的接入速率。按照 ITU 的定义,3G 增强型最终目标可以达到 30Mbit/s。

尽管 WiMax 传输速率可达到 3G 的 10 倍甚至更高,其覆盖范围用低阶调制时可与 3G 匹敌甚至更远,但这不是以无线广域网 WWAN 为基本模式、以公众语音及多媒体数据为内容、在全球范围内漫游的个人手机终端的 3G 标准的基本市场定位。本质上 WiMax 是作为 3G 及 3G 演进的一种无线城域网、多点基站互联的重要支持手段而已,两者潜在的市场尺寸亦也有巨大差异。

3)覆盖范围

802.16e 为了获得较高的数据接入带宽(30Mbit/s),必然要牺牲覆盖和移动性,因此 802.16e 在相当长的时间内将主要解决热点覆盖,网络可以提供部分的移动性,主要应用会集中在游牧或低速移动状态下的数据接入。3G 则是无处不在的网络,覆盖是连续的,用户可以实现不间断的通信。

4) 无线频谱资源

3G 拥有全球统一的频谱资源，而 802.16e 则正在试图寻找 2～6GHZ 的频率资源，各个国家目前可用的频率都不一致。因此，802.16e 最终获得足够的全球统一频率存在一定难度。

从以上各个角度的分析可以看出，虽然 802.16e 在数据能力上要优于 3G，但是从标准化、全球统一频谱、技术特性等多角度考虑，802.16e 距离真正的商用还有很长的路要走，而且在相当长的时间内需要重点解决热点覆盖和部分移动性的问题。

2. WiMax 与 WiFi 技术的区别

无线保真(Wireless Fidelity，WiFi)技术标准包括已经批准的 IEEE 802.11 等系列规范。WiFi 是第一项得到广泛部署的高速无线技术，在全球的热点技术中尤其引人注目。但面对 WiMax 的发展态势，有的舆论就认为 WiMax 将取代 WiFi。当然，也有人认为 WiMax 不会取代 WiFi，双方将在无线接入中互补。

1) 传输范围

WiMax 设计可以在公用的或是私营的无线频段进行网络运作，只要系统企业拥有该无线频段的执照，则在授权频段运作时，WiMax 便可以采用更多频宽、更多时段和更强的功率进行发送。WiFi 只在公用频段中的 2.4～5GHz 工作。美国的联邦通信委员会(FCC)规定 WiFi 的传输功率为 1～100mW。而一般来说，WiMax 的传输功率约为 100kW，所以 WiFi 的功率几乎是 WiMax 的 $1/10^6$，所以 WiMax 的传输距离更远。虽然 WiMax 明显有更远的传输范围，但在使用 WiMax 基地台时必须注意到，要有一个授权的无线电频段才能够使用。而如果 WiMax 跟 WiFi 一样都使用未授权的工作频段，就会失去在传输距离上的优势。在相同条件下，如果让 WiFi 使用授权频带，WiFi 同样也可以跟 WiMax 一样具有较大的传输范围。

2) 传输速度

大多数人都看好 WiMax 的原因是其在传输速度上技术的优势。虽然 WiMax 声称其最高速度为 70MB/s，然而，最新的 WiFi MIMO 在理论上的最高速度也有 108MB/s，在实际环境的测试中的速度也有 45Mbit/s。与其他的无线企业一样，无线 ISP 企业在组建 WiMax 网络的时候，同样会遇到频宽竞争的难题。虽然授权频段的 WiMax 系统涵盖范围极大，有数十公里，但里面会有极多的使用者同时竞争相同的频宽。即使无线 ISP 企业使用多个独立的频道来运作，但同一个频道中，在使用者的数量上还是会数倍于 WiFi。一般来说，无论无线微波企业、3G 行动企业，还是卫星电话企业，同样都会遇到频宽竞争与 QoS(服务品质)管控的问题。如果网络的延迟为 200～2000ms，这种网络就很难使用 VoIP、视讯会议、网络游戏，或任何其他的即时应用服务。理论上可以在 WiMax 上加载 QoS 机制，以供 VoIP 使用。而 WiFi 技术的 QoS 机制相对成熟。在实际的应用上，将公用频段的 WiMax 基地台与 WiFi 基地台两者的速率哪一个设置得更快，取决于商用产品的推出。由于在理论上两者的传输功率与频段大致相同，而且市场上已经有大量成熟的 WiFi 产品，在非授权频段这一领域内，WiFi 已经领先一大步，因此 WiMax 更多是在往无线 ISP 企业的方向上发展。

3) 安全性

从安全性的角度来说，WiMax 实际使用的是与 WiFi 的 WPA2 标准相似的认证与加密的方法。其区别在于：WiMax 的安全机制使用 3DES 或 AES 加密，然后加上 EAP，这种方法称为 PKM-EAP；WiFi 的 WPA2 则是采用典型的 PEAP 认证与 AES 加密。两者的安全性都可以保证。因此在实际中，网络的安全性一般取决于实际组建方式的正确性与合理性。WiMax 技术与 802.16 标准是无线 ISP 企业未来合理的演进方向，但它不是无线网络技术的终极解决方案。WiMax 和其他的无线网络技术将会是互补的，同时这些无线技术也不可能取代对有线技术的需求。无线的连线方式必定更有行动力、更方便，而有线的连线方式一般传输速度更快、更可靠。

4）移动性

从移动业务能力上看，WiMax 的标准之一 802.16e 提供的主要是具有一定移动特性的宽带数据业务，面向的用户主要是笔记本终端和 802.16e 终端持有者。802.16e 接入 IP 核心网，也可以提供 VoIP 业务。但是从覆盖范围上来看，802.16e 为了获得较高的数据接入带宽（30Mbit/s），必然要牺牲覆盖范围和移动性，因此 802.16e 在相当长的时间内将主要解决热点覆盖问题，其网络可以提供部分的移动性，主要应用会集中在游牧或低速移动状态下的数据接入。WiFi 技术也支持一定的移动性，但是不支持两个 WiFi 基地台之间的终端切换，当两个 WiFi 基地台之间处于移动状态时需要重新接入。

3. WiMax 的技术特点

1）链路层

TCP/IP 协议的特点之一是对信道的传输质量有较高的要求。无线宽带接入技术面对日益增长的 IP 数据业务，必须适应 TCP/IP 协议对信道传输质量的要求。在 WiMax 技术的应用条件下（室外远距离），无线信道的衰落现象非常显著。在质量不稳定的无线信道上运用 TCP/IP 协议，其效率可能十分低下。WiMax 技术在链路层加入了 ARQ 机制，减少到达网络层的信息差错，可大大提高系统的业务吞吐量。同时 WiMax 采用天线阵、天线极化方式等天线分集技术来应对无线信道的衰落。这些措施都提高了 WiMax 无线数据传输的性能。

2）QoS 性能

WiMax 可以向用户提供具有 QoS 性能的数据、视频、话音（VoIP）业务。WiMax 可以提供三种等级的服务：CBR（Constant Bit Rate）、CIR（Committed Rate）、BE（Best Effort）。CBR 的优先级最高，在任何情况下，网络操作者与服务提供商都会以高优先级、高速率及低延时为用户提供服务，保证用户订购的带宽；CIR 的优先级次之，网络操作者提供约定的速率，但速率超过规定的峰值时，优先级会降低，还可根据设备带宽资源的情况向用户提供更多的传输带宽；BE 则具有更低的优先级，这种服务类似于传统 IP 网络的尽力而为服务，网络不提供优先级与速率的保证，在系统满足其他用户较高优先级业务的条件下，尽力为用户提供传输带宽。

3）工作频段

整体来说，802.16 工作的频段采用的是不需要授权频段，范围为 2～66GHz。而 802.16a 则是一种采用 2～11GHz 不需要授权频段的宽带无线接入系统，其频道带宽可根据需求在 1.5～20MHz 范围内进行调整。因此，802.16 所使用的频谱可能比其他任何无线技术更加丰富，其具有以下优点：①对于已知的干扰，窄的信道带宽有利于避开干扰。②当信息带宽需求不大时，窄的信道带宽有利于节省频谱资源。③灵活的带宽调整能力，有利于运营商或用户协调频谱资源。

4) 关键技术

无线接入互联网和无线多媒体数据业务的巨大需求推动了无线通信技术的快速发展，通信技术宽带化、IP 化、移动化成为未来的发展趋势。WiMax 技术是以 IEEE 802.16 系列标准为基础的宽带无线接入技术，两年来发展迅速，逐渐成为城域宽带无线接入技术的发展热点。WiMax 的关键技术主要包括以下几个方面。

(1) OFDM / OFDMA。正交频分复用 (OFDM) 是一种高速传输技术，是未来无线宽带接入系统 / 下一代蜂窝移动系统的关键技术之一，3GPP 已将 OFDM 技术作为其 LTE 研究的主要候选技术。在 WiMax 系统中，OFDM 作为物理层技术，主要应用的方向有两个：OFDM 物理层和 OFDMA 物理层。无线城域网 OFDM 物理层采用 OFDM 调制方式，OFDM 正交载波集由单一用户产生，为单一用户并行传送数据流。支持 TDD 和 FDD 双工方式，上行链路采用 TDMA 多址方式，下行链路采用 TDM 复用方式，可以采用 STC 发射分集以及 AAS 自适应天线系统。无线城域网 OFDMA 物理层采用 OFDMA 接入方式，支持 TDD 和 FDD 双工方式，可以采用 STC 发射分集以及 AAS。OFDMA 系统可以支持长度为 2048、1024、512 和 128 的 FFT 点数。通常，向下的数据流被称为逻辑数据流，这些数据流可以采用不同的调制及编码方式，能够以不同的信号功率接入不同信道特征的用户端。向上的数据流子信道采用多址方式接入，通过下行发送的介质接入协议 (MAP) 分配子信道，传输上行数据流。虽然 OFDM 技术对相位噪声非常敏感，但是协议标准定义了 Scalable FFT，可以根据不同的无线环境选择不同的调制方式，以保证系统能够以高性能的方式工作。

(2) HARQ。HARQ 技术因为提高了频谱效率，所以可以明显提高系统吞吐量，同时由于重传可以带来合并增益，所以间接扩大了系统的覆盖范围。在 802.16e 的协议中虽然规定了信道编码方式有卷积码 (CC)、卷积 Turbo 码 (CTC) 和低密度校验码 (LDPC)，但是根据目前的协议，在 802.16e 中只支持 CC 和 CTC 的 HARQ 方式。具体规定为：在 802.16e 协议中，混合自动重传请求 (HARQ) 方法在 MAC 部分是可选的。在网络接入过程或重新接入过程中，HARQ 功能和相关参数是通过消息 SBC 来确定和协商的。HARQ 是基于每个连接的，它可以通过消息 DSA / DSC 来确定每个服务流是否具有 HARQ 的功能。

(3) AMC。AMC 在 WiMax 的应用中有其独特的技术要求。由于 AMC 技术需要根据信道条件来判断采用何种编码方案和调制方案，所以 AMC 技术必须根据 WiMax 的技术特征来实现 AMC 功能。与 CDMA 技术不同的是，由于 WiMax 物理层采用的是 OFDM 技术，所以为了调整系统编码调制方式，达到系统瞬时最优性能的目的，在 AMC 算法中，必须要考虑时延扩展、多普勒频移、PAPR 值、小区的干扰等对于 OFDM 解调性能有重要影响的信道因素。WiMax 标准定义了多种编码调制模式，包括卷积编码、分组 Turbo 编码 (可选)、卷积 Turbo 码 (可选)、零咬尾卷积码 (ZeroTailbaiting CC) (可选) 和 LDPC (可选)。对应不同的码率，主要有 1 / 2、3 / 5、5 / 8、2 / 3、3 / 4、4 / 5、5 / 6 等。

(4) MIMO。对于未来移动通信系统而言，如何能够在非视距和恶劣信道下保证高的 QoS 是一个关键问题，也是移动通信领域的研究重点。对于 SISO 系统，如果要满足上述要求就需要较多的频谱资源和复杂的编码调制技术，而有限的频谱资源和终端的移动特性都制约着 SISO 系统的发展，所以 MIMO 是未来移动通信的关键技术。MIMO 技术主要有两种表现形式，即空间复用和空时编码。这两种形式在 WiMax 协议中都得到了应用。协议还给出了同时使用空间复用和空时编码的形式。MIMO 技术正在被开发应用到各种高速无线通信系统中，但是到目前为止还少有成熟的产品出现。在 MIMO 技术的研发和实现上，仍然需要一段时间才能够取得突破。支持 MIMO 是协议中的一种可选方案，协议对 MIMO 的定义已经比较完备了。MIMO 技术能显著地提高系统的容量和频谱利用率，可以大大提高系统的性能，未来会被多数设备制造商所支持。

（5）QoS 机制。在 WiMax 标准中，MAC 层定义了较为完整的 QoS 机制。MAC 层针对每个连接可以分别设置不同的 QoS 参数，包括速率、延时等指标。WiMax 系统所定义的 4 种调度类型只针对上行的业务流。对于下行的业务流，根据业务流的应用类型只有 QoS 参数的限制（不同的应用类型有不同的 QoS 参数限制）而没有调度类型的约束，因为下行的带宽分配是由 BS 中 Buffer 中的数据触发的。这里定义的 QoS 参数都是针对空中接口而言的，而且是这 4 种业务中必要的参数。

（6）睡眠模式。802.16e 协议为了适应移动通信系统的特点，增加了终端睡眠模式：Sleep 模式和 Idle 模式。Sleep 模式的目的在于减少 MS 的能量消耗并降低对服务 BS 空中资源的使用。Sleep 模式是 MS 在预先协商的指定周期内暂时中止服务 BS 服务的一种状态。从服务 BS 的角度观察，在这种状态下的 MS 处于不可用（Unavailability）状态。Idle 模式为 MS 提供了一种比 Sleep 模式更为省电的工作模式，在进入 Idle 模式后，MS 只是在离散的间隔时间内，周期性地接收下行广播数据（包括寻呼消息和 MBS 业务），并且在穿越多个 BS 的移动过程中，不需要经历切换和网络重新进入的过程。Idle 模式与 Sleep 模式的区别在于：Idle 模式下 MS 没有任何连接，包括管理连接，而 Sleep 模式下 MS 有管理连接，也可能存在业务连接；Idle 模式下 MS 跨越 BS 时不需要进行切换，Sleep 模式下 MS 跨越 BS 需要进行切换，所以 Idle 模式下 MS 和基站的开销都比 Sleep 要小；Idle 模式下 MS 定期向系统登记位置，Sleep 模式下 MS 始终和基站保持联系，不用登记。

（7）切换技术。IEEE 802.16e 标准规定了一种必选的切换模式，在协议中简称 HO（Handover），实际上就是我们通常所说的硬切换。除此以外还提供了两种可选的切换模式：MDHO（宏分集切换）和 FBSS（快速 BS 切换）。WiMax802.16e 中规定必须支持的是硬切换，协议中称为 HO。移动台可以通过当前服务 BS 的广播消息，或者通过请求分配扫描间隔以及睡眠间隔，对邻近的基站进行扫描和测距，以此来获得相邻小区的信息，并对其进行评估，寻找潜在的目标小区。切换既可以由 MS 决策发起，也可以由 BS 决策发起。在进行快速基站切换（FBSS）时，MS 只与固定 BS 进行通信。所谓快速是指不用执行 HO 过程中的步骤就可以完成从一个 Anchor BS 到另一个 Anchor BS 的切换。进行宏分集切换（MDHO）时，MS 可以同时在多个 BS 之间发送和接收数据，这样可以获得分集合并增益以改善信号质量。对于 MS 和 BS 来说，MDHO 模式和 FBSS 模式是可以选择使用的。

4. WiMax 技术的优缺点

1）优势
WiMax 之所以能引发各厂商浓厚的兴趣，原因在于其自身具有许多优势。
优势之一：实现更远距离的传输。
WiMax 所能实现的 50km 无线信号传输距离是无线局域网所不能比拟的，网络覆盖面积是 3G 发射塔的 10 倍，只要少数基站建设就能实现全城覆盖，这样就使得无线网络应用的范围大大扩展。

优势之二：提供更高速的宽带接入。

在目前实际的产品中，WiMax 所能提供的最高接入速度是 70Mbit/s，这个速度是 3G 所能提供的宽带速度的 30 倍。

优势之三：提供优良的最后一公里网络接入服务。

作为一种无线城域网技术，它可以将 WiFi 热点连接到互联网，也可作为 DSL 等有线接入方式的无线扩展，实现最后一公里的宽带接入。WiMax 可为 50km 线性区域内提供服务，用户无需线缆即可与基站建立宽带连接。

优势之四：提供多媒体通信服务。

由于 WiMax 较 WiFi 具有更好的可扩展性和安全性，从而能够实现电信级的多媒体通信服务。

2) 劣势

劣势一：从标准来讲，WiMax 技术是不能支持用户在移动过程中进行无缝切换。其所能支持的速度只有 50km/h，而如果用户在高速移动的状态下，WiMax 达不到无缝切换的要求，与 3G 的几个主流标准相比相差甚远。

劣势二：严格意义上讲，WiMax 只是一个无线城域网的技术，还算不上一个移动通信系统的标准。

劣势三：WiMax 要到 802.16m 才能真正成为具有无缝切换功能的移动通信系统。WiMax 阵营把解决这个问题的希望寄托于未来的 802.16m 标准上，而 802.16m 的进展情况还存在不确定的因素。

习　　题

7.1　无线通信网络就其是否存在固定的基础网络设施可以分为几类？请分别简述。

7.2　什么是多址接入技术？多址接入技术主要可以分为几类？无冲突的多址接入方式的设计主要考虑满足信号正交性的要求，主要有几种方式？

7.3　解释 CSMA 比 Aloha 系统提供更好的吞吐量性能的原因和方式。

7.4　GSM 系统上下行各分配有 25MHz 的频带、分为 125 个 FDMA 载波，每载波分为 8 个时隙。这 8 个时隙构成一个 GSM 帧。数据传输速率为 270.833Kbit/s。每帧有一些前导和后置比特。每个时隙按时间次序包括 3 个起始比特、58 个数据比特、26 个均衡器训练比特、58 个数据比特、3 个终止比特，最后是 8.25 个比特时间的保护间隔，GSM 的帧及时隙结构如题 7.4 图所示。求一个时隙中数据所占的比例以及用户的信息数据速率。

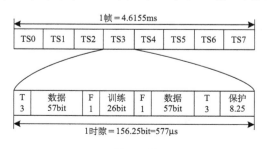

题 7.4 图

7.5　某 FDMA 系统同时向 100 个用户发送数据，每个用户需要的带宽为 2MHz，占用频带的两侧需要有 1MHz 的保护带宽以减少带外干扰。问此系统需要的总带宽是多少？

7.6　在由六边形小区组成的蜂窝系统中，小区半径为 R，服务区被划分为不同的区群，频率在不同的区群之间复用，相邻同信道小区之间的几何关系可以用两个非负整数 i 和 j 表示。

(1)解释 i 和 j 在相邻同信道小区中的含义。

(2)求两个同信道小区中心之间的距离。

(3)在选择 N 值时应该考虑哪些问题？

7.7　一六边形小区组成的蜂窝系统，区群尺寸 $N=7$，小区半径 $R=1$km。求小区中心与最近的同信道小区中心之间的距离为多少？

7.8　一个大区制系统，每个用户平均每小时呼叫 3 次，每次呼叫平均持续 5min，LCC 制。

(1)每个用户的话务量是多少？

(2)如果系统阻塞率为 1%，且只有 5 个信道可用，计算系统的用户数。

(3)如果系统阻塞率为 1%，且只有 15 个信道可用，计算系统的用户数。

(4)如果系统阻塞率为 2%，且只有 15 个信道可用，计算系统的用户数。

7.9　一个总面积为 1500km^2 的大城市，采用 7 小区的蜂窝复用方案。假定各个小区半径为 5km，分配给该城市的频谱宽度为 25MHz，信道带宽为 30kHz，保护带宽为 40kHz，系统采用 FDMA，有 14 个控制信道。求：

(1)服务区域内的小区数。

(2)不采用频率复用时的信道数。

(3)小区容量。

(4)系统容量。

7.10　一个特定区域被区群大小为 N 的蜂窝无线系统覆盖，系统可用的信道数为 500 个，用户均匀分布，为每个用户提供的话务量为 0.04Erlang。假设阻塞呼叫被清除，阻塞率为 1%。

(1)区群大小为 4 时，计算每个小区所承载的最大话务量，当 $N=7$ 时呢？

(2)区群大小为 4 时，计算系统所支持的最大用户数，当 $N=7$ 时呢？

7.11　设整个地理覆盖区域的面积为 2000km^2，小区的面积为 5km^2，系统中共有 1000 个业务信道。若区群尺寸 $N=4$，为覆盖整个区域，需要将区群复制多少次？系统容量为多少？

7.12　一六边形小区组成的蜂窝系统，区群尺寸 $N=7$，小区半径 $R=1$km。则小区中心与最近的同信道小区中心之间的距离为多少？

7.13　经实验测试路径损耗因子 $\kappa=3$，区群大小 $N=3$，将原小区分裂为 4 个小小区，小区半径由原来的 R 变为 $R/2$。为获得相同的边缘通信概率，分裂后的基站发射功率是分裂前的多少倍？

7.14　解释在无线小区中采用定向天线是怎样提高蜂窝系统容量的？

7.15　系统所要求的 S/I 不变，路径损耗指数为 2，采用 3 扇区(120°定向天线)后，理论上蜂窝系统的容量是原来的多少倍？

7.16　假设信道带宽为 30kHz，所分配的总频谱为 20MHz。对 $\kappa=3$ 的路径损耗，最小

可接受的 S/I 为 14dB，求系统合适的区群大小为多少？每一小区的信道数为多少？

7.17 将半径为 R 的小区分裂为半径为 $R/2$ 的小小区，系统所要求的 S/I 不变，理论上分裂后的系统容量是原来的多少倍？

7.18 一小区每天平均有 1000 个电话，平均每次通话时间为 3min，则该小区的话务量为多少？

7.19 考虑六边形小区组成的蜂窝系统，设区群尺寸 $N=3$，画出小区规划结构图。

7.20 经实验测试路径损耗因子 $\kappa=3$，设区群大小 $N=3$，将原小区分裂为 4 个小小区。基站的发射功率应如何变化？并画图说明在原小区中应如何设置新的小小区，才能在分裂后继续使用分裂前的所有基站。

7.21 在进行六边形小区组成的蜂窝系统设计时，区群大小 N 的选择应该考虑哪些问题？

7.22 某蜂窝通信系统的可用双工话音通道为 500 个，服务区域划分为 150 个小区，可以接收的信号与同信道干扰比为 $S/I=18$dB，路径损耗指数分别取 3、4、5。求：

(1) 区群大小。

(2) 服务区内的区群数目。

(3) 任意时刻接受服务的最大用户数。

(4) 讨论小区尺寸固定时，路径损耗指数对频率复用和发射功率的影响。

7.23 考虑六边形小区组成的蜂窝系统，经测量路经损耗指数 $\kappa=3$，区群尺寸 $N=7$。

(1) 求最坏情况下的 S/I。

(2) 求 120°扇区情况下的 S/I，并解释采用扇区划分后如何提高系统容量。

7.24 在路径损耗指数为 4 的传播环境中，所容许的信干比值为 15dB。

(1) 对于全向天线、120°扇区、60°扇区，分别求 N 的最佳值。

(2) 应该采用扇区吗？

(3) 如果采用扇区，应该选择 120°扇区还是 60°扇区？解释原因。

7.25 一蜂窝系统中有 400 个信道用于处理话务量，其中 15 个为控制信道，频率复用因子为 1/7，一次呼叫的平均占用时间为 3min，采用 LCC 制呼叫处理的忙时阻塞概率为 2%。

(1) 求单位小时内每个小区的呼叫数量。

(2) 路经损耗指数 $\kappa=3$，求信号与同频干扰比 S/I。

附　　录

附录 A　Q、erf、erfc 函数

Q 函数定义为

$$Q(z) = \int_z^{\infty} \frac{1}{\sqrt{2\pi}} e^{-x^2/2} dx \qquad (A.1)$$

附表 1 列出了部分对于不同 z 值的 Q 函数取值。

附表 1　Q 函数表

z	$Q(z)$	z	$Q(z)$	z	$Q(z)$	z	$Q(z)$
−4.0	0.999968	−2.0	0.977250	0.0	0.500000	2.0	0.022750
−3.9	0.999952	−1.9	0.971283	0.1	0.460172	2.1	0.017864
−3.8	0.999928	−1.8	0.964070	0.2	0.420740	2.2	0.013903
−3.7	0.999892	−1.7	0.955435	0.3	0.382089	2.3	0.010724
−3.6	0.999841	−1.6	0.945201	0.4	0.344578	2.4	0.008198
−3.5	0.999767	−1.5	0.933193	0.5	0.308538	2.5	0.006210
−3.4	0.999663	−1.4	0.919243	0.6	0.274253	2.6	0.004661
−3.3	0.999517	−1.3	0.903200	0.7	0.241964	2.7	0.003467
−3.2	0.999313	−1.2	0.884930	0.8	0.211855	2.8	0.002555
−3.1	0.999032	−1.1	0.864334	0.9	0.184060	2.9	0.001866
−3.0	0.998650	−1.0	0.841345	1.0	0.158655	3.0	0.001350
−2.9	0.998134	−0.9	0.815940	1.1	0.135666	3.1	0.000968
−2.8	0.997445	−0.8	0.788145	1.2	0.115070	3.2	0.000687
−2.7	0.996533	−0.7	0.758036	1.3	0.096800	3.3	0.000483
−2.6	0.995339	−0.6	0.725747	1.4	0.080757	3.4	0.000337
−2.5	0.993790	−0.5	0.691462	1.5	0.066807	3.5	0.000233
−2.4	0.991802	−0.4	0.655422	1.6	0.054799	3.6	0.000159
−2.3	0.989276	−0.3	0.617911	1.7	0.044565	3.7	0.0001079
−2.2	0.986097	−0.2	0.579260	1.8	0.035930	3.8	0.000072
−2.1	0.982136	−0.1	0.539828	1.9	0.028717	3.9	0.000048

误差函数 erf 定义为

$$\mathrm{erf}(z) = \frac{2}{\sqrt{\pi}} \int_0^z e^{-x^2} dx \qquad (A.2)$$

余误差函数 erfc 定义为

$$\mathrm{erfc}(z) = \frac{2}{\sqrt{\pi}} \int_z^{\infty} \mathrm{e}^{-x^2} \mathrm{d}x \qquad (A.3)$$

因而有以下关系成立：

$$\mathrm{erfc}(z) = 1 - \mathrm{erf}(z) \qquad (A.4)$$

Q 函数与 erf、erfc 函数的关系为

$$Q(z) = \frac{1}{2}\left[1 - \mathrm{erf}\left(\frac{z}{\sqrt{2}}\right)\right] = \frac{1}{2}\mathrm{erfc}\left(\frac{z}{\sqrt{2}}\right) \qquad (A.5)$$

$$\mathrm{erfc}(z) = 2Q\left(\sqrt{2}z\right) \qquad (A.6)$$

$$\mathrm{erf}(z) = 1 - 2Q\left(\sqrt{2}z\right) \qquad (A.7)$$

附录 B　Erlang-B 表

Erlang-B 公式中以 Erlang 为单位的话务量的数据信息，如附表 2～附表 4 所示。

附表 2　**Erlang-B 公式中以 Erlang 为单位的话务量（信道数为 2～48）**

信道数	呼叫阻塞概率							
	0.001	0.002	0.005	0.01	0.02	0.05	0.07	0.1
2	0.046	0.065	0.105	0.152	0.223	0.381	0.470	0.595
3	0.194	0.249	0.349	0.455	0.602	0.899	1.057	1.271
4	0.439	0.535	0.701	0.869	1.092	1.525	1.748	2.045
5	0.762	0.900	1.132	1.361	1.657	2.218	2.504	2.881
6	1.146	1.325	1.622	1.909	2.276	2.960	3.305	3.758
7	1.579	1.798	2.157	2.501	2.935	3.738	4.139	4.666
8	2.051	2.311	2.730	3.127	3.627	4.543	4.999	5.597
9	2.557	2.855	3.333	3.783	4.345	5.370	5.879	6.546
10	3.092	3.426	3.961	4.461	5.084	6.216	6.776	7.511
11	3.651	4.021	4.610	5.160	5.841	7.076	7.687	8.487
12	4.231	4.637	5.279	5.876	6.615	7.950	8.610	9.474
13	4.830	5.270	5.964	6.607	7.401	8.835	9.543	10.470
14	5.446	5.919	6.663	7.352	8.200	9.729	10.485	11.473
15	6.077	6.582	7.375	8.108	9.010	10.633	11.434	12.484
16	6.722	7.258	8.100	8.875	9.828	11.543	12.390	13.500
17	7.378	7.946	8.834	9.652	10.656	12.461	13.353	14.522
18	8.046	8.644	9.578	10.437	11.491	13.385	14.321	15.548
19	8.724	9.351	10.331	11.230	12.333	14.315	15.294	16.579
20	9.411	10.068	11.092	12.031	13.182	15.249	16.271	17.613
21	10.108	10.793	11.860	12.838	14.036	16.189	17.253	18.651
22	10.812	11.525	12.635	13.651	14.896	17.132	18.238	19.692

续表

信道数	呼叫阻塞概率							
	0.001	0.002	0.005	0.01	0.02	0.05	0.07	0.1
23	11.524	12.265	13.416	14.470	15.761	18.080	19.227	20.737
24	12.243	13.011	14.204	15.295	16.631	19.031	20.219	21.784
25	12.969	13.763	14.997	16.124	17.505	19.985	21.214	22.833
26	13.701	14.522	15.795	16.959	18.383	20.943	22.212	23.885
27	14.439	15.285	16.598	17.797	19.265	21.904	23.213	24.939
28	15.182	16.054	17.406	18.640	20.150	22.867	24.216	25.995
29	15.930	16.828	18.215	19.487	21.039	23.833	25.221	27.053
30	16.684	17.606	19.034	20.337	21.932	24.802	26.228	28.113
31	17.442	18.389	19.854	21.191	22.827	25.773	27.238	29.174
32	18.205	19.175	20.678	22.048	23.725	26.746	28.249	30.237
33	18.972	19.966	21.505	22.909	24.626	27.721	29.262	31.301
34	19.742	20.761	22.336	23.772	25.529	28.698	30.277	32.367
35	20.517	21.559	23.169	24.638	26.435	29.677	31.293	33.434
36	21.296	22.361	24.006	25.507	27.343	30.657	32.311	34.503
37	22.078	23.166	24.846	26.378	28.253	31.640	33.330	35.572
38	22.864	23.974	25.689	27.252	29.166	32.623	34.351	36.643
39	23.652	24.785	26.534	28.129	30.081	33.609	35.373	37.715
40	24.444	25.599	27.382	29.007	30.997	34.596	36.396	38.787
41	25.239	26.416	28.232	29.888	31.916	35.584	37.421	39.861
42	26.037	27.235	29.085	30.771	32.836	36.574	38.446	40.936
43	26.837	28.057	29.940	31.656	33.758	37.565	39.473	42.011
44	27.641	28.881	30.797	32.543	34.682	38.557	40.501	43.088
45	28.447	29.708	31.656	33.432	35.607	39.550	41.529	44.165
46	29.255	30.538	32.517	34.322	36.534	40.545	42.559	45.243
47	30.066	31.369	33.381	35.215	37.462	41.540	43.590	46.322
48	30.879	32.203	34.246	36.108	38.392	42.537	44.621	47.401

附表 3　Erlang-B 公式中以 Erlang 为单位的话务量(信道数为 49~99)

信道数	呼叫阻塞概率							
	0.001	0.002	0.005	0.01	0.02	0.05	0.07	0.1
49	31.694	33.039	35.113	37.004	39.323	43.534	45.653	48.481
50	32.512	33.876	35.982	37.901	40.255	44.533	46.687	49.562
51	33.331	34.716	36.852	38.800	41.189	45.532	47.721	50.643
52	34.153	35.558	37.724	39.700	42.124	46.533	48.755	51.726
53	34.977	36.401	38.598	40.602	43.060	47.534	49.791	52.808
54	35.803	37.247	39.474	41.505	43.997	48.536	50.827	53.891
55	36.630	38.094	40.351	42.409	44.936	49.539	51.864	54.975

信道数	呼叫阻塞概率							
	0.001	0.002	0.005	0.01	0.02	0.05	0.07	0.1
56	37.460	38.942	41.229	43.315	45.875	50.543	52.901	56.059
57	38.291	39.793	42.109	44.222	46.816	51.548	53.940	57.144
58	39.124	40.645	42.990	45.130	47.758	52.553	54.978	58.229
59	39.959	41.498	43.873	46.039	48.700	53.559	56.018	59.315
60	40.795	42.353	44.757	46.950	49.644	54.566	57.058	60.401
61	41.633	43.210	45.642	37.861	50.589	55.573	58.098	61.488
62	42.472	44.068	46.528	48.774	51.534	56.581	59.139	62.575
63	43.313	44.927	47.416	49.688	52.481	57.590	60.181	63.663
64	44.156	45.788	48.305	50.603	53.428	58.599	61.223	64.750
65	44.999	46.650	49.195	51.518	54.376	59.609	62.266	65.839
66	45.845	47.513	50.086	52.435	55.325	60.619	63.309	66.927
67	46.691	48.378	50.978	53.353	56.275	61.630	64.353	68.016
68	47.540	49.243	51.872	54.272	57.226	62.642	65.397	69.106
69	48.389	50.110	52.766	55.191	58.177	63.654	66.442	70.196
70	49.239	50.979	53.662	56.112	59.129	64.667	67.486	71.286
71	50.091	51.848	54.558	57.033	60.082	65.680	68.532	72.376
72	50.944	52.718	55.455	57.956	61.035	66.694	69.578	73.467
73	51.799	53.590	56.354	58.879	61.990	67.708	70.624	74.558
74	52.654	54.436	57.235	59.803	62.945	68.722	71.671	75.649
75	53.511	55.337	58.153	60.727	63.900	69.738	72.718	76.741
76	54.368	56.211	59.054	61.653	64.857	70.753	73.765	77.833
77	55.227	57.087	59.956	62.579	65.814	71.769	74.813	78.925
78	56.087	57.964	60.859	63.506	66.771	72.786	75.861	80.018
79	56.948	58.842	61.763	64.434	67.729	73.803	76.909	81.110
80	57.810	59.720	62.667	65.363	68.688	74.820	77.958	82.203
81	58.673	60.600	63.573	66.292	69.647	75.838	79.007	83.297
82	60.403	62.362	65.386	68.152	71.568	77.874	81.106	85.484
83	61.268	63.244	66.294	69.084	72.529	78.839	82.156	86.578
84	61.268	63.244	66.294	69.084	72.529	78.893	82.156	86.578
85	62.135	64.127	67.202	70.016	73.490	79.912	83.207	87.672
86	63.003	65.011	68.111	70.948	74.452	80.932	84.258	88.766
87	63.872	65.896	69.021	71.881	75.415	81.952	85.309	89.816
88	64.742	66.782	69.932	72.815	76.378	82.972	86.360	90.956
89	65.612	67.668	70.843	73.749	77.342	83.993	87.411	92.051
90	66.484	68.556	71.755	74.684	78.306	85.014	88.463	93.146
91	67.356	69.444	72.668	75.620	79.270	86.035	89.515	94.242
92	68.229	70.333	73.581	76.556	80.236	87.057	90.568	95.338
93	69.103	71.222	74.495	77.493	81.201	88.079	91.620	96.434

信道数	呼叫阻塞概率							
	0.001	0.002	0.005	0.01	0.02	0.05	0.07	0.1
94	69.978	72.113	75.410	78.430	82.167	89.101	92.673	97.530
95	70.853	73.004	76.325	79.367	83.133	90.123	93.726	98.626
96	71.729	73.895	77.241	80.306	84.100	91.146	94.779	99.722
97	72.606	74.788	78.157	81.245	85.068	92.169	95.833	100.819
98	73.484	75.681	79.074	82.184	86.035	93.193	96.887	101.916
99	74.363	76.575	79.992	83.124	87.003	94.216	97.941	103.013

附表 4　Erlang-B 公式中以 Erlang 为单位的话务量（信道数为 100～150）

信道数	呼叫阻塞概率							
	0.001	0.002	0.005	0.01	0.02	0.05	0.07	0.1
100	75.242	77.469	80.910	84.064	87.972	95.240	98.995	104.110
101	76.122	78.364	81.829	85.005	88.941	96.265	100.050	105.207
102	77.003	79.260	82.748	85.946	89.910	97.289	101.104	106.305
103	77.884	80.157	83.668	86.888	90.880	98.314	102.159	107.402
104	78.766	81.054	84.588	87.830	91.850	99.339	103.214	108.500
105	79.649	81.951	85.509	88.773	92.821	100.364	104.269	109.598
106	80.532	82.850	86.430	89.716	93.791	101.390	105.325	110.696
107	81.416	83.748	87.353	90.660	94.763	102.415	106.380	111.794
108	82.301	84.648	88.275	91.604	95.734	103.441	107.436	112.892
109	83.186	85.548	89.198	92.548	96.706	104.468	108.492	113.991
110	84.072	86.448	90.121	93.493	97.678	105.494	109.549	115.089
111	84.959	87.350	91.045	94.438	98.651	105.459	110.605	116.188
112	85.846	88.251	91.970	95.384	99.624	106.521	111.662	117.287
113	86.734	89.154	92.895	96.330	100.597	107.248	112.718	118.386
114	87.622	90.056	93.820	97.277	101.571	109.602	113.775	119.485
115	88.511	90.960	94.746	98.223	102.544	110.630	114.832	120.584
116	89.401	91.864	95.672	99.171	103.519	111.658	115.890	121.684
117	90.291	92.768	96.599	100.118	104.493	112.685	116.947	122.783
118	91.181	93.673	97.526	101.066	105.468	113.714	118.005	123.883
119	92.073	94.578	98.454	102.015	106443	114.742	119.063	124.983
120	92.964	95.484	99.382	102.964	107.419	115.770	120.120	126.082
121	93.857	96.391	100.310	103.913	108.395	116.799	121.179	127.182
122	94.750	97.297	101.239	104.862	109.371	117.828	122.237	128.282
123	95.643	98.205	102.168	105.812	110.347	118.857	123.295	129.383
124	96.537	99.113	103.098	106.762	111.323	119.887	124.354	130.483
125	97.431	100.021	104.028	107.713	112.300	120.916	125.412	131.583
126	98.326	100.930	104.958	108.664	113.278	121.946	126.471	132.684
127	99.221	101.839	105.889	109.615	114.255	122.976	127.530	133.784

信道数	呼叫阻塞概率							
	0.001	0.002	0.005	0.01	0.02	0.05	0.07	0.1
128	100.117	102.749	106.820	110.566	115.233	124.006	128.589	134.885
129	101.014	103.659	107.852	111.518	116.211	125.036	129.648	135.986
130	101.911	104.569	108.684	112.470	117.189	126.066	130.708	137.087
131	102.808	105.480	109.616	113.423	118.167	127.097	131.767	138.188
132	103.706	106.392	110.549	114.376	119.146	128.128	132.827	139.289
133	104.604	107.303	111.482	115.329	120.125	129.159	133.887	140.390
134	105.503	108.216	112.415	116.282	121.104	130.190	134.946	141.491
135	106.402	109.128	113.349	117.236	122.084	131.221	136.006	142.592
136	107.302	110.041	114.283	118.190	123.063	132.252	137.067	143.694
137	108.202	110.955	115.218	119.144	124.043	133.284	138.127	144.795
138	109.102	111.869	116.153	120.099	125.023	134.315	139.187	145.897
139	110.003	112.783	117.088	121.054	126.004	135.347	140.248	146.999
140	110.904	113.697	118.023	122.009	126.984	136.379	141.308	148.100
141	111.806	114.612	118.960	122.965	127.965	137.411	142.369	149.202
142	112.708	115.528	119.895	123.920	128.946	138.443	143.430	150.304
143	113.611	116.444	120.832	124.876	129.928	139.476	144.491	151.406
144	114.514	117.360	121.769	125.833	130.909	140.508	145.552	152.508
145	115.417	118.276	122.706	126.789	131.891	141.541	146.613	153.610
146	116.321	119.193	123.643	127.746	132.873	142.574	147.674	154.713
147	117.226	120.110	124.581	128.703	133.855	143.606	148.735	155.815
148	118.130	121.028	125.519	129.660	134.838	144.640	149.797	156.917
149	119.035	121.946	126.457	130.618	135.820	145.673	150.858	158.020
150	119.940	122.864	127.396	131.575	136.803	146.706	151.920	159.122

附录 C　Erlang-C 表

Erlang-B 公式中以 Erlang 为单位的话务量，如附表 5～附表 7 所示。

附表 5　Erlang-C 公式中以 Erlang 为单位的话务量（信道数为 2～48）

信道数	非零延迟概率							
	0.01	0.02	0.05	0.07	0.1	0.2	0.5	1.0
2	0.147	0.210	0.342	0.411	0.500	0.740	1.281	2.000
3	0.429	0.554	0.787	0.900	1.040	1.393	2.116	3.000
4	0.810	0.994	1.319	1.469	1.653	2.102	2.977	4.000
5	1.259	1.497	1.905	2.090	2.313	2.847	3.856	5.000
6	1.758	2.047	2.532	2.748	3.007	3.617	4.747	6.000
7	2.296	2.633	3.188	3.434	3.725	4.406	5.646	7.000
8	2.866	3.246	3.869	4.141	4.463	5.210	6.553	8.000

信道数	非零延迟概率							
	0.01	0.02	0.05	0.07	0.1	0.2	0.5	1.0
9	3.460	3.883	4.569	4.867	5.218	6.027	7.466	9.000
10	4.077	4.540	5.285	5.607	5.986	6.853	8.383	10.000
11	4.712	5.213	6.015	6.361	6.765	7.688	9.304	11.000
12	5.362	5.901	6.758	7.125	7.554	8.530	10.229	12.000
13	6.027	6.601	7.511	7.899	8.352	9.379	11.157	13.000
14	6.705	7.131	8.273	8.682	9.158	10.233	12.088	14.000
15	7.394	8.035	9.044	9.473	9.970	11.093	13.021	15.000
16	8.093	8.766	9.822	10.270	10.789	11.958	13.957	16.000
17	8.801	9.505	10.607	11.074	11.613	12.826	14.894	17.000
18	9.517	10.252	11.399	11.883	12.443	13.699	15.834	18.000
19	10.242	11.006	12.196	12.698	13.277	14.575	16.774	19.000
20	10.973	11.766	12.998	13.571	14.116	15.454	17.717	20.000
21	11.711	12.532	13.806	14.341	14.958	16.336	18.661	21.000
22	12.455	13.304	14.618	15.169	15.805	17.221	19.606	22.000
23	13.205	14.081	15.434	16.001	16.654	18.109	20.553	23.000
24	13.960	14.862	16.254	16.837	17.508	18.999	21.500	24.000
25	14.721	15.648	17.078	17.676	18.364	19.892	22.449	25.000
26	15.486	16.438	17.905	18.518	19.223	20.786	23.399	26.000
27	16.255	17.233	18.736	19.364	20.084	21.683	24.350	27.000
28	17.029	18.031	19.569	20.212	20.948	22.581	25.301	28.000
29	17.806	18.832	20.406	21.062	21.815	23.481	26.254	29.000
30	18.588	19.637	21.246	21.916	22.684	24.383	27.207	30.000
31	19.373	20.446	22.088	22.772	23.555	25.287	28.161	31.000
32	20.162	21.257	22.932	23.630	24.428	26.192	29.116	32.000
33	20.953	22.071	23.780	24.490	25.303	27.099	30.071	33.000
34	21.748	22.888	24.629	25.353	26.180	28.916	31.984	34.000
35	22.546	23.708	25.481	26.217	27.059	28.916	31.984	35.000
36	23.347	24.530	26.335	27.084	27.940	29.827	32.942	36.000
37	24.151	25.355	27.190	27.952	28.822	30.739	33.900	37.000
38	24.957	26.182	18.048	28.822	29.706	31.652	34.859	38.000
39	25.765	27.011	28.908	29.694	30.591	32.566	35.818	39.000
40	26.577	27.843	29.769	30.567	31.478	33.482	36.777	40.000
41	27.390	28.676	30.632	31.442	32.366	34.398	37.738	41.000
42	28.206	29.512	31.497	32.318	33.256	35.316	38.698	42.000
43	29.024	30.350	32.363	33.196	34.147	36.234	36.659	43.000
44	29.844	31.189	33.231	34.076	35.039	37.153	40.621	44.000
45	30.666	32.030	34.101	34.956	35.932	38.074	41.583	45.000

续表

信道数	非零延迟概率							
	0.01	0.02	0.05	0.07	0.1	0.2	0.5	1.0
46	31.490	32.873	34.972	35.838	36.827	38.995	42.545	46.000
47	32.316	33.718	35.844	36.722	37.722	39.917	43.508	47.000
48	33.143	34.564	36.717	37.606	38.619	40.840	44.471	48.000

附表 6　Erlang-C 公式中以 Erlang 为单位的话务量（信道数为 49～99）

信道数	非零延迟概率							
	0.01	0.02	0.05	0.07	0.1	0.2	0.5	1.0
49	33.397	35.412	37.592	38.492	39.517	41.763	45.435	49.000
50	34.804	34.262	38.469	39.379	40.416	42.688	46.399	50.000
51	35.637	37.113	39.346	40.267	41.316	43.613	47.363	51.000
52	36.471	37.965	40.255	41.156	42.217	44.539	48.328	52.000
53	37.308	38.819	41.104	42.046	43.119	45.466	49.293	53.000
54	38.145	39.674	41.985	42.938	44.021	46.393	50.258	54.000
55	38.985	40.531	42.867	43.830	44.925	47.321	51.224	55.000
56	39.825	41.389	43.750	44.723	45.830	48.250	52.190	56.000
57	40.667	42.248	44.635	45.617	46.735	49.179	53.156	57.000
58	41.511	43.108	45.520	46.512	47.641	50.109	54.123	58.000
59	42.355	43.970	46.406	47.408	48.548	51.039	55.090	59.000
60	43.202	44.833	47.293	48.305	49.456	51.970	56.057	60.000
61	44.049	45.696	48.181	49.203	50.365	52.902	57.024	61.000
62	44.897	46.561	49.070	50.102	51.274	53.834	57.992	62.000
63	45.747	47.427	49.960	51.001	52.184	54.767	58.960	63.000
64	46.598	48.295	50.851	51.901	53.095	55.700	59.928	64.000
65	47.450	49.163	51.742	52.802	54.006	56.634	60.897	65.000
66	48.304	50.032	52.635	53.704	54.918	57.568	61.865	66.000
67	49.158	50.902	53.528	54.606	55.831	58.503	62.834	67.000
68	50.014	51.773	54.422	55.510	56.745	59.439	63.804	68.000
69	50.870	52.645	55.317	56.413	57.659	60.374	64.773	69.000
70	51.728	53.518	56.212	57.318	58.574	61.311	65.743	70.000
71	52.586	54.392	57.108	58.223	59.489	62.247	66.712	71.000
72	53.446	55.267	58.006	59.129	60.405	63.184	67.683	72.000
73	54.306	56.143	58.903	60.036	61.321	64.122	68.653	73.000
74	55.168	57.019	59.802	60.943	62.238	65.060	69.623	74.000
75	56.030	57.897	60.701	61.851	63.156	65.998	70.594	75.000
76	56.894	58.775	61.601	62.759	64.074	66.937	71.565	76.000
77	57.758	59.654	62.501	63.668	64.993	67.876	72.536	77.000
78	58.623	60.533	63.402	64.578	65.912	68.816	73.507	78.000
79	59.489	61.414	64.304	65.488	66.832	69.756	74.478	79.000

续表

信道数	非零延迟概率							
	0.01	0.02	0.05	0.07	0.1	0.2	0.5	1.0
80	60.356	62.295	65.206	66.399	67.752	70.697	75.450	80.000
81	61.224	63.177	66.109	67.311	68.673	71.637	76.422	81.000
82	62.092	64.060	67.013	68.223	69.594	72.579	77.394	82.000
83	62.961	64.943	67.917	69.135	70.516	73.520	78.366	83.000
84	63.831	65.827	68.822	70.048	71.438	74.462	79.338	84.000
85	64.702	66.712	69.727	70.961	72.361	75.404	80.311	85.000
86	65.574	67.598	70.633	71.876	73.284	76.347	81.283	86.000
87	66.446	68.484	71.539	72.790	74.208	77.290	82.256	87.000
88	67.319	69.731	72.446	73.705	75.132	78.233	83.299	88.000
89	68.193	70.258	73.354	74.621	76.056	79.176	84.202	89.000
90	69.067	71.146	74.262	75.536	76.981	80.120	85.175	90.000
91	59.943	72.035	75.170	76.453	77.906	81.064	86.149	91.000
92	70.818	72.924	76.079	77.370	78.832	82.009	87.122	92.000
93	71.695	73.814	76.989	78.827	79.758	82.954	88.096	93.000
94	75.572	74.705	77.899	79.205	80.685	83.898	89.070	94.000
95	73.450	75.596	78.809	80.123	81.612	84.844	90.044	95.000
96	74.329	76.488	79.720	81.042	82.539	85.790	91.018	96.000
97	75.208	77.380	80.631	81.961	83.466	86.735	91.992	97.000
98	76.087	78.273	81.543	82.880	84.394	87.682	92.966	98.000
99	76.968	76.166	82.455	83.800	85.323	88.628	93.941	99.000

附表 7　Erlang-C 公式中以 Erlang 为单位的话务量（信道数为 100～140）

信道数	非零延迟概率							
	0.01	0.02	0.05	0.07	0.1	0.2	0.5	1.0
100	77.849	80.060	83.368	84.720	86.252	89.575	94.915	100.000
101	78.730	80.954	84.282	85.641	87.181	90.522	95.890	101.000
102	79.613	81.849	85.195	86.562	88.110	91.469	96.865	102.000
103	80.495	82.744	86.109	87.484	89.040	92.417	97.840	103.000
104	81.378	83.640	87.024	88.406	89.970	93.365	98.815	104.000
105	82.262	84.537	87.938	89.328	90.901	94.313	99.790	105.000
106	83.147	85.433	88.854	90.250	91.832	95.261	100.766	106.000
107	84.032	86.331	89.769	91.173	92.763	6.209	101.741	107.000
108	84.917	87.229	90.685	92.097	93.694	97.158	102.717	108.000
109	85.803	88.128	91.602	93.020	94.626	98.107	103.692	109.000
110	86.690	89.026	92.519	93.944	95.558	99.056	104.668	110.000
111	87.577	89.926	93.436	94.869	96.490	100.006	105.644	111.000
112	88.464	90.825	94.353	95.794	97.423	100.956	106.620	112.000
113	89.352	91.726	95.271	96.719	98.356	101.905	107.596	113.000

信道数	非零延迟概率							
	0.01	0.02	0.05	0.07	0.1	0.2	0.5	1.0
114	90.241	92.626	96.190	97.644	99.289	102.856	108.573	114.000
115	91.130	93.527	97.108	98.570	100.223	103.806	109.549	115.000
116	92.019	94.429	98.027	99.496	101.157	104.757	110.525	116.000
117	92.909	95.331	98.947	100.422	102.091	105.707	111.502	117.000
118	93.800	96.233	99.866	101.349	103.025	106.658	112.479	118.000
119	94.691	97.136	100.786	102.276	103.960	107.610	113.455	119.000
120	95.582	98.039	101.707	103.203	104.895	108.561	114.432	120.000
121	96.474	98.942	102.628	104.131	105.830	109.513	115.409	121.000
122	97.366	99.846	103.549	105.058	106.766	110.464	116.386	122.000
123	98.259	100.751	104.470	105.987	107.702	111.416	117.363	123.000
124	99.152	101.656	105.392	106.915	108.638	112.369	118.340	124.000
125	100.046	102.561	106.314	107.844	109.574	113.321	119.318	125.000
126	100.940	103.466	107.236	108.773	110.511	114.274	120.295	126.000
127	101.834	104.372	108.159	109.702	111.447	115.226	121.273	127.000
128	102.729	105.278	109.081	110.632	112.385	116.179	122.250	128.000
129	103.624	106.185	110.005	111.562	113.322	117.132	123.228	129.000
130	104.520	107.092	110.928	112.492	114.259	118.086	124.206	130.000
131	105.416	107.999	111.852	113.422	115.197	119.039	125.183	131.000
132	106.313	108.907	112.776	114.353	116.135	119.993	126.161	132.000
133	107.209	109.815	113.701	115.284	117.074	120.947	127.139	133.000
134	108.106	110.723	114.625	116.215	118.012	121.901	128.117	134.000
135	109.004	111.632	115.550	117.146	118.951	122.855	129.096	135.000
136	109.902	112.541	116.475	118.078	119.890	123.809	130.074	136.000
137	110.800	113.450	117.401	119.010	120.829	124.764	131.052	137.000
138	111.699	114.360	118.327	119.942	121.768	125.719	132.031	138.000
139	112.598	115.270	119.253	120.875	122.708	126.674	133.009	139.000
140	113.498	116.181	120.179	121.808	123.648	127.629	133.988	140.000

参 考 文 献

陈春梅, 2020. 认知无线电自组织网络中的中继传输关键技术研究. 绵阳: 中国工程物理研究院.

樊昌信, 曹丽娜, 2007. 通信原理. 6 版. 北京: 国防工业出版社.

GOLDSMITH A, 2007. 无线通信. 杨鸿文, 李卫东, 郭文彬, 等译. 北京: 人民邮电出版社.

苟彦新, 2005. 无线电抗干扰通信原理及应用. 西安: 西安电子科技大学出版社.

HAYKIN S, MOHER M, 2006. 现代无线通信. 郑宝玉, 等译. 北京: 电子工业出版社.

何艳艳, 2006. 几类扩频序列的设计及性能分析. 武汉: 华中科技大学.

胡中豫, 2003. 现代短波通信. 北京: 国防工业出版社.

及燕丽, 王友村, 沈其聪, 等, 2001. 现代通信系统. 北京: 电子工业出版社.

蒋同泽, 1996. 现代移动通信系统. 北京: 电子工业出版社.

李建东, 郭梯云, 邬国扬, 2006. 移动通信. 4 版. 西安: 西安电子科技大学出版社.

刘焕淋, 白劲松, 代少升, 2008. 扩展频谱通信. 北京: 北京邮电大学出版社.

骆光明, 杨斌, 丘致和, 等, 2008. 数据链——信息系统连接武器系统的捷径. 北京: 国防工业出版社.

MARK J W, ZHUANG W H, 2006. 无线通信与网络. 李锵, 郭继昌, 等译. 北京: 电子工业出版社.

梅文华, 王淑波, 邱永江, 等, 2005. 跳频通信. 北京: 国防工业出版社.

梅文华, 杨义先, 周炯槃, 2003. 跳频序列设计理论的研究进展. 通信学报, (2): 92-101.

RAPPAPORT T S, 2006. 无线通信原理与应用. 周文安, 付秀花, 王志辉, 等译. 北京: 电子工业出版社.

孙博, 2010. 移动 Ad Hoc 网络技术在战术通信网中的应用研究. 科技风, 19: 283.

孙晨华, 2017. 天基传输网络和天地一体化信息网络发展现状与问题思考. 无线电工程, 47(1): 1-6.

孙继银, 付光远, 车晓春, 等, 2009. 战术数据链技术与系统. 北京: 电子工业出版社.

STALLINGS W, 2005. 无线通信与网络. 何军, 等译. 北京: 清华大学出版社.

孙义明, 杨丽萍, 2005. 信息化战争中的战术数据链. 北京: 北京邮电大学出版社.

王秉钧, 王少勇, 孙学军, 1999. 通信系统. 西安: 西安电子科技大学出版社.

王崇科, 2010. 典型的 Ad Hoc 网络路由协议关键技术比较分析. 信息与电脑(理论版), 11: 93.

王永刚, 刘玉文, 2003. 军事卫星及应用概论. 北京: 国防工业出版社.

吴诗其, 朱立东, 2005. 通信系统概述. 北京: 清华大学出版社.

吴伟陵, 牛凯, 2007. 移动通信原理. 北京: 电子工业出版社.

晏威, 2015. 基于 Ad Hoc 网络的跨层优化设计. 杭州: 杭州电子科技大学.

苑凌娇, 2015. 基于拓扑控制的 Ad Hoc 网络最大生存期研究. 沈阳: 沈阳理工大学.

张邦宁, 魏安全, 郭道省, 等, 2007. 通信抗干扰技术. 北京: 机械工业出版社.

张炜, 王世练, 高凯, 等, 2014. 无线通信基础. 北京: 科学出版社.

章坚武, 2007. 移动通信. 西安: 西安电子科技大学出版社.

赵志勇, 毛志阳, 张嵩, 等, 2014. 数据链系统与技术. 北京: 电子工业出版社.

郑林华, 丁宏, 向良军, 2014. 通信系统与网络. 北京: 电子工业出版社.

郑林华, 陆文远, 1999. 通信系统. 长沙: 国防科技大学出版社.

RAPPAPORT T S, 2001. Wireless Communications-Principles and Practice. 2nd ed. Englewood Cliffs:

Prentice-Hall.

STUBER G L, 2001. Principles of mobile communications. 2nd ed. Dordrecht: Kluwer.

TABBANE S, 2001. 无线移动通信网络. 李新付, 楼才义, 徐建良, 译. 北京: 电子工业出版社.

ABOU-FAYCAL I C, TROTT M D, SHAMAI S, 2001. The capacity of discrete-time memoryless rayleigh fadingchannels. IEEE Transactions on Information Theory, 47(4): 1290-1301.